隠れていた宇宙 上

ブライアン・グリーン

竹内　薫［監修］
大田直子［訳］

THE HIDDEN REALITY:
Parallel Universes and the Deep Laws of the Cosmos
Brian Greene

早川書房

隠れていた宇宙

〔上〕

THE HIDDEN REALITY

Parallel Universes and the Deep Laws of the Cosmos

by

Brian Greene

Japanese edition supervised by

Kaoru Takeuchi

Translated by

Naoko Ohta

First published 2011 in Japan by

Hayakawa Publishing, Inc.

This book is published in Japan by

direct arrangement with

Brockman, Inc.

アレックとソフィアへ

目次

下巻目次

はじめに

二〇世紀のとば口ではどんな疑念があったとしても、二一世紀がやって来た時には、それは否定しようのない事実となっていた。すなわち、宇宙の実像《リアリティ》の本質を明らかにする段になると、日常的な経験は当てにならないのだ。振り返ってみると、それはとくに驚くにあたらない。私たちの祖先が森で採集し、サバンナで狩りをしていたとき、電子の量子力学的振る舞いを計算したり、ブラックホールの宇宙論的意味を判断したりする能力は、生き延びるための足しにはほとんどならなかっただろう。しかしほかの種《しゅ》よりも大きい脳は確かに有利であり、人類は知能が発達するにつれて、周囲をより深く探る能力も伸ばしていった。なかには、五感を延長・強化する装置をつくった者もいれば、パターンを検出して表現する系統的手法――数学――を器用に操るようになる者もいた。これらのツールによって、私たちは日常的な現象の表層に隠されたものをのぞくようになった。

自らの発見がもとで、私たちはすでに宇宙《コスモス》の概念を抜本的に改める必要に迫られている。実験や観察により導き出され確認された物理学の洞察と数学の厳密さによって、空間と時間と物質とエネルギーが、誰も直接目撃したことのないような振る舞いをすることを私たちは立証した。そして今、これらの発見を徹底的に分析することで、私たちの知識に次の大変革が起こりつつあるのかもしれない。本書はその可能性を探るものである。

私は本書を執筆するにあたって、読者に物理や数学の専門知識のあることを前提とはしなかった。むしろ、ひどく奇妙だが、正しいと証明されれば非常に意義深い現代物理学の洞察について、だが――前著と同様、たとえや類推を用い、歴史的エピソードを織り交ぜることで、幅広い読者にわかりやすく説明した。取りあげた概念の多くは、読者に安易な考え方を捨てて、思いもよらない宇宙の実像《リアリティ》を受け入れるよう求める。科学的な紆余曲折が道しるべになっているからなおさら、この旅は胸が躍り、よく理解できる。私はそのなかから慎重に選んで、日常でお目にかかるものから突拍子のないものまでさまざまな考えを、山あり谷ありの風景画に描きあげた。

これまでの著書とのアプローチの違いは、相対性理論や量子力学のような背景となるテーマを系統立てて展開する前置きの章がないことだ。その代わり大部分については、そのような題材の要素を「必要に応じて」紹介している。本書だけで内容を理解できるようにするために、いくぶん詳しい展開が必要だと感じたところでは、知識の豊富な読者はどの節を飛ばして差し支えないかを知らせている。

一方、最後の数ページで続けてもっと深く題材を論じている章もいくつかあるので、その部分を難しいと思う読者もいるかもしれない。その部分に入るときには、初心者の読者向けに要約を述べることで、そこを飛ばしても話の筋が途切れないようにしている。とは言え、そういう箇所［訳注　本訳書ではページの上下に罫線を引いて示す］も読者全員に、興味と忍耐力が続くかぎり読んでいただきたい。表現はややこしいが、内容は広く一般読者向けなので、ほかの箇所と同様に唯一の必要条件はあきらめない意志である。

その点で注は違う。初心者の読者は完全に飛ばしてかまわないが、精通している読者には、私が重要と考えているが本文に含めるには重そうな説明や解説を読んでいただきたい。注の多くは、数学か物理学の本格的な教育を受けている読者に向けたものである。

本書を執筆中、一部または全部の章を読んだ大勢の友人、同僚、そして家族からの批判的コメントとフィードバックに助けられた。とくにデーヴィッド・アルバート、トレーシー・デイ、リチャード・イーサー、リタ・グリーン、サイモン・ジューズ、ダニエル・カバト、デーヴィッド・ケーガン、ポール・カイザー、ラファエル・カスパー、ファン・マルダセナ、カティンカ・マトソン、マウリク・パリク、マーカス・ポセル、マイケル・ポポウィッツ、ケン・ヴァインバーグに感謝したい。クノップ社の編集者、マーティ・アシャーと仕事をするのはいつも喜びであり、アンドリュー・カールソンには制作の最終段階までこの本を専門家として導いてもらったことにありがとうと言いたい。ジェイソン・セヴァーズの素晴らしいイラストは、見栄えを格段によくしてくれていて、彼の才能にも忍耐力にも頭が下がる。著作権代理人のカティンカ・マトソンとジョン・ブロックマンにも、ぜひともお礼が言いたい。

本書で扱ったテーマへのアプローチを練りあげるなかで、大勢の同僚との実にさまざまな会話から恩恵を受けた。先に挙げた人々に加えて、とくにラファエル・ブッソ、ロバート・ブランデンバーガー、フレデリック・デネフ、ジャック・ディストラー、マイケル・ダグラス、ラム・フーイ、ローレンス・クラウス、ジャンナ・レヴィン、アンドレイ・リンデ、セス・ロイド、バリー・ローワー、ソール・パールマター、ユルゲン・シュミットフーバー、スティーヴ・シェンカー、ポール・スタインハート、アンドリュー・ストロミンジャー、レナード・サスキンド、マックス・テグマーク、ヘンリー・タイ、カムラン・ヴァーファ、デーヴィッド・ウォレス、エリック・ワインバーグ、シン＝トゥン・ヤウに感謝する。

私は初の一般向け科学書『エレガントな宇宙』を一九九六年の夏に書き始めた。それから一五年のあいだに、私の専門研究と著書で論じているテーマのあいだには、思いがけなくも実り多い相互作用があった。活発な研究環境をつくってくれたコロンビア大学の学生と同僚に、私の科学研究に資金を提供してくれたエネルギー省に、そしてコロンビア大学の私の研究拠点であるISCAP（ひも理論・宇宙論・宇宙素粒子物理学研究所）を手厚く支援してくれた故ペンティ・コウリにも、謝意を表したい。

最後に、私のいるこの宇宙を最高のものにしてくれるトレーシー、アレック、そしてソフィアに、ありがとう。

第１章　現実《リアリティ》の境界
――並行宇宙について

子どものころ、もし自分の部屋に鏡が一枚しかなかったら、当時の私の空想はずいぶん違ったものになっていただろう。しかし部屋には二枚あった。毎朝、服を取り出すために洋服ダンスを開けると、その扉の裏側に付いていた一枚が壁の一枚と向かい合わせになり、あいだにあるものすべてを、際限なく反射し続けているように見える。それは心奪われる光景だった。並行する鏡がつくる鏡の中の鏡のそのまた中の鏡といった具合に、目の届く限り奥深くまでのぞき込むのが楽しかった。すべての像は一斉に動いているように見えた――が、それは人間に知覚の限界があってそう見えるにすぎないことを、私は知っていた。年少のころに、光の速度は有限だと学んでいたのだ。だから私は心の目で、光の往復の旅を見つめたものだった。ひょいと下げた頭や、さっと振った腕が、音もなく鏡のあいだを行き来し、映った像が次の像をつついている。ときには、ずっと奥のほうにいる不遜な自分が収まるべき場所に収まるのを拒み、定まった列を乱して新しい現実《リアリティ》をつくり出し、あとに続く像たちに伝えているところを想像したものだ。学校の休憩時間に、その朝自分が跳ね返した光が、まだ際限なく鏡のあいだを行き来しているところを、思い浮かべることもあった。そこは光によってつくられ、空想によって動いている架空の並行世界で、私は何人もいる映った自分のひとりになるのだ。

念のために言っておくが、鏡に映った像は勝手に動きだしたりしない。しかしこの若者らしい飛躍した空想と、そこで思い描かれた並行する現実《リアリティ》には、現代科学において注目されつつあるテーマと響きあうものがある。そのテーマとは、私たちが知っている現実の向こうに別の現実がある可能性だ。本書はそのような可能性を探究し、並行宇宙の科学をくまなく巡る旅である。

単一の宇宙と複数の宇宙

「宇宙《ユニバース》」が「あるものすべて」を意味していた時代があった。万事。一切合財。複数の宇宙とか、万事がいくつもあるという考えは、一見矛盾した表現に思われる。しかしさまざまな理論の展開によって、次第に「宇宙」の解釈が修正されてきている。今現在、この言葉の意味は文脈によって変わる。いまだに「宇宙」があくまでも万事を意味する場合もあれば、万事のうち、あなたや私のような誰かが、原理上、自由に出入りできる部分だけを指す場合もある。部分的か全面的か、一時的か恒久的か、いずれにしろ私たちには近づけない別の領域に用いられることもある。この意味で使われるこの言葉は、私たちが住む宇宙を、大きな――おそらく無限に大きな――集団の一構成員に格下げする。

「宇宙」は覇権を失い、完全無欠の実在《リアリティ》が描けるようなもっと広いカンバスをとらえる、ほかの言葉に道を譲った。パラレルワールド、並行宇宙、多宇宙、代替宇宙、あるいはメタバース、メガバース、マルチバース――すべて同義であり、私たちの宇宙だけでなく、存在する可能性のある多様なほかの宇宙も包含するのに使われる言葉だ。

あなたも、これらの用語がなんとなくあいまいだと気づくだろう。世界や宇宙とは、そもそも何なのだろう？　どういう領域が一つの宇宙の一部とされ、どういう領域が独立した宇宙とされるのか、その基準は何だろう？　いつの日か、複数の宇宙に対する私たちの理解が十分に進んで、このような質問に正確に答えられるかもしれない。さしあたっては、観念的な定義づけに奮闘するのをやめて、ポッター・スチュワート判事がポルノの定義に適用したことで知られるアプローチを採用しよう。米国最高裁判所が基準を正確に叙述しようと四苦八苦しているとき、スチュワートは明言した。「見ればわかる」と。

結局、どの領域を並行宇宙と呼ぶかは、言葉の問題にすぎない。重要なのは、つまりこのテーマの中心にあるのは、一般通念に逆らう領域があるかどうか、である。私たちが長年これこそ宇宙だと思っていたものは、もっとはるかに大きく、ひょっとするとはるかに奇妙で、ほとんどが隠れている実在《リアリティ》を構成する一つの要素にすぎないのだろうか。

並行宇宙のさまざまなバリエーション

特筆すべき事実がある（私が本書を書くことになった理由の一つだ）。基礎理論物理学の主な発展――相対論的物理学、量子物理学、宇宙物理学、超統一物理学、計算物理学――によって、さまざまな並行宇宙が考えられるようになったのだ。実際に次章以降で、多宇宙をテーマとする物語の九つのバリエーションを順に追っていく。そのどれにおいても私たちの宇宙は、思いもよらず大きな全体の一部として描かれているが、その全体の様相や個々の構成要素である宇宙の特性はまったく異なる。並行宇宙が広大な時空の向こうにある話もあれば、数ミリのところに浮かんでいる話もある。さらに、並行宇宙の位置という観念そのものが偏狭《へんきょう》で意味がないことを示している話もある。並行宇宙を支配する法則にも、同じくらい多様な可能性が見られる。私たちの法則と同じ場合もあれば、違うように見えて一部が共通する場合もあり、さらには、私たちが遭遇したこともないような形式と体系をもつ法則の場合もある。宇宙の実像《リアリティ》がどれだけ広く大きいかもしれないかを想像すると、人間の卑小さを感じると同時に心が躍る。

科学が並行宇宙に手を出し始めたのは一九五〇年代のことで、先陣を切ったのは、さまざまな貌《かお》をもつ量子力学に頭を悩ませていた研究者たちだった。量子力学とは、きわめて小さな原子とそれより小さい素粒子の領域で起こっている現象を説明するために展開された理論であり、科学の予測は必然的に確率的であることを立証することによって、それまでの枠組みだった古典力学の型を破った。ある一つの結果が出る確率を予測することはできるし、別の結果の確率も予測できるが、一般に、どちらが実際に起きるかを予測することはできない。周知のとおり、これは何百年も続いた科学的概念との決別にほかならず、十分に驚くべきことである。しかしこの量子論には、あまり注目されていないが、もっと不可解な側面がある。量子力学が数十年にわたって綿密に研究され、その確率的予測を裏づける大量のデータが蓄積されたあとも、ある状況下で起こりうるたくさんの結果のうち、実際に起こるのがたった一つなのはなぜか、その理由を説明できた者は誰もいないのだ。私たちが実験をするとき、森羅万象を調べるとき、一つの確かな現実《リアリティ》に遭遇していることを認めない者はない。しかしこの基本的事実が量子論の数学的表現とどう両立するのかに関して、量子革命が始まってから一世紀以上がすぎても、世界の物理学者のあいだでコンセンサスはとれていない。

数十年のあいだに、この重大な理解のギャップを埋めるために数多くの独創的な提案が生まれたが、もっとも衝撃的だったのは最初期に唱えられた案の一つだ。いち早く出されたその考え方は、どんな実験も結果はただ一つだというありふれた考えが間違っているのかもしれない、というものだった。量子力学の基礎となる数学——それを支える、少なくとも一つの世界観——は、起こりうる結果がすべて起こっていて、それぞれが別々の宇宙に存在することを示唆する。ある粒子がここにあるかもしれない、あるいはあそこにあるかもしれない、と量子計算が予測するのなら、一つの宇宙ではここにあり、別の宇宙ではあそこにあるのだ。そしてそれぞれの宇宙にあなたのコピーがいて、自分の現実が唯一の現実だという——誤った——考え方を抱きながら、どちらか一方の結果を目撃している。太陽における原子の核融合から、思考というものを構成する神経発火まで、あらゆる物理過程の根底に量子力学があることを理解するなら、先の主張がもつ遠大な意味が見えてくる。人跡未踏の道などというものはない。そのような道はどれも、ほかのすべての道から見えないだけだ——現実《リアリティ》はどれも、ほかのすべての現実から隠されているだけなのだ。

量子力学に対するこの「多世界」アプローチは人々の興味をかき立て、ここ数十年、おおいに関心を集めてきた。しかし、これが（第8章で論じるように）微妙でやっかいな枠組みであることが研究で明らかになっている。したがって、妥当性の検証が半世紀以上も行われている今日《こんにち》でも、この提言はまだ議論の的になっている。すでに正しいことは立証済みだと主張する量子力学の専門家もいれば、同じくらい自信満々に数学的根拠があやふやだと主張する者もいる。

このように科学的には不確かだが、この初期版の並行宇宙は、文学やテレビや映画といった、今日も続いているクリエイティブな試みのなかで探究された、別世界や歴史改変というテーマと共鳴するところがあった（私が子どものころから気に入っているのは、『オズの魔法使い』、『素晴らしき哉、人生！』、《スター・トレック》の「危険な過去への旅」、ボルヘスの短篇小説「八岐の園」、もっと最近では『スライディング・ドア』と『ラン・ローラ・ラン』といった映画だ）。総じて言えば、このような多くのポップカルチャー作品は、並行現実の概念を時代思潮としてまとめあげるのに一役買い、このテーマにおいて大勢の人々の心を魅了してきた。しかし並行宇宙の概念が現代物理学から現われるのにたどった道はいくつもあり、量子力学はその一つにすぎない。実際、私が最初に論じるテーマもこれではない。

まず第2章で、並行宇宙につながる別のルートから始めようと思う。これがいちばん単純なルートかもしれない。そこで検討するのはこういうことだ。もし宇宙が無限に遠くまで広がっているなら――これはすべての観測と一致する説であり、多くの物理学者や天文学者が好む宇宙論モデルでもこう考えられている――あなたや私やほかの万物のコピーが、私たちがここで経験している現実《リアリティ》とは別のバージョンを経験している領域が、どこか彼方（たぶんはるか彼方）にあるに違いない。第3章では、宇宙論をもっと深く掘り下げる。宇宙の最初の瞬間に、巨大な超高速の空間膨張が爆発的に起きたと仮定するアプローチ、すなわちインフレーション理論から、独自の並行宇宙が生み出される。大半の精緻《せいち》な天文観測が示唆するとおりにインフレーション理論が正しいなら、私たちの属する宇宙をつくり出した爆発は、唯一のものではなかったかもしれない。それどころか、今現在はるか遠くの領域でインフレーション膨張が次々と宇宙を生み出していて、永遠にそれが続くかもしれないのだ。そのうえ、その膨張している宇宙それぞれが自らも無限の空間膨張を起こす。したがってそこには、第2章で述べる無限にたくさんの並行宇宙が存在することになる。

第4章では、ひも理論への道をたどる。基礎を簡単に復習したあと、あらゆる自然法則を統一するためのこのアプローチに関する現状報告をしよう。その全体像を用いて、第5章と第6章で、三種類の新たな並行宇宙を提案する最新のひも理論の展開を探る。第一は、ひも理論によるブレーンワールド・シナリオだ。すなわち、私たちの宇宙は、もっと大きな宇宙という一斤《きん》のパンをスライスした薄切りパンのように、高次元空間のなかに浮かぶおびただしい数の「厚板」の一つだと仮定する考え方だ。[1] 運がよければそれほど遠くない将来、スイスのジュネーヴにある大型ハドロン衝突型加速器（LHC）で、このアプローチの観測可能な痕跡が示されるだろう。二番めのシナリオは、互いに衝突しあうブレーンワールドから生まれる。衝突するとそこにあるものがすべて消え去り、それぞれのなかでビッグバンのような新たな激しい始まりが起こる。巨人が両手をたたいているかのように、これが何度も起こりうる。ブレーンが衝突し、はずみで離れ、引力で互いを引き寄せ、再び衝突する、というサイクリックなプロセスが、空間ではなく時間のなかで並行する宇宙を生み出すのだ。第三のシナリオは、ひも理論が要請する、おびただしい数の形と大きさを備えた余剰の空間次元にもとづく「ランドスケープ」理論である。ここでは、ひも理論が展開するランドスケープが〈インフレーション多宇宙〉と結びつくことで、ありうるすべての形の余剰次元が膨大な数の宇宙を実現する――そんな可能性について検討する。

第６章では、これらの考察が、二〇世紀最大の驚くべき観測結果をどう解明するかに焦点を合わせる。その観測結果によると空間は、アインシュタインの不名誉な宇宙定数のバリエーションかもしれない、均一な拡散エネルギーで満たされているようなのだ。この観測がきっかけで並行宇宙に関する多くの研究が生まれ、「科学的説明が容認しうるとはどういうことなのか」について、ここ数十年でもっとも白熱した議論が引き起こされることにもなった。第７章ではこのテーマを敷衍《ふえん》し、もっと一般的に、私たちの宇宙の向こうにある宇宙についての考察を、科学の一分野として解釈することの是非を問う。これらの考えを検証することはできるのか？　未解決の問題を解決する論拠として用いたら、それは一歩前進したことになるのか、それとも、都合のよいことに行くことができない宇宙にかこつけて、ただ問題をうやむやにしただけなのか？　私は相反する見解の要点をさらけ出すよう努める一方、特定の状況下では並行宇宙は明らかに科学の領域に入るという、私自身の見解も強調したい。

第８章のテーマは、量子力学とその「多世界」バージョンの並行宇宙である。量子力学の骨子を簡単に復習したあと、もっとも難しい問題に焦点を合わせる。すなわち、あいまいなのに数学的には正確な確率というもやのなかに、互いに矛盾する現実が共存することを認める、そんな基本パラダイムをもつような理論からどうすれば決定的な結果を引き出せるのか、という問題である。この問題の答えを求めつつ、量子論的実在《リアリティ》を量子論自体から生まれるたくさんの並行宇宙に結びつけることを提案する論理を、じっくり説明するつもりだ。

第9章では量子論的実在《リアリティ》をさらに掘り下げ、私がすべての並行宇宙案のなかでもっとも奇妙だと思うバージョンを検討する。それは、三〇年以上に及ぶブラックホールの量子特性に関する理論的研究から、徐々に浮かび上がってきた提案だ。ひも理論のあげた衝撃的な結果を受けて、この一〇年で最高潮に達したこの研究は、驚くべき説を唱えている。私たちが経験するものはすべて、私たちを取り囲んでいる遠くの薄っぺらい表面の上で起きているプロセスを投影したホログラムにすぎないというのだ。あなたは自分をつねることができるし、あなたが感じるものは実在するが、それは遠くにある別の現実のなかで起こっている並行プロセスを映しているというのだ。

そして第10章では、もっと奇抜な人工宇宙の可能性にスポットを当てる。まず、物理法則は新しい宇宙を創造する能力を人間に与えるのか、という問題が論じられる。そのあと、ハードウェアではなくソフトウェアでつくられた宇宙——超高度なコンピューター上でシミュレーションされる宇宙——に目を向け、私たちが現在誰かの、あるいは何かほかのもののシミュレーションのなかで生きているのではないと、確信できるかどうかを検討する。そこからたどり着くのは、哲学界に端を発した、もっとも門戸を広く開放した並行宇宙論だ。その理論によると、ありうる宇宙はすべて、あらゆる多宇宙のうち間違いなくもっとも大きいもののなかのどこかで実現されるという。この議論はおのずから、数学が科学の謎の解明に果たす役割の探究へ、そして最終的には、実在なるものを奥深くまで理解する人間の能力、あるいはその欠如へと展開する。

宇宙の秩序

並行宇宙というテーマは非常に思弁的である。この概念のどのバージョンについても、自然界で実現することを立証した実験も観測もない。したがって、私がこの本を書いた目的は、私たちが多宇宙の一部であることを読者に納得してもらうことではない。私は確かなデータの裏づけがないものは何も納得しない――そして一般的に言って、誰も納得するべきではない。とはいうものの、物理学のさまざまな進展をきちんと追っていくと、並行宇宙というテーマの何らかのバリエーションにぶつかる。これは興味津々な事実であって、見過ごしにはできない。並行宇宙のパラダイムに、たとえすんなりではなくても、はまるかもしれない理論が通りかかったら捕まえようと、物理学者たちが多宇宙理論という網を手に待ちかまえているわけではない。むしろ、私たちが真剣に取りあげる並行宇宙に関する提案はすべて、従来のデータや観測を説明するために展開された数学理論から、ひとりでに生まれている。

したがって私の意図するところは、私たちの宇宙が数ある宇宙の一つである可能性を、物理学者たちがさまざまな観点から考えるにいたった、知性の歩みと一連の理論的洞察を明確かつ簡潔に示すことだ。この仰天するような可能性を、私が少年時代に鏡を見て物思いにふけったときのような気ままな空想ではなく、現代の科学的研究から自然な流れで示されることを、あなたに感じとってほしい。いずれかの並行宇宙の枠組みで考えると、そうしなければ困惑するような観測結果も、確実にきちんと理解できるものになりうることを示したい。それと同時に、この説明アプローチがいまだに完全には理解されていない原因となっている、重大な未解決問題についても記述するつもりだ。あなたがこの本を読み終えたとき、何が起こりうるかについての感覚――現在進行中の科学の発展によって、いつか現実と非現実の境界がどう引き直されるかについての見通し――が、今よりはるかに豊かになり、研ぎ澄まされていたら、それが私の本望である。

並行宇宙の概念にたじろぐ人もいる。そういう人たちは、もし私たちが多宇宙の一部であるなら、宇宙における私たちの立場と重要性は小さくなると考える。だが私の解釈は違う。重要性を相対的な数の多さで測ることに、私は何のメリットも見出せない。むしろ、人間であることが愉快なのは、そして科学的活動に携《たずさ》わることが刺激的なのは、分析的思考力を使って広大な隔たりを埋め、大気圏内外の空間を旅するだけでなく、もし本書で出会う考えのどれかが正しいと証明されれば、宇宙の向こうにまで足を延ばすこともできるからだ。私に言わせれば、冷たく人を寄せつけない宇宙を覆う漆黒のしじまのなかで、孤独な視点に立って深い理解を得てこそ、私たちは茫漠たる宇宙の実像《リアリティ》に到達できるのだ。

第2章　終わりのないドッペルゲンガー
――パッチワークキルト多宇宙

地球の外へ飛び出し、はるか遠くまで旅したら、宇宙は無限に続いていることがわかるのだろうか、それともどこかで突然終わってしまうのか？　それとも、ひょっとすると、フランシス・ドレーク卿が世界周航を成し遂げたときのように、一周して最終的に出発点に戻るのだろうか？　どちらの可能性――無限に遠くまで広がっている宇宙と、広大だが限りある宇宙――も、あらゆる観測と矛盾がなく、この二、三〇年にわたって、有数の研究者たちがそれぞれを精力的に研究してきた。しかしそんな綿密な調査にもかかわらず、これまで注目されてこなかった、宇宙が無限大の場合に導き出される唖然とするような一つの結論がある。

無限の宇宙の奥の奥に、天の川銀河と同じような銀河があって、この太陽系とうりふたつの太陽系があり、地球とそっくりの惑星があり、あなたの家と区別がつかない家があり、そこにはあなたとそっくりの誰かが住んでいて、ちょうど今この本を読んでいて、はるか遠くの銀河にいるあなたのことを想像し、この文を読み終えたところだ。しかもそういうコピーは一つだけではない。無限の宇宙には無限にたくさんある。今、あなたと一緒にこの文を読んでいるあなたのドッペルゲンガーもいれば、ここを読み飛ばしているドッペルゲンガーもいるし、おやつが欲しくなって本を置いたドッペルゲンガーもいる。さらには、決して人あたりがいいとは言えなくて、暗い路地では会いたくないようなドッペルゲンガーもいる。

あなたがそいつに会うことはない。そのようなコピーが存在するのははるか彼方の領域で、ビッグバン以降ずっと前進し続けている光でも、時間が足りなくて私たちとの空間的隔たりを走破できない。しかしその領域を観察することはできなくても、もし宇宙が無限に大きければ、そこには無限にたくさんの並行宇宙が存在することを立証する、基本的な物理の原理がある。それをこれから見ていこう。並行宇宙のなかには私たちの宇宙にそっくりのものもあれば、違うものもあり、私たちの世界とは似ても似つかないものが多い。

そのような並行宇宙への旅路についたらまず、宇宙論に欠くことのできない枠組みとして、宇宙全体の起源と進化の科学的研究を展開しなくてはならない。

では出発だ。

ビッグバンの父

「きみの数学は正しいが、物理学はお粗末だ」。一九二七年の〈物理学に関するソルヴェイ会議〉は最高潮に達していた。アルベルト・アインシュタインが一〇年以上前に発表していた一般相対性理論の方程式は、必然的に天地創造の物語をドラマチックに書き直すことになると、ベルギー人のジョルジュ・ルメートルが告げたとき、アインシュタインはそう返答した。ルメートルの計算によると、宇宙はのちに彼が「原初の原子」と呼ぶようになった、おそろしく高密度のごく小さな点として始まり、途方もない時間をかけて膨張し、観測可能な宇宙になったという。

ブリュッセルのホテル・メトロポールに大挙して集まり、一週間も量子論について激しい議論を闘わせたアインシュタインをはじめ大勢の著名な物理学者のなかで、ルメートルは異彩を放っていた。一九二三年までに、博士論文を仕上げていただけでなく、聖ロンボー神学校での勉強を終えて、イエズス会の司祭に任命されている。会議の休憩時間中、聖職者のカラーを着けたルメートルがアインシュタインに話しかけた。アインシュタインの方程式が、宇宙の起源についての新しい科学理論の基礎になると確信していたのだ。アインシュタインはルメートルの理論を、数カ月前にそのテーマに関する論文を読んで知っており、一般相対性理論の方程式の扱いに間違いは一つも見つけられていなかった。じつは、アインシュタインがこの結果を突きつけられたのは今回が初めてではなかった。一九二一年、ロシア生まれの数学者で気象学者でもあるアレクサンドル・フリードマンが、アインシュタインの方程式に対して、空間が広がって宇宙の膨張が引き起こされるさまざまな解を考えついていた。アインシュタインはその解を受け入れず、当初はフリードマンの計算に誤りがあると意見したが、この点でアインシュタインは間違っていた。彼はのちにこの主張を撤回している。しかしアインシュタインは数学に操られることを拒んだ。宇宙はどうあるべきかについての自分の直観、すなわち宇宙は永遠であり、最大スケールで見れば一定不変であるという根強い信念を、裏づけるように方程式を改良した。そしてルメートルに、宇宙は膨張していないし、膨張したこともないと諭した。

六年後、カリフォルニアのウィルソン山天文台の研究室で、ルメートルが自分の理論をさらに詳しく展開したものを説明するあいだ、アインシュタインは熱心に集中して聞いていた。その理論によると、宇宙は原初の閃光で始まり、銀河は膨張する空間の海に浮かぶ燃えさしだったという。研究会が終わったとき、アインシュタインは立ち上がり、ルメートルの理論は「私がこれまで聞いたなかでもっとも美しく、もっとも納得のいく天地創造の説明だ」と言明した(1)。世界一有名な物理学者が説得に応じ、世界一難解なミステリーについての考えを改めたのだ。そして、まだ一般にはほぼ無名だったルメートルが、ビッグバンの父として科学者のあいだで知られるようになる。

一般相対性理論

　フリードマンとルメートルが構築した宇宙理論は、アインシュタインが一九一五年一一月二五日にドイツの物理学会誌《アナーレン・デア・フィジーク》に送った原稿を基礎にしている。この論文は一〇年近くに及ぶ波乱に富んだ数学的探究の集大成であり、そこに示された結果――一般相対性理論――は、アインシュタインの科学的業績のなかでもっとも完成度が高く、広範囲に及ぶものとなった。一般相対性理論を練りあげたアインシュタインは、幾何学のエレガントなボキャブラリーを用いて、重力に関する理解を一新したのだ。この理論の基本的な特徴と宇宙論における含意について、すでに基礎知識が十分ある読者は、これからの三節は飛ばしてかまわない。しかし要点を簡単に確認したければ、このまま読んでほしい。

　アインシュタインが一般相対性理論に取り組み始めた一九〇七年ごろ、ほとんどの科学者が、重力はずっと昔にアイザック・ニュートンの研究で説明がついたと考えていた。世界中の高校生が杓子定規に教わるとおり、一七世紀末にニュートンがいわゆる万有引力の法則を考え出し、この、自然におけるもっともなじみ深い力をつかさどる法則に、初めて数学的記述を与えた。彼の法則は非常に正確なので、NASAのエンジニアはいまだに宇宙船の軌道を計算するのに使い、天文学者もいまだに彗星や恒星ばかりか銀河全体の動きを予測するのにも使っている。(2)

　ニュートンの万有引力の法則にそのような明白な効能があればなおさら、二〇世紀初期にアインシュタインがその法則に大きな欠陥があると気づいたのは、驚くべきことである。その欠陥を暴《あば》いたのは、アインシュタインが発した愚問とも思える疑問だ——重力はどういう仕組みで働くのか？　たとえば、太陽はどうやって一億五〇〇〇万キロの本質的に空っぽの空間を超えて、地球の動きに影響を与えているのか？　両者をつなぐロープもなければ、地球を引っ張って動かす鎖もないのに、どうやって重力は影響を及ぼすのだろう？

一六八七年に刊行された『プリンキピア』で、ニュートンはこの疑問の重要性を承知しながら、「憂慮すべきことに自分の法則はその答えを出さない」と認めている。一つの場所から別の場所に重力を伝える何かがあるに違いないとニュートンは確信していたが、その何かが何であるかを突き止めることができなかった。『プリンキピア』では、この問題は「読者の考察に」任せるとしており、それから二〇〇年以上にわたって、その課題を読んだ者はただ先を読み進めるだけだった。しかしアインシュタインにはそれができなかった。

ほぼ丸一〇年、アインシュタインは重力の基礎となるメカニズムを見つけることに没頭し、一九一五年、答えを出した。アインシュタインの提案は、精緻《せいち》な数学を土台にしているうえ、物理学史上前例のない発想の飛躍が必要だが、もととなった疑問と同じ単純さを漂わせている。重力はどういうプロセスで空っぽの空間を超えて影響を及ぼすのか？　空っぽの空間では誰のふところも空《から》のように思える。しかし実際には、空っぽの空間にも何かがある。それは空間だ。このことからアインシュタインは、空間そのものが重力の媒体かもしれないと提案した。

それはこういう考えだ。大きい金属製のテーブルの上を、ビー玉が転がるところを想像してほしい。テーブルの表面は平らなので、ビー玉はまっすぐ転がるだろう。しかしそのあとテーブルが火に包まれ、しわや膨らみが生じたら、転がるビー玉はテーブル表面のゆがみや溝に沿って、別の軌跡を描くことになる。アインシュタインは、同じような考えが空間の構造にも適用されると主張した。完全に空っぽの空間は平らなテーブルのようなもので、物体はスムーズにまっすぐ転がることができる。しかし、熱がテーブル表面の形に影響するように、質量の大きい物体の存在が空間の形に影響する。たとえば、熱せられたテーブル表面の金属が熱で膨れるように、太陽は自分の周囲に膨らみをつくる。そして湾曲したテーブル表面ではビー玉が曲がった道をたどるよう導かれるのと同様、太陽の周囲で形が湾曲した空間では、地球などの惑星は太陽の周回軌道へと導かれる。

この簡単な説明では、重要な細部が飛ばされている。曲がるのは空間だけでなく、時間もしかりである（これがいわゆる時空の湾曲だ）。地球の重力そのものが、ビー玉を表面に押しつけておくことによって、テーブルの影響を促進する（アインシュタインの主張では、時空のゆがみはそれ自体が重力なので促進役は必要ない）。空間は三次元なので、テーブルのたとえのように「下」だけでなく、ゆがむときは物体の全周囲でゆがむ。それでもやはり、ゆがんだテーブルのイメージは、アインシュタインの主張の核心をとらえている。アインシュタイン以前、重力は一つの物体がどういうわけか空間を超えて、別の物体に及ぼす不可思議な力だった。アインシュタイン以後、重力は一つの物体によって引き起こされ、ほかの物体の動きを導く背景のゆがみとして認識された。この考えによると、今現在あなたが床の上にしっかり固定されているのは、あなたの体が地球のつくった空間（いや、時空）のくぼみに沿って滑り落ちようとしているからなのだ*。

＊湾曲した時間より湾曲した空間のほうがイメージしやすいので、アインシュタインの重力の一般向け解説には、空間だけに焦点を合わせたものが多い。しかし地球や太陽のようなおなじみの天体によって生み出される重力の場合、もっとも大きな影響力を及ぼすのは、じつは空間ではなく時間の湾曲である。実例として、二つの時計を考えてみよう。一つは地面の上にあり、もう一つはエンパイアステートビルのてっぺんにある。地面の時計のほうが地球の中心に近いので、マンハッタンを見渡すところにある時計よりも、若干強い重力が働いている。一般相対性理論によると、そのためにそれぞれの時計が時を刻むペースは若干違う。地面の時計は上方の時計と比べてわずかに（一年に一〇億分の一秒）遅れるのだ。その時間のずれは、時間の湾曲やゆがみの意味することを示す例である。そして一般相対性理論は、物体は時間がよりゆっくり経過する領域に向かって動くことを立証している。ある意味で、すべての物体はできるだけゆっくり歳をとりたいのだ。アインシュタインに言わせれば、手を離すと物体が落下する理由は、それで説明がつくのである。

アインシュタインは、この考えを厳密な数学的枠組みで展開するのに何年も費やし、その結果生まれた一般相対性理論の心臓部とも言える「アインシュタインの場の方程式」は、ある量の物質（より正確には、物質とエネルギー。アインシュタインの$E=mc^2$のEはエネルギー、mは質量で、この式からわかるとおり、両者は互いに変換可能）が存在する結果として、時空がどう湾曲するのかを正確に教えてくれる。(3) この理論は同じくらい正確に、そのような時空の湾曲がそこを通るものすべて――恒星、惑星、彗星、光そのもの――の動きに、どう影響するかも示している。物理学者が宇宙の動きを細かく予測できるのもそのおかげだ。

一般相対性理論を裏づける証拠はすぐに見つかった。天文学者は昔から、水星の公転運動がニュートン数学の予測からわずかに逸脱していることを知っていた。一九一五年、アインシュタインは自分の新しい方程式を使って水星の軌道を計算し、その不一致を説明することができた。その成功にあまりに興奮して、数時間も心臓がどきどきしていたと、彼はのちに同僚のエイドリアン・フォッカーに語っている。そして一九一九年、アーサー・エディントンとその同行者が行った天文観測によって、遠くの恒星の光が地球に向かう途中で太陽のそばを通るとき、一般相対性理論が予測したような曲がった経路をたどることが明らかになった。(4) その裏づけ――と、《ニューヨーク・タイムズ》紙の「光はすべて天空で曲がる、科学界はほぼ熱狂状態」という見出し――によって、アインシュタインは、アイザック・ニュートンの後継者となる新しい世界的な科学の天才として、国際舞台に躍り出た。

しかし、さらに時を経て、もっと印象的な一般相対性理論の試金石が現われた。一九七〇年代、水素メーザー時計（メーザーはレーザーに似ているが、電磁波スペクトルのマイクロ波の部分を用いる）を使った実験が、一般相対性理論の予測する地球周辺の時空のゆがみを約一万五〇〇〇分の一の精度で立証した。二〇〇三年、カッシーニ＝ホイヘンス惑星探査機を用いて、太陽のそばを通る電波の軌道の詳細な研究が行われ、収集されたデータは、一般相対性理論が予測する時空湾曲の記述を約五万分の一の精度で裏づけた。そして今、真に成熟した理論のおかげで、大勢の人たちが一般相対性理論を手のひらに収めて歩き回っている。あなたがスマートフォンで気軽にアクセスする全地球位置測定システム（ＧＰＳ）は衛星と通信しているが、その衛星内部の計時装置は、地球上空の軌道にいて受ける時空の湾曲を定期的に確かめている。衛星がそれを怠ると、生成される位置データがあっという間に狂ってしまう。一九一六年にアインシュタインが空間と時間と重力に関する新たな説明として示した抽象的な数式が、今や、人のポケットに収まる装置によって定期的に呼び出されるのだ。

宇宙とティーポット

アインシュタインは時空に命を吹き込んだ。人は何千年も前から日常的な経験によって、空間と時間を不変の背景ととらえる直観を築いてきた。彼はそれに疑問を投げかけたのだ。空間と時間が身をよじったり曲げたりして、宇宙の動きを見事に演出する目に見えない振付師になろうとは、誰が想像できただろうか？　それはアインシュタインが思い描き、観測が実証した革命的なダンスだ。にもかかわらず、そのあとすぐにアインシュタインは、根拠がないのに古くから根づいている先入観の重みによろめいてしまう。

一般相対性理論を発表した翌年、アインシュタインはそれを最大スケールに、すなわち宇宙全体に応用した。これはたいへんな仕事だと思うかもしれないが、理論物理学の妙は、すさまじく複雑なものを単純化することにある。その本質的な物理特性を保ちながら、理論的解析を扱いやすくするのだ。言ってみれば、無視するべきものを見きわめる技である。アインシュタインはいわゆる宇宙原理によって、理論的宇宙論の技術と科学の基本となる単純化の枠組みを確立した。

宇宙原理とは、宇宙は最大スケールで観察すれば一様かつ等方に見えるという主張だ。あなたが朝飲む紅茶を考えてみよう。顕微鏡で見ると、そこにはたくさんの不均質がある。ここに水の分子がいくつかあり、その近くに空っぽの空間があって、あそこにはポリフェノール分子とタンニンの分子が見えて、また空っぽの空間がある、といった具合だ。しかし肉眼で見える範囲では、紅茶は一様なハシバミ色だ。宇宙はそのカップの紅茶と同じだ、というのがアインシュタインの信念だった。私たちが観測する差異――ここに地球があって、空っぽの空間があいていて、月があって、また空っぽの空間があって、金星と水星があって、空っぽの空間が散らばっていて、そして太陽がある――は、小さいスケールの不均質だ。アインシュタインの提案によれば、宇宙規模ではこのような差異は無視できるという。なぜなら紅茶と同じで、平均すると一様になるからだ。

アインシュタインの時代、宇宙原理を支持する証拠はひいき目に見ても多くなかった（ほかの銀河に関する論証もまだ行われている最中だった）が、彼は宇宙には特殊な場所はないという強い直観にもとづいて行動した。平均すると、宇宙のどの領域もほかの領域と同様のはずであり、したがってあらゆる物理特性は本質的にまったく同じに違いないと、アインシュタインは感じていた。それ以降の歳月で、天文観測が宇宙原理をかなり裏づけてきたが、空間を直径一億光年（天の川銀河の端から端までの長さの約一〇〇〇倍）以上のスケールで調べた場合に限っての話だ。各辺が一億光年の箱をここに置き、別の同じような箱をあそこ（たとえばここから一〇億光年離れたところ）に置いて、それぞれの箱内部の全特性の平均――銀河の数の平均、物質の量の平均、温度の平均など――を測定したら、二つを区別するのは難しいだろう。要するに、厚さ一億光年でぶつ切りにした宇宙を見たことがあれば、ほぼすべてを見たことになるのだ。

そのような一様性は、一般相対性理論を用いて宇宙全体を研究するには欠かせないことがわかっている。その理由を知るために、一様でなめらかな美しいビーチを考えよう。その微視的な特性――つまり、ありとあらゆる砂粒の特性――を記述してくれと言われたとしよう。きっと挫折する。その課題はあまりに膨大だ。しかしビーチの全体的な特徴（砂一立方メートル当たりの平均重量、ビーチ表面一平方メートル当たりの平均反射率など）だけを記述してくれと言われたら、格段にやりやすい課題になる。やりやすくなるのは、ビーチの一様性のおかげだ。ここの砂の平均重量と平均温度と平均反射率を測定すれば終わり。向こうを測定しても答えはほぼ同じだろう。一様な宇宙も同様だ。すべての惑星と恒星と銀河について記述するのは、不可能な課題だろう。しかし一様な宇宙の平均的特性を記述するのははるかにたやすい――そして一般相対性理論の出現により、達成可能な課題になった。

やり方はこうだ。膨大な空間の全容がもつ巨視的な特性を決めるのは、そこにどれだけの「物質」が入るか、である。もっと正確に言うなら、その体積に含まれる物質の密度、さらに正確に言うなら物質とエネルギーの密度だ。一般相対性理論の方程式は、この密度が時とともにどう変化するかを表わしている。しかし宇宙原理の助けがなければ、この方程式を解析するのは絶望的に難しい。方程式は一〇個あり、各方程式がほかの方程式に複雑に依存しているので、これを解くにはゴルディアスの結び目［訳注　フリギアのゴルディアス王にちなむ解けない結び目で、解決困難な事柄のたとえ］をほどくのにも似た困難が伴う。幸いなことに、これらの方程式を一様な宇宙に適用する場合、計算が単純になることをアインシュタインは発見した。一〇個の方程式が不要になり、実質的に一つにまで減るのだ。宇宙全体に広がる物質とエネルギーの研究にまつわる数学の複雑さは、宇宙原理によって一つの方程式（注５を参照）にまで減り、結び目は一気に解ける。[5]

しかしアインシュタインにとってあまり幸いでないことも起こった。この方程式を検討したとき、自分にとって不愉快な予想外のことを発見したのだ。当時、科学的にも哲学的にも有力だったのは、最大スケールの宇宙は一様であるだけでなく不変でもあるという立場だった。紅茶のなかの分子の急速な動きは、平均すると静止して見える液体になるのと同じように、太陽の周囲を回る惑星や、銀河をあちこち移動する太陽のような天体の動きは、平均すると全体として不変の宇宙になるだろう、というわけだ。この宇宙観を信奉していたアインシュタインは、それが自分の一般相対性理論と対立することに気づいて愕然とした。数学が示したところでは、時間が経過すると物質とエネルギーの密度は一定ではあ
りえないのだ。密度は高くなるか低くなるかで、そのままの状態を保つことはできない。

この結論の裏にある数学的解析は複雑なものだが、根底にある物理学は平凡だ。ホームベースからセンターのフェンスに向かって舞い上がる野球のボールを思い描いてみよう。最初、ボールはロケットよろしく急上昇する。そのあとスピードが落ち、高さの頂点に達し、最終的には下に向かう。ボールは飛行船のようにのんびり浮かんではいない。なぜなら、引力である重力が一方向に働いて、ボールを地球表面のほうに引っ張るからだ。綱引きの引き分けのような静止状態に

なるには、働いている力を打ち消す逆向きの同等な力が必要だ。飛行船の場合、下向きの重力に逆らって上向きに押す力が、空気圧によって生じている（飛行船は空気より軽いヘリウムで満たされている）。空中のボールの場合、重力と逆向きの力がない（空気抵抗は確かに動いているボールに逆らって働くが、静止状態には関与しない）ので、ボールは一定の高さにとどまることができない。

アインシュタインは、宇宙が飛行船よりむしろ野球ボールに近いことに気づいた。重力の引力を打ち消す斥力《せきりょく》、すなわち外向きの力がないので、一般相対性理論は宇宙が静止していられないことを示している。空間の構造は伸びるか縮むかで、一定の大きさを保つことはできない。今日《こんにち》の一億光年立方の空間は、明日には一億光年立方ではない。大きくなって内部の物質の密度が下がる（大きい体積のなかにまばらに広げられる）か、小さくなって物質の密度が上がる（小さい体積のなかにぎゅうぎゅう詰められる）かのどちらかである。(6)

アインシュタインは愕然とした。一般相対性理論の計算式によれば、最大スケールの宇宙は変化している。なぜなら、その根底そのもの――空間自体――が変化しているからだ。アインシュタインが自分の方程式から浮かび上がると予想した永遠不変の宇宙は、断じてそこにはなかった。彼は宇宙論の科学を創始したのだが、計算によってわかったことに深く失望した。

納税申告書の重力

アインシュタインはうろたえた――自分のノートを見返し、美しい一般相対性理論の方程式を、一様なだけでなく不変でもある宇宙と両立させようと、必死になってずたずたにした――という話をよく耳にする。この話は部分的には正しい。アインシュタインは確かに、不変の宇宙という信念を裏づけるように方程式を部分修正した。しかし、その変更は最小限で、十分に良識あるものだった。

彼がどんな数学的手段を講じたかについて感じをつかむために、納税申告書に記入することを考えてみよう。数字を記録する行もあれば、そのあいだには空白のままにしておく行もある。数学的には、空白の行は記入事項がないという意味だが、心理的にはもっと多くの含みがある。つまり、自分の財務状況には関係がないと判断したから、その行は気にしていないということだ。

一般相対性理論の計算を納税申告書のような形式にするとしたら、記入欄は三行になるだろう。一行には、重力の具体的な形である時空の幾何学的性質――ゆがみと湾曲――を記述する。もう一行には、重力の源《みなもと》である全空間の物質分布――ゆがみと湾曲の原因――を記述する。研究に没頭した一〇年のあいだに、アインシュタインはこの二つの特徴を数学的に記述する方法を編み出し、細心の注意を払ってこの二行に記入した。しかし一般相対性理論の決算を仕上げるには、三行めが必要である。この三行めだが、ほかの二行とまったく同等の数学的基礎の上に立ちながら、物理学的な意味合いはもっと微妙である。時空は、一般相対性理論によって宇宙の展開の力学的当事者に押し上げられた時点で、いつどこで物事が起こるかを叙述する手段を提供するだけの役割から、固有の特性をもつ物理的実体に変わった。一般相対性理論の納税申告書の三行めは、時空がもつ重力に関係する固有の特徴を量化する項目だ。すなわち、空間という織物に縫い込まれたエネルギーの量である。一立方メートルの水には、水の温度に集約される一定量のエネルギーが含まれているのと同様に、一立方メートルの空間には三行めの数値に集約される一定量のエネルギーが含まれている。一般相対性理論を発表する論文のなかで、アインシュタインはこの行を考慮していなかった。数学的には、その数値をゼロにしたのと同じことだが、納税申告書の空白行と同じように、彼はその行を気にかけなかっただけのようだ。

　一般相対性理論が静的な宇宙と両立しないことが判明して、アインシュタインはもう一度、一般相対性理論の数学と向き合い、今回は三行めをもっと真剣に検討した。そしてそれをゼロにする十分な理由は、観測にも実験にも見つからないことに気づいた。さらに、それが注目すべき物理的現象を具現していることにも気づいた。

　三行めにゼロではなく正の数値を入れ、空間構造に均一の正のエネルギーを与えれば、空間のあらゆる領域は、大半の物理学者がありえないと考えていたもの、すなわち斥力的な重力を生み出して、すべての領域が互いにまわりの領域を押しのけあうことを、アインシュタインは発見した（その理由については次章で説明する）。さらに、三行めに入れる数値の大きさを正しく調整すれば、宇宙全体に生まれる斥力的重力は、空間に存在する物質が生み出す通常の引力的重力とぴったりつり合い、静的な宇宙をつくり出せることにも気づいた。上がることも下がることもなく漂っている飛行船と同じように、宇宙は不変になるのだ。

アインシュタインは三行めの記入項目を宇宙項、または宇宙定数と呼んだ。この数値をしかるべき場所に入れて、彼はひと安心することができた。あるいは、前よりは安心できた。宇宙が適切な大きさの宇宙定数をもっていれば――つまり、空間が適切な量の固有エネルギーを与えられれば――重力に関する彼の理論は、最大スケールの宇宙は不変であるという一般通念と合致するのだ。なぜ空間は、このつり合いを確保するのにぴったりのエネルギー量を含んでいるのか、その理由をアインシュタインは説明できなかったが、少なくとも、適切な値の宇宙定数を加えられた一般相対性理論は、彼もほかの人たちも予想していたような宇宙を生み出すことを示したのである[7]。

原初の原子

このような状況が背景にあって、ルメートルは一九二七年のブリュッセルでのソルヴェイ会議でアインシュタインに近づき、一般相対性理論は宇宙が膨張するという新たな宇宙論パラダイムを生むという結論を示したのだ。すでに静的な宇宙を確立するために一般相対論の数学と格闘し、フリードマンの似たような主張を退けていたアインシュタインは、またもや膨張する宇宙について考えるなど我慢ならなかった。そのため、ルメートルは無闇に数学を追いかけ、明らかにでたらめな結論を受け入れる「お粗末な物理学」を実践していると非難した。

天才と称される人物からの非難に少なからず勢いをそがれたが、ルメートルにとってそれはつかの間のことだった。一九二九年、当時世界最大だったウィルソン山天文台の望遠鏡を使って、アメリカ人天文学者のエドウィン・ハッブルが、遠く離れた銀河はすべて天の川銀河から遠ざかっていることを示す有力な証拠を集めた。ハッブルが調べた遠方の光子は、明確なメッセージをもって地球へと向かっていた——宇宙は静止していない。たしかに膨張している。すると、アインシュタインが宇宙定数を導入した根拠は、事実無根だったのだ。宇宙はとてつもなく圧縮された状態で始まり、それからずっと膨張し続けていると説明するビッグバン・モデルは、科学的な天地創造の物語として、広く報道されるようになった(8)。

ルメートルとフリードマンの正当性が立証されたわけだ。フリードマンは膨張する宇宙の解を初めて探究した功を、ルメートルはそれを独自にしっかりした宇宙論のシナリオに展開した功を、それぞれ認められた。二人の研究成果は宇宙のメカニズムに関する数学的洞察の勝利として、十分に称賛された。一方のアインシュタインは、一般相対性理論の納税申告書の三行めに余計なことを書かなければよかったと悔やむしかなかった。宇宙は静的であるという筋の通らない信念にとらわれていなければ、宇宙定数を導入していなかっただろうから、観測される一〇年以上前に宇宙の膨張を予測していたかもしれない。

とは言っても、宇宙定数の話はこれで終わったわけではない。

モデルとデータ

宇宙論のビッグバン・モデルには、このあと説明するとおり、きわめて重要な細目が含まれている。このモデルが示す宇宙論のシナリオは一つだけでなく数種類ある。そのすべてに膨張する宇宙がかかわっているが、宇宙全体の形という点が異なっており、とくに、空間の及ぶ範囲が有限か無限かという問題について違いがある。有限か無限かの区別は並行宇宙について考えるときにきわめて重要になってくるので、いくつかの可能性を説明しよう。

宇宙原理——宇宙は一様だという仮定——は空間の幾何学に制約を加える。なぜなら、ほとんどの形は条件に合うほど一様ではないからだ。ここは膨らみ、あそこは平らで、あちらはねじれている。しかし宇宙原理は、私たちの三次元空間の形は一つしかないと言っているのではない。そうではなく、可能性を厳選された候補群に絞っているだけのことだ。それを視覚化するのは専門家にとっても難題だが、ありがたいことに、二次元でなら数学的に正確な類似の形をすぐに思い描ける。

そのために、まずビリヤードで使う完璧に丸い突き玉を考えよう。その表面は二次元で（地球の表面上と同じように、突き玉の表面上の位置を二つのデータ――緯度と経度のような――で示すことができるという意味で、この形を二次元と呼ぶ）、どの場所もほかと同じに見えるという意味で完全に一様である。数学者は突き玉の表面を二次元球面と呼び、一定の正の曲率をもっていると言う。大ざっぱに言って、「正の」とは球面の鏡に自分を映したら、外側に膨らんで見えるということであり、「一定の」とは球面のどこに映っていても、そのゆがみは同じに見えるということだ。

次に、完璧に滑らかなテーブルの天板を思い描こう。突き玉の場合と同じように、テーブル天板の表面は一様だ。あるいは、ほぼ一様だ。あなたがその上を歩くアリだとしたら、どこの地点から見る景色もほかの地点から見る景色と同じだろう。ただし、テーブルの端から離れたところにいる場合に限られるが。それでも完璧な一様性を復元するのは難しくない。端のないテーブルの天板を想像すればいいだけで、それには二つの方法がある。左にも右にも、後ろにも前にも、無限に広がるテーブル天板を考えよう。これは尋常ではない――無限に大きい面だ――が、これで転落する場所がないので、端がないという目標を達成できる。もう一つの方法としては、昔のビデオゲーム画面に似たテーブル天板を想像しよう。パックマンが左端を越えると、右端に再び現われる。下端を越えると上端に現われる。普通のテーブル天板にこんな特性はないが、これは二次元のトーラスと呼ばれる完璧に理にかなった幾何学的空間である。この形について詳しくは注で論じるが[9]、ここで強調するべき唯一の特徴は、無限のテーブル天板と同じように、ビデオゲーム画面の形は一様で端がないことである。パックマンが遭遇する見かけの境界は虚構だ。それを越えることはできず、ゲームのなかにとどまる。

数学者はこの無限のテーブル天板やビデオゲーム画面を、一定のゼロの曲率の形だと言う。曲率が「ゼロ」とは鏡張りのテーブル天板やビデオゲーム画面に映った自分は、まったくゆがまないということ。「一定の」は前と同じように、どこに映っていても像は同じに見えるということだ。無限のテーブル天板を旅して、一定の方向を保てば、決して家には帰れない。ビデオゲーム画面では、たとえハンドルを回さなくても、全形を一周して気がつけば出発点に戻っているだろう。

最後に――そして今までより少しイメージするのが難しいが――プリングルズのポテトチップを無限に広げると、また別の完全に一様な形になる。数学者はそれを一定の負の曲率をもつ形だと言う。これは、鏡張りにしたプリングルズのポテトチップのどこかに自分を映したら、その像は内側に縮んで見えるという意味だ。

幸運なことに、これら二次元の一様な形について行った説明は、私たちが本当に知りたい宇宙の三次元空間に、難なく敷衍《ふえん》することができる。正、負、そしてゼロの曲率――一様な外への膨らみ、内への縮み、そしてまったくゆがみなし――はみな同じようにうまく、一様な三次元の形を説明してくれる。もっと言えば、私たちは二重に幸運である。なにしろ三次元の形を思い描くのは難しい（形を思い描くとき、私たちの頭脳は必ずそれを背景のなかに置く――空間のなかの飛行機、空間のなかの惑星――が、空間そのもののことになると、それが入る外の背景がない）。一様な三次元の形は二次元の同類と数学的に非常によく似ているので、たいがいの物理学者がやること、つまり二次元の例を頭のなかのイメージに使うことで、正確さが失われることはほとんどないのだ。

次ページの表に可能性のある形をまとめてみた。広がりが有限のもの（球面、ビデオゲーム画面）もあれば、無限のもの（果てしないテーブル天板、果てしないプリングルズのポテトチップ）もあることを強調している。表2・1はこのままでは不完全である。まだほかにも、二項四面体空間やポアンカレ一二面体空間といった素敵な名前のついた、同じく一様な曲率をもっている形が考えられるが、日常的な物体を使って想像するのが難しいので、ここには含めていない。そのような形は、私がリストに入れたものを慎重にスライスしたり削り取ったりしてつくることができるので、表2・1だけで代表的な標本として不足はない。しかしこのような細かい話は枝葉末節である。いちばん重要な結論はこうだ――宇宙原理が明言している宇宙の一様性は、宇宙

形	曲率の種類	空間の膨張
球	正	有　限
テーブルの天板	ゼロ（つまり「平坦」）	無　限
ビデオゲーム画面	ゼロ（つまり「平坦」）	有　限
プリングルズのポテトチップ	負	無　限

表2・1　「宇宙のなかのあらゆる場所は、ほかのあらゆる場所と同様である」という仮定（宇宙原理）を前提としてとしてありえる空間の形。

にありえる形をかなり絞り込む。ありえる形には空間的広がりが無限の形もあれば、無限でない形もある。[10]

私たちの宇宙

フリードマンとルメートルが数学によって発見した空間の膨張は、先に挙げた形のどれにでも言葉どおりに当てはまる。正の曲率の場合、二次元のイメージを使って、空気を入れるにつれて膨らんでいく風船の表面を考えてみよう。曲率ゼロの場合は、あらゆる方向に均一に引っ張って伸ばされている平らなゴムのシートを考える。負の曲率の場合ならば、そのゴムシートをプリングルズのポテトチップの形にしてから、引き伸ばし続けよう。銀河をこれらいずれかの表面に均等にまき散らされた光としてモデル化すると、空間の膨張の結果、個々の光の点——銀河——は互いに離れていく。ちょうどハッブルが一九二九年に遠くの銀河を観測して明らかにしたとおりだ。

これは説得力のある宇宙論の枠組みだが、決定的で完璧なものにするには、私たちの宇宙を説明するのは一様な形のうちのどれかを特定する必要がある。なじみのある物体、たとえばドーナツや野球ボールや氷の塊《かたまり》などは、手に取ってひっくり返してみれば、その形を特定することができる。宇宙はそうできないのがやっかいなところで、間接的な方法で形を特定しなくてはならない。ここで、一般相対性理論の方程式を数学的手段として利用しよう。この方程式が示すところでは、空間の曲率はたった一つの観測量に帰着する。それは空間内の物質の密度だ（より正確には物質とエネルギーの密度）。物質がたくさんあれば、重力が空間を内に向けて曲げるので、球形の空間ができる。物質が少なければ、空間は自由に外に張り出してプリングルズのポテトチップの形になる。ちょうどぴったりの量の物質があれば、空間の曲率はゼロになる。*

一般相対性理論の方程式は、三つの可能性の数字上の境界も正確にはじき出す。その計算によると、「ちょうどぴったりの量の物質」、いわゆる臨界密度は、今日では一立方センチメートル当たり 2×10^{-29} グラムの重さ、一立方メートル当たり水素原子約六個、もっと身近な表現にすると、地球の大きさの容積に雨粒が一つだ。[11] あたりを見回すと、たしかに宇宙は臨界密度を超えているように見えるが、それは早計な結論だろう。臨界密度の数値計算は、物質が空間全体に均一に広がっていることを前提としている。したがって、地球だけでなく、月、太陽、その他すべてのものを取って、そこに含まれている原子を宇宙全体に均一にまき散らした状態を想像する必要がある。そうしたときに、一立方メートル当たりの重さが水素原子六個より多いか少ないかの問題だ。

宇宙のなかの物質の平均密度は宇宙論の展開にとって重要なので、天文学者は何十年もその測定を試みてきた。彼らの手法は直接的だ。強力な望遠鏡で膨大な空間を観測し、見えている恒星の量だけでなく、恒星と銀河の運動を研究することで存在を推論できるほかの物質の量も合計する。最近まで、観測が示す平均密度は先の境界より低く、臨界密度の二七パーセント——一立方メートル当たり水素原子約二個——で、宇宙の曲率は負であると思われた。

しかしその後、一九九〇年代後半になって、とんでもないことが起こった。いくつかの優れた観測と、第6章で探る一連の論証によって、天文学者は計算に不可欠の要素を抜かしていたことに気づいたのだ。その要素とは、空間全体に均一に広がっていると思われる拡散エネルギーだ。このデータにほぼ誰もが衝撃を受けた。空間を満たすエネルギー？　まるで宇宙定数のことではないか。すでに見てきたとおり、宇宙定数はアインシュタインが八〇年前に導入し、のちに撤回

＊物質が自分の入っている領域をどう曲げるかについての先ほどの議論を考えると、物質があるのに曲率がないことがありえるのかと思うかもしれない。説明するとこうなる。一様な物質の存在は一般に時空を曲げる。この場合、空間の曲率はゼロだが、時空の曲率はゼロでない。

したことで知られている。現代の観測によって、あの宇宙定数が復活したのか？

まだ確かなことはわからない。最初の観測から一〇年がたった今日でも、均一なエネルギーは不変なのか、一定の空間領域内のエネルギー量は時間とともに変わるのか、天文学者はまだ確証を得ていない。宇宙定数はその名のとおり（そして一般相対性理論の納税申告書に記入された一つの固定数値として数学的に表現されることが意味するように）、おそらく変わらないだろう。こうしたエネルギーが湧いて出たという可能性がいかに漠然としたものか、ということの説明として、そしてそのエネルギーが光を発しないこと（それゆえこんなに長いあいだ検出されなかった）を強調するために、天文学者は暗黒エネルギーという新しい用語をつくり出した。「暗黒」という言葉には、私たちの理解にたくさんの穴があるという事実も、うまく表現されている。暗黒エネルギーの起源、基本構成、詳しい特性を説明できる人は誰もいない。これらの問題については現在、精力的に研究されているところであり、そのことはあとの章でまた触れる。

未解決の問題はたくさんあるが、ハッブル宇宙望遠鏡や地上の天文台を使った詳細な観測は、現在空間を満たしている暗黒エネルギーの量について、コンセンサスに達している。その結果はアインシュタインがずっと前に提案したものとは異なる（なぜなら、彼は静的な宇宙を生み出す値を指定したが、私たちの宇宙は膨張しているから）。これは驚くにあたらない。それよりむしろ驚くべきは、測定から出た結論によると、空間を満たしている暗黒エネルギーは臨界密度のおよそ七三パーセントに当たるということだ。天文学者がすでに測定していた二七パーセントに加えれば、合計は臨界密度の一〇〇パーセントに達し、物質とエネルギーの量が空間の曲率ゼロの宇宙にぴったりということになる。

このように、現在のデータが裏づけるところによればこの宇宙は、無限のテーブル天板や有限のビデオ画面の三次元バージョンのような形をした、膨張し続ける宇宙であるらしい。

無限の宇宙のなかの実在《リアリティ》

本章の冒頭で、この宇宙が有限か無限かはわからないと述べた。前節では、どちらの可能性も理論的研究から自然に浮かび上がること、どちらの可能性も最高に緻密《ちみつ》な天体物理学の測定と合致することを説明した。いつの日か、どちらの可能性が正しいのかを観測によって決定するには、どうすればいいのだろう？

難しい問題だ。宇宙が有限なら、恒星と銀河から放たれた光の一部は、全宇宙を何回かぐるぐる回ってから、私たちの望遠鏡に入っているのかもしれない。並行して置かれた鏡のあいだを光が反射して繰り返し像が生まれるように、ぐるぐる回る光によって恒星や銀河の像が繰り返しつくり出されているのかもしれない。天文学者はそのような周回する光を探しているが、まだ見つかっていない。このこと自体は、宇宙が無限であることの証明にはならないが、宇宙が有限であっても、これまでの時間では光が宇宙という競技トラックを何度も周回することはできなかったほど広いものである可能性があることを暗示しているのは確かだ。そしてそうなると、観測上の問題点が出てくる。たとえ宇宙が有限であっても、大きければ大きいほど、うまく無限を装うことができるのだ。

宇宙の年齢のように、有限無限の可能性の区別が意味をもたない宇宙論上の問題もある。宇宙が有限でも無限でも、はるか昔には銀河がぎゅうぎゅうと押しあっていたため、宇宙はもっと高密度で、もっと熱く、もっと過激だった。今日観測される膨張のペースを、その経時変化についての理論分析と合わせて用いることで、私たちに見えるものすべてがとてつもなく高密度の一つの塊《かたまり》に圧縮されていたとき、すなわち始まりと呼ばれるときから、どのくらいたったのかを知ることができる。そして宇宙が有限でも無限でも、最先端の分析はその瞬間を、およそ一三七億年前と見積もっている。

しかし、そのほかの懸案事項についていえば、有限か無限かの違いは大問題だ。たとえば、空間が有限であれば、私たちがはるか昔の宇宙を考えるとき、空間全体が縮んでいくイメージは間違っていない。数学は時刻ゼロで破綻するが、時刻ゼロに限りなく近い瞬間に、宇宙は限りなく小さい点であると想像するのは正しい。しかし無限である場合、この描写は間違っている。もし空間の大きさが本当に無限なら、つねにそうだったし、これからもずっとそうだろう。空間が縮むと、その内容物はぎゅうぎゅうと押しあい、物質の密度が高くなる。しかし広がり全体は無限のままである。結局のところ、無限のテーブル天板を二分の一に縮めるとどうなるだろう？　無限の半分はやはり無限だ。一〇〇万分の一に縮めたらどうなる？　やはり無限だ。無限の宇宙が時刻ゼロに近づけば近づくほど、あらゆる場所で密度が高くなるが、空間的広がりは果てしないままだ。

　無限か有限かの問題は観測上は未解決だが、物理学者と天文学者はどちらなのかと迫られると、宇宙は無限だという説に賛成する傾向があるように思う。この見解の根の一部は、研究者たちが何十年も有限のビデオゲームの形をした宇宙に注目していなかったという歴史上の偶然にもあると思うが、主として無限説のほうが分析が数学的に複雑だからである。無限の宇宙と巨大だが有限の宇宙の違いなど、学者だけが興味をもつ宇宙論上の区別にすぎないとする、ありがちな誤解も反映されているかもしれない。なんだかんだ言って、宇宙が大きすぎて全体のうちの限られた小さい部分にしかアクセスできないのなら、自分が見えるものの向こうの広がりが有限か無限かを気にする必要があるのか？

　ある。空間が有限か無限かという問題は、宇宙の実像《リアリティ》の本質そのものに深い影響を及ぼす。それが本章の核心につながるのだ。ここで、無限に大きい宇宙の可能性を考え、それが意味するところを探ろう。最低限の骨折りで、自分たちが無限にある並行宇宙の一つに住んでいることがわかるだろう。

無限の空間とパッチワークキルト

限りなく膨張する宇宙の果てではなく、わかりやすくここ地球から始めよう。友達のイメルダが着道楽のために、贅沢な刺繍を施したドレス五〇〇着とデザイナー靴一〇〇〇足を手に入れたところを想像してほしい。彼女が日替わりで一着のドレスと一足の靴を身に着けるとすると、考えられる組み合わせはいつか尽きて、前と同じ服装を繰り返すことになる。それがいつかをはじき出すのは簡単だ。五〇〇着のドレスと一〇〇〇足の靴なので組み合わせは五〇万通りになる。五〇万日は約一四〇〇年なので、イメルダがそれだけ長く生きれば、前と同じ服装の彼女を見ることになるだろう。もしもイメルダが無限の寿命を授かって、可能な組み合わせすべてを繰り返し続けたとすると、必然的にそれぞれの服装を限りなく何度も身に着けることになる。有限数の服装で無限に現われるのなら、必ず無限に重複が起こることになる。

同じような考えで、カードゲームの名ディーラーのランディーが、とてつもなくたくさんのトランプを一組ずつ切ってはきちんと積み重ね、次々と並べていくところを想像してほしい。切ったトランプのカードの順番は組ごとに違うのか、それとも重複するはずなのか？　答えはトランプが何組あるかによる。五二枚のカードの並び順は80,658,175,170,943,878,571,660,636,856,403,766,

975,289,505,440,883,277,824,000,000,000,000通り（一枚めになりうるカード枚数の五二に、二枚めになりうる残りのカード枚数の五一を掛け、三枚めになりうる残りの枚数の五〇を掛け、という具合に掛け算を続ける）。ランディーが切ったトランプの組数が、可能性のあるカードの並び順の数を超えれば、切ったトランプのなかにはカードが同じ並び順になっているものがあるかもしれない。もしランディーが無限の組数のトランプを切るとしたら、カードの並び順は必然的に限りなく何度も重複することになる。イメルダの服と靴の組み合わせの場合と同じように、ありえる有限数の組み合わせが無限に生じるのなら、必ず結果が無限に繰り返されることになる。

この基本概念は、無限宇宙の宇宙論にとって非常に重要である。二つの重要なステップがその理由を教えてくれる。

無限の宇宙では、ほとんどの領域が、最強の望遠鏡を使っても私たちに見えないところにある。光はとてつもない速度で進むが、天体が十分に遠くにあれば、その天体が放つ光は——ビッグバンの直後に放たれた光だとしても——時間が足りなくて私たちのところまで届かないだろう。宇宙はおよそ一三七億歳なので、一三七億光年以上離れたところにあるものは、この部類に入ると思う人もいるかもしれない。この直観は、方向性は良いのだが、ずっと旅してきて今到着したばかりの光を放った天体との距離は、空間の膨張によって広がっている。したがって、私たちに見える最大距離は実際にはもっと長い——およそ四一〇億光年だ。[12] しかし正確な数字はあまり問題

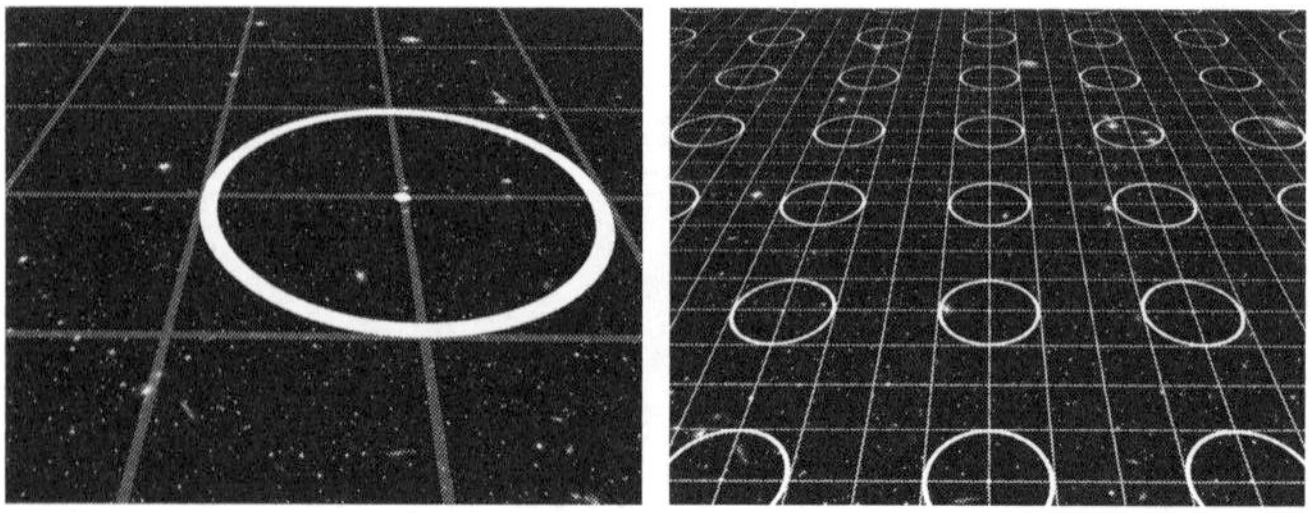

(a)　　　　(b)

図2・1 (a) 光の速度は有限なので、（観察者の宇宙の地平線と呼ばれる）パッチの中心にいる観察者は、同じパッチのなかにあるものとしか相互に作用できない。**(b)** 十分に間隔があいている宇宙の地平線は遠く離れすぎていて相互作用ができないので、まったく別々に進化している。

ではない。重要なのは、一定の距離より向こうにある宇宙の領域は、現在私たちの観測が届かない領域だということである。水平線の向こうを航行する船から海岸に立つ人が見えないのと同じように、天文学者たちは、遠すぎて見えない空間の物体は宇宙の地平線の向こうにあるという言い方をする。

同様に、私たちが放っている光はそのような遠い領域にはまだ到着できていないので、私たちはあちらの宇宙の地平線の向こうにいるわけだ。そして宇宙の地平線は、誰かに見えるものと見えないものを区別するだけではない。アインシュタインの特殊相対性理論から、どんな信号も、どんな攪乱《かくらん》も、どんな情報も、どんなものも、光より速く進めないことがわかっている。つまり、時間が足りなくて光が届かないほど離れている宇宙の領域は、どんな種類のどんな影響もやり取りしたことがなく、したがって完全に無関係に進化してきた領域なのだ。

二次元のアナロジーを用いて、ある瞬間の空間の広がりを、巨大な（丸い布切《パッチ》れをつないだ）パッチワークキルトになぞらえることができる。各パッチは一つの宇宙の地平線を表わす。パッチの真ん中にいる人は、同じパッチ上にあるものとは相互に作用できるが、違うパッチの上にあるものは遠すぎるので、いっさい接触できない（図２・１a参照）。二枚のパッチ間の境界に近い地点どうしは、それぞれ中心よりも近いので相互に作用できるが、宇宙キルトのパッチを一列おきに考えると、異なるパッチにある点はすべて遠すぎるので、いかなる種類のパッチ間相互作用も起こらない（図２・１b参照）。同じ考えを宇宙の地平線——宇宙キルトのパッチ——が球体になる三次元に当てはめても、同じ結論に達する。十分な間隔があいているパッチどうしは互いの影響を受けないように、独立した領域どうしも相互に作用しない。

空間が大きくても有限であるなら、膨大でも有限の数の独立したパッチに分割できる。空間が無限なら、独立したパッチの数は無限だ。とくに魅力的なのは空間が無限である可能性のほうで、その理由は主張の後半にある。このあと見ていくように、どのパッチもなかの物質（より正確には物質とあらゆる形のエネルギー）の粒子配列の組み合わせ数は限られている。イメルダとランディーで予習した論法を使うと、パッチが無限に連なっている——私たちが住んでいる空間領域と同じような領域が、果てしない宇宙にまき散らされている——なら、パッチの状態は必然的に重複することになる。

有限の可能性

暑い夏の夜、寝室中を一匹のうるさいハエが飛び回っているところを想像しよう。ハエたたきも殺虫スプレーも試した。どれもうまくいかない。苦しまぎれにあなたは理を尽くしての説得を試みる。「ここは広い寝室だ」とハエに言う。「ほかにもきみがいられる場所はたくさんある。私の耳の周りをブンブン飛び続ける理由はないよ」。「本当に?」ハエはいたずらっぽく反論する。「そんな場所がいくつあるんだい?」

古典的な宇宙なら、答えは「無限にたくさん」だ。あなたが話しているあいだ、ハエ(正確にはハエの質量の中心)は左に三メートル動いたかもしれないし、右に二・五メートル移動したかもしれないし、上に二・二三六メートル、または下に一・一九五八二九メートル……もうおわかりだろう。ハエの位置はたえず変わる可能性があるので、ハエがいられる場所は無限にたくさんある。それどころか、このことをハエに説明しているあいだに、無限なのは位置だけでなく、速度も無限であることに気づく。ある瞬間ハエはここにいて、時速一キロで右に向かっているかもしれない。あるいは時速五〇〇メートルで左に向かっているかもしれないし、時速二五〇メートルで上に向かっているか、時速三四九・二八三メートルで下に向かっている、といった具合だ。

ハエのスピードはさまざまな要因（速く飛べば飛ぶほどエネルギーをたくさん消費する必要があるので、ハエがもっているエネルギーの限界も要因の一つ）による制約があるが、たえず変化する可能性があるので、そこからも無限の多様性が生まれる。

ハエは納得しない。「一センチとか、五ミリとか、二・五ミリ動くという話はわかるよ。でも、位置が一〇〇〇分の一ミリ違うとか、一万分の一ミリ違うとか、もっと小さい違いの話にはついていけない。インテリの人にとっては違う場所かもしれないけれど、ここ、と、ここから左に一億分の一ミリのところが本当は違うなんて話は、経験からするととんでもないよ。そんなちょっぴりの位置の変化など感じとれないから、それを違う場所には数えない。スピードも同じだ。時速一キロとその半分のスピードの違いはわかる。でも時速〇・二五キロと時速〇・二四九九九九九九キロの違いだって？　頼むよ。その違いがわかるなんて言えるのは博識のハエだけだ。実際、そんなことが言えるハエはいないね。おれに言わせれば、それは同じスピードだ。だから利用できる種類はあんたが説明しているよりもずっと少ない」

ハエは重要なポイントを突いている。原理上は、ハエがいられる位置は無数にあり、飛べるスピードは無数にある。しかし実際には、位置やスピードの違いが小さすぎれば、まったく気づかれない。たとえハエが最高の装置を使ったとしても同じことだ。計器が記録できる位置やスピードの変化には必ず限界がある。そしてその最小限の変化がどれだけ小さくても、ゼロでないのであれば、ありえる経験の多様性は大幅に減る。

たとえば、検知できる最小の変化が一〇〇分の一センチだとすると、違うとわかる位置は一センチ当たり無限にあるのではなく、わずか一〇〇個にすぎない。したがって一立方センチ当たりでは一〇〇の三乗で一〇〇万個、平均的な寝室なら約一〇〇兆個だろう。これだけの選択肢があれば、ハエは感動してあなたの耳から離れていてくれるかどうかは、何とも言えない。しかし結論はこうだ。分解能が低い測定は、可能性の数を無限から有限に減らす。

ごくわずかな空間の隔たりやスピードの差を識別できないのは、テクノロジーの限界の表われにすぎないと反論する人がいるかもしれない。テクノロジーの進歩とともに装置の精度はつねに向上するので、資金の豊富なハエが違いを認識して利用できる場所とスピードの数もまた、つねに増え続けるだろう、というわけだ。ここで基本的量子論の出番である。量子力学によると、特定の測定がどれだけ正確でありえるかについては根本的な限界があるという認識は的確であり、この限界はテクノロジーが進歩しても乗り越えられない――決して。限界を生み出すのは量子力学の核心にあるもの、不確定性原理である。

不確定性原理は、どんな装置を使うか、どんな技法を採用するかにかかわらず、一つの特性を測定する分解能を上げると、どうしても犠牲になるものがあることを立証している。すなわち、必然的に相補的な特性の測定が不正確になるのだ。典型的な例として不確定性原理が挙げるのは、物体の位置を正確に測れば測るほど、そのスピードは正確に測れなくなり、逆もまた同様であることだ。

古典物理学は世界の仕組みについて、私たちが直観でわかる情報を提供する物理学であり、その観点からすると、この限界はまったくなじまない。しかし大ざっぱなたとえとして、先ほどのいたずらなハエを写真に撮ることを考えよう。シャッタースピードが速ければ、写真を撮った瞬間のハエの位置を記録するシャープな画像が撮れる。しかしくっきりした写真なので、ハエは動いていないように見える。その画像はハエのスピードについては何の情報も伝えない。シャッタースピードを遅くすると、できあがるぼやけた画像でハエの動きがなんとなく伝わるが、ぼやけているせいでハエの位置の測定値はあいまいである。位置とスピードの正確な情報を同時に伝える写真を撮ることはできない。

ヴェルナー・ハイゼンベルクは量子力学の計算を使って、位置とスピードの組み合わせ測定が必然的にどれだけ不正確になるか、正確な境界を算定した。この避けられない不正確さが、量子物理学者の言う不確定性である。今の私たちの論点に役立つように、ハイゼンベルクの成果を表現する方法がある。くっきりした写真を撮るにはシャッタースピードを上げる必要があるのと同じように、ハイゼンベルクの計算は、ある物体の位置をはっきり測定するためには、高エネルギーのプローブを使う必要があることを示している。ベッドサイドの明かりを点けると、その結果生じるプローブ――拡散する低エネルギーの光――によって、ハエの脚と目のだいたいの形がわかる。ハエをX線のようなもっと高エネルギーの光子で（ハエを焼いてしまわないように光子のバーストを短くして）照らせば、分解能が上がってハエの羽を振るわせている微細な筋肉までわかるだろう。しかしハイゼンベルクによると、完璧な分解能を得るには無限エネルギーのプローブが必要だという。それは実現不可能だ。

そういうわけで、ここに決定的な結論が出る。古典物理学は、完璧な分解能が実際問題として実現不可能であることを明らかにする。量子物理学はさらに進んで、完璧な分解能は原理上も実現不可能であることを立証している。物体――ハエでも電子でもいい――のスピードと位置の両方が十分に少量ずつ変化しているところをイメージしても、量子力学によれば、意味のないものをイメージしていることになる。測定できないほど小さい変化は、原理的にさえ、そもそも変化ではないのだ(13)。

ハエについて量子論以前の分析で用いたのと同じ論法でいくと、分解能の限界のせいで、識別できる物体の位置とスピードの可能性は無限から有限な数に減る。そして量子力学から必然的に分解能の限界が導き出され、それが物理の法則そのものと絡み合っているので、このように有限な可能性に減ることは不可避であり、争う余地がない。

宇宙の繰り返し

寝室のハエについてはこれくらいにして、次に、もっと大きい空間領域について考えよう。今日の宇宙の地平線サイズの領域だ。半径四一〇億光年の球体で、宇宙キルトのパッチ一枚のサイズにあたる。そしてそこに一匹のハエではなく、物質の粒子と放射エネルギーが入っているとする。ここで問題。粒子の配列は何通り考えられるか？

レゴブロックでつくる箱と同じで、ピースが多ければ多いほど——領域に詰める物質と放射エネルギーが多ければ多いほど——考えられる配列の数は多くなる。しかし無限にピースを詰め込むことはできない。粒子はエネルギーをもっているので、粒子が増えればエネルギーが増える。空間領域に入るエネルギーが多すぎると、その重みのせいで空間は崩壊し、ブラックホールを形成する。* そしてブラックホールが形成されたあと、さらに物質とエネルギーをその領域に詰め込

＊ブラックホールについてはあとの章でもっと詳しく論じる。ここでは、今やポップカルチャーに深く根づいているおなじみの概念で通すことにする。つまり、引力があまりにも強いので、その縁を越えたものはすべてのみ込まれる空間領域——空間のなかのボールと考えよう——という考えだ。ブラックホールの質量が大きければ大きいほど、そのサイズも大きくなるので、何かがそこに落ちると、ブラックホールの質量だけでなくサイズも大きくなる。

もうとすれば、ブラックホールの境界（事象の地平面）は広がり、なかの空間も広がる。このように、一定のサイズの空間領域内いっぱいに存在できる物質とエネルギーの量には限界がある。今日の宇宙の地平線ほどの大きさの空間領域の場合、その限界は膨大な大きさだ（およそ10^{56}グラム）。しかし限界のサイズが重要なのではない。重要なのは限界があることだ。

宇宙の地平線内のエネルギーが有限であれば、電子、陽子、中性子、ニュートリノ、ミューオン、光子、その他の既知の粒子であれ、あるいは粒子寓話集に出てくるまだ確認されていない種類の粒子であれ、粒子の数も必然的に有限である。さらに、宇宙の地平線内のエネルギーが有限であれば、粒子それぞれがもつ可能性のある位置とスピードも、寝室のうるさいハエと同じように、はっきり区別できるものは有限である。粒子の数が有限で、それぞれがもつ可能性のある区別できる位置と速度が有限だということは、トータルすると、どんな宇宙の地平線のなかでも、利用できる異なる粒子配列は有限数しかないことになる（第8章で見ていく量子論のもっと厳密な用語では、粒子の位置と速度とは言わず、粒子の量子状態と言う。その意味では、宇宙のパッチのなかの粒子には、観測ではっきり区別できる量子状態が有限数しかないということだ）。実際、簡単な計算――詳細に興味がある人のために注で説明してある――によって、宇宙の地平線内で区別できる粒子配列の可能性はおよそ$10^{10^{122}}$（1のあとに0が10^{122}個つく）であることがわかる。これは膨大ではあるが、間違いなく有限の数である。[14]

服と靴の組み合わせの数が限られているので、イメルダが十分に何度も外出するのなら、必然的に彼女の服装は重複する。カードの並び順の数が限られているので、トランプの組数が十分にあるのなら、必然的にランディーが切るカードの並び順は重複する。同じ論法で、粒子配列の数が限られているということは、宇宙キルトのパッチ——独立した宇宙の地平線——が十分にあるのなら、粒子の配列をパッチどうしで比べたとき、どこかで重複するはずである。宇宙のデザイナーの役を果たすことができて、それぞれのパッチを前に検討したものとは違う柄にしようとしても、広がりが十分に大きければ、やがては区別できるデザインが尽きて、前と重複する柄にせざるをえないだろう。

無限に大きい宇宙のなかでは、その重複はさらに激しくなる。無限に広がる空間のなかには無限にたくさんのパッチがあるので、異なる粒子配列の数が限られていれば、パッチ内の粒子の配列は限りなく何度も重複するはずだ。

これこそ、私たちが求めていた結果である。

単なる物理現象

今の発言が含むところを説明するにあたって、私の偏った見方を表明するべきだろう。物理系はすべて粒子の配列で決まる、というのが私の考えだ。地球、太陽、銀河など、あらゆるものを構成している粒子が、どう配列されているかを話せば、宇宙の実像をきちんと明確に表現したことになる。この還元主義的見方は、物理学者のあいだでは一般的だが、別の考え方をする人がいるのも確かだ。とくに生命のこととなると、物質的要素を動かすのに、きわめて重要な非物質的要素（精神、魂、生命力、気など）が必要だと考える人もいる。私としてはその可能性に抵抗はないが、裏づける証拠に遭遇したことがない。私にとっていちばん納得できるのは、人の身体的・精神的特徴は、体内の粒子がどう配列されているかの現われ以外の何ものでもないとする立場だ。粒子配列を特定すれば、すべてを特定したことになる(15)。

この視点にこだわると、私たちが慣れ親しんでいる粒子配列を、別のパッチ——別の宇宙の地平線——のなかに再現すれば、そのパッチはどこをどう取っても、私たちのパッチと見た目も感じも同じになるだろう、という結論に達する。であれば、宇宙が無限に広がっているのなら、宇宙の実像《リアリティ》に対するこの見方に今あなたが示している反応は、それがどんな反応であれ、あなただけが示しているのではない。宇宙にはあなたの完璧なコピーがたくさん存在し、まったく同じように感じている。そしてどれが現実にあなたなのかはわからない。すべてのバージョンが物理的に同一であり、したがって精神的にも同一なのだ。

いちばん近いコピーまでの距離を推定することさえできる。粒子配列があちらこちらのパッチにランダムに分布しているのなら（次章で遭遇する精緻な宇宙論と両立する想定だ）、私たちのパッチ内の状態が、ほかのどのパッチとも同じ頻度で繰り返されると予想できる。平均して宇宙パッチ$10^{10^{122}}$個に一個、私たちのものとまったく同じに見えるパッチがあると予想される。つまり、直径がおよそ$10^{10^{122}}$メートルの空間領域に一つずつ、私たちのものとそっくりの宇宙パッチ——あなたと、地球と、天の川銀河と、その他この宇宙の地平線内にあるすべてのものが入っているパッチ——が存在するはずなのだ。

目標を下げて、私たちの宇宙の地平線内すべての完全な複製を探すのでなく、太陽を中心とした半径数光年の領域の完全な複製でよしとするなら、その注文に応じるのは容易になる。平均で、直径約$10^{10^{100}}$メートルの領域ごとに一つ、そのようなコピーが見つかるはずだ。もっと容易なのは、おおよその複製を見つけることである。なにしろ、一つの領域をそっくり複製する方法は一つしかないが、ほぼ複製する方法はたくさんある。もしそのような厳密でないコピーのもとを訪れたら、私たちのものとほとんど区別できないものもあれば、違いがあるものもあって、違いも明らかなものから、愉快なもの、衝撃的なものまで、さまざまだろう。あなたが下した決定はどれも、特定の粒子配列に等しい。あなたが左に曲がれば、あなたの粒子はそちらの方向に進み、右に曲がれば、粒子は反対方向に進む。あなたが「はい」と言えば、脳や唇や声帯の粒子が一つのパターンをたどり、「いいえ」と言えば粒子は別のパターンをたどる。そういうふうに、あなたが取りうるあらゆる行動、あなたが行ったあらゆる選択、そして捨てたあらゆる選択肢は、どこかのパッチで展開されるだろう。自分自身、家族、そして人生について、あなたがもっとも恐れていることが現実になっているパッチもあれば、あなたの途方もない夢が実現しているパッチもある。さらには、似て非なる粒子配列による違いが組み合わさって、見覚えのない環境ができあがっているパッチもある。しかし大部分のパッチでは、私たちが生物として認識する非常に特殊な配列が粒子の様相に含まれていないので、生物はいないか、少なくとも私たちが知っている生命を欠いているだろう。

図2・1b（上巻六〇ページ）に示した宇宙パッチのサイズは、時とともに大きくなる。さらに時間がたてば、光はさらに遠くまで進めるので、宇宙の地平線はそれぞれ大きくなる。最終的には宇宙の地平線が重なりあう。そうなったとき、各領域はもはや離れて孤立しているとは見なされない。並行宇宙はもはや並行ではない――合体してしまう。それでもやはり、私たちが発見した結果はそのまま続く。光がビッグバンからこの瞬間までに進めた距離で決まるサイズの宇宙パッチを、新しく格子状に並べてみよう。パッチはもっと大きくなるので、図2・1bのようなパターンを描くには、中心をもっと離す必要があるが、無限のスペースが自由に使えるので、この調整を行えるだけの十分なゆとりがある。(16)

こうして私たちは今、一般的であり刺激的でもある結論に達した。無限の宇宙の実像《リアリティ》は、たいていの人が予想するようなものではない。いついかなる瞬間にも、広々とした空間には無限数の別々の領域――私が〈パッチワーク・キルト多宇宙〉と呼ぶものの構成要素――が入っていて、私たちが観測できる宇宙、私たちが広大な夜空に見るものすべては、その一つにすぎないのだ。この別々の領域が無限にあることを突き詰めると、粒子配列は必然的に限りなく何度も繰り返すことがわかる。私たちの宇宙を含めたいかなる宇宙も、そこに実在するものは、〈パッチワークキルト多宇宙〉に存在する無限数の宇宙で繰り返されるのだ。[17]

これをどう考えるか

ここで達した結論があまりにもとっぴなので、あなたは議論を覆《くつがえ》したいと思っているかもしれない。私たちがたどり着いた場所――自分も含めたすべての人やすべてのものの無限のコピー――が奇異なのは、ここまでの道のりで前提としたことに間違いがあったからだと、主張するかもしれない。

宇宙全体に粒子が存在するという前提が間違っているのか？　宇宙の地平線の向こうには、空っぽの空間しかない広大な領域があるのかもしれない。その可能性はあるが、そのような見方を説明するには理論の歪曲《わいきょく》が必要であり、そのためにまったく説得力がなくなる。このあと見ていく非常に精緻な宇宙論理論は、この可能性とまったく結びつかない。

宇宙の地平線の向こうでは物理法則そのものが変化していて、そんな遠い領域について確実な理論分析を行うことは不可能なのだろうか？　これもまた可能性はある。しかし次章で見るように、たとえ法則が変化する可能性があっても、その変化は〈パッチワークキルト多宇宙〉に関する私たちの結論を無効にするものではないとする有力な論拠が、最近の展開で生まれている。

宇宙空間の膨張は有限なのだろうか？　確かに。その可能性はある。空間が有限でも十分大きいのなら、そこにはやはり興味深いパッチが存在する可能性はある。しかし小ぶりの有限な宇宙なら、柄違いのパッチをたくさん並べる空間もすぐになくなり、当然私たちのパッチのコピーが入る余地はない。有限の宇宙を想定することは、〈パッチワークキルト多宇宙〉をひっくり返す、もっとも有力な方法である。

しかしこの二、三〇年で、ビッグバン理論を時刻ゼロまで押し進めようと――ルメートルの原初の原子の起源と本質をより深く理解しようと――研究している物理学者たちが、イ、ン、フ、レ、ー、シ、ョ、ン、宇宙論というアプローチを構築した。インフレーション理論の枠組みでは、宇宙は無限に大きいとする主張が、観測と理論による確かな裏づけを得るだけでなく、次章で見るように、当然とも言える結論になる。

そのうえインフレーション理論は、別のもっとエキゾチックな並行宇宙を浮かび上がらせる。

第3章　永遠と無限
——インフレーション多宇宙

二〇世紀半ば、先駆的な物理学者グループが、もしも太陽を遮断し、天の川銀河からほかの恒星を取り除き、さらにもっと遠方の銀河を一掃しても、宇宙は真っ暗にならないことに気づいた。人間の目には真っ暗に見えても、もし電磁スペクトルのマイクロ波放射を見ることができたとしたら、どこに目を向けても一様な輝きが見えるだろう。その源《みなもと》は？　それはまさに原点である。物理学者たちが発見した、宇宙空間を満たすこのマイクロ波放射の広大な海は、なんと今も残る宇宙創造の遺物だったのだ。この大発見はビッグバン理論の画期的功績を物語るものだが、やがてこの理論の根本的欠陥を露呈することにもなったため、フリードマンとルメートルの先駆的研究が行われたあと、これを土台にして宇宙論は次の大躍進を遂げた。それがインフレーション理論である。

インフレーション宇宙論は、宇宙の誕生直後にとてつもないスピードの爆発的な膨張を挿入することで、ビッグバン理論を修正した。これから見ていくように、わけのわからない残存放射の特性を説明するのに、実はこの修正が欠かせないのだ。しかしそれより、本書の物語のなかでインフレーション宇宙論を扱う本章が重要な役割を務める理由は、この理論の最有力バージョンによると、膨大な並行宇宙が生まれて宇宙の実像《リアリティ》の様相が劇変することを、科学者たちがこの二、三〇年でだんだん理解するようになったことにある。

熱い始まりの名残

二〇世紀初頭の量子物理学と核物理学に対する多大な貢献で知られる、身長一九〇センチという巨漢のロシア人物理学者、ジョージ・ガモフは、苦しい生活を送っていたが、機転が利いて面白いこと好きでもあった（一九三二年、彼は妻とともにソ連から亡命するため、チョコレートとブランデーを大量に積んだカヤックで黒海をこぎ渡ろうとした。悪天候のせいで二人が岸に舞い戻ってしまったとき、ガモフは海での科学実験が不運にも失敗したと話して、当局を丸め込むことができた）。一九四〇年代に首尾よく鉄のカーテンを（大量のチョコレートを携《たずさ》えることもなく陸路で）すり抜けて、セントルイスのワシントン大学に落ち着いたあと、ガモフの心は宇宙論に向かった。並はずれた才能をもつ大学院生のラルフ・アルファーの力強い手助けを得て、ガモフの研究は（かつてレニングラード［訳注　現在のサンクト・ペテルブルク］でガモフに教えていた）フリードマンとルメートルによる先行研究よりもはるかに詳しく鮮やかに、地球の最初の瞬間を描き出した。ガモフとアルファーの描いたイメージは、現代の最新情報を少し加えると、次のようになる。

誕生直後のすさまじく高温で高密度の宇宙は、狂ったように活動した。空間が急速に膨張して冷めると、原始プラズマが固まって粒子のシチューができる。最初の三分間、温度は急激に下がったがそれでも十分に熱かったので、宇宙が原子炉の働きをして、もっとも単純な原子核である水素、ヘリウム、そして微量のリチウムが合成された。しかしさらに二、三分経過しただけで、温度は絶対温度で約10^8度、つまり太陽の表面温度の一万倍くらいにまで下がる。日常的な水準からするとおそろしく高いが、この温度では低すぎて核過程を支えられないため、このあと粒子の激動はかなり鎮まる。そのあと長いあいだ目立ったことは起こらず、ただ空間が膨張し続け、粒子のシチューが冷え続けるだけだった。

そしておよそ三七万年後、宇宙が絶対温度約三〇〇〇度、つまり太陽表面温度の半分まで下がったとき、きわめて重要な事態の展開によって宇宙の単調さが乱れた。その時点までに、空間は陽子と電子を中心とする電荷を帯びた粒子のプラズマで満たされていた。荷電粒子には光子――光の粒子――を激しく突き動かす特有の能力があるので、原始プラズマは不透明に見えただろう。

電子と陽子にたえず押しまくられる光子が、濃い霧に覆われた車のヘッドライトのハイビームのように、光を乱反射させるからだ。しかし温度が三〇〇〇度を下回ると、猛スピードで動いていた電子と核が減速し、融合して原子になった。電子が原子核にとらえられ、周回軌道へと引き込まれたのだ。これは非常に重要な変化である。陽子と電子は符号は逆だが同じ大きさの電荷を帯びているので、その原子結合は電気的に中性である。そして熱いナイフがバターにすっと入るように、光子は電気的に中性な合成物のプラズマのなかをすっと通り抜けることができるので、原子の形成によって宇宙の霧は晴れ、ビッグバンの光のエコーが解き放たれた。それ以来ずっと、原初の光子は空間のすみずみまで流れているのだ。

ここで一つ重要な注意点がある。光子は荷電粒子によってあちらこちらへと突き動かされることはなくなったが、別の重要な影響は免れないでいる。空間が膨張するにつれ、光子を含めてものは希薄になり冷めていく。しかし物質の粒子と違って、光子は冷めても減速せず、光の粒子なのでつねに光速で進む。その代わり、光子は冷えると振動周波数が下がる。すなわち色が変化する。紫色の光子は青色になり、そして緑色に、黄色に、赤色に変わり、そのあと（暗視ゴーグルで見える）赤外線に、そして（電子レンジを跳ねまわって食べ物を温めている）マイクロ波に、それから最終的に電波の周波数になる。

ということは、ガモフが初めて気づいたとおり、そしてアルファーと共同研究者のロバート・

ハーマンがさらに厳密に解明したとおり、もしビッグバン理論が正しいなら、宇宙創成時から残っている光子が今現在あらゆる空間に満ちていて、四方八方へと流れており、その振動周波数は、放出されてから何十億年ものあいだに宇宙がどれだけ膨張して冷えたかによって決まる、ということになる。詳細な数学的計算によって、光子は絶対零度近くまで冷めていて、その周波数は電磁スペクトルのマイクロ波部になっていることが示されている。そのため宇宙マイクロ波背景放射と呼ばれる。

　最近私は、一九四〇年代末にこの結論を発表し説明したガモフとアルファーとハーマンの論文をいくつか読み返した。これらの論文は理論物理学の驚異だ。その技術的分析には、学部学生の基礎物理学より高いレベルのものはほとんど必要ないが、それにもかかわらず、結論は深遠である。著者らの結論によると、私たちはみな光子の風呂に浸かっているのであり、それは宇宙が灼熱のなか誕生してから代々伝えられてきた宇宙の相続財産だという。

　こうまで持ち上げておきながら、三人の論文が当時無視されたと言ったら驚くかもしれない。その理由は主に、論文の書かれたのが量子物理学と核物理学が主流の時代だったことにある。宇宙論はまだ定量的科学として認められておらず、物理学の風土は、非主流の理論的研究と思われるものを受け入れようとしなかった。論文が取りあげられなかった理由には、ガモフのいつもの遊び好きなスタイル（彼はかつてアルファーとの共著論文を書いていたとき、自分の友人でのちにノーベル賞を受賞したハンス・ベーテを、論文の署名欄——アルファー、ベーテ、ガモフ——を読むとギリシャ文字の最初の三字に聞こえるようにするためだけに、著者に加えたことがあった）も、ある程度影響していた。そのせいで、彼の話を真剣に受け取らない物理学者もいたのだ。ガモフとアルファーとハーマンがどんなに努力しても、彼らの結論に誰も興味をもたなかったし、まして、彼らが予測した名残の放射を検出するために必要な、多大な努力を払おうと説得に応じた天文学者などいなかった。彼らの論文はあっという間に忘れ去られた。

一九六〇年代初め、プリンストン大学の物理学者であるロバート・ディッケとジム・ピーブルズが、先行研究を知らずに同様の道をたどり、ビッグバンの遺産は空間を満たす背景放射の遍在に違いないと気づいた。[1] しかしガモフ率いるチームのメンバーとは違って、ディッケは実験の名手としても有名であり、観測で放射を探すよう誰かを説得する必要はなかった。自分でできたのだ。教え子のデーヴィッド・ウィルキンソンやピーター・ロールとともに、ディッケはビッグバンの痕跡である光子をとらえるための実験計画を立てた。しかしプリンストンの研究者たちが計画を実験に移す前に、彼らのもとに一本の電話がかかってきたことは、科学史上でもとくによく知られている。

ディッケとピーブルズが計算をしていたころ、プリンストンから五〇キロも離れていないベル研究所で、アーノ・ペンジアスとロバート・ウィルソンが、無線通信アンテナに取り組んでいた

（偶然にも、それは一九四〇年代にディッケが考えた設計にもとづいたものだった）。どんなに調整をしても、アンテナがどうしてもシャーッという一定の背景雑音を立てるのだ。ペンジアスとウィルソンは装置におかしいところがあるのだと思い込んでいた。しかしそのころ偶然にも、ある会話の連鎖が起こった。始まりは一九六五年二月にジョンズ・ホプキンス大学でピーブルズが話したことだった。その講演に参加していたカーネギー研究所に所属する電波天文学者のケネス・ターナーが、自分の聞いたピーブルズの結論をマサチューセッツ工科大学（ＭＩＴ）の同僚であるバーナード・バークに話し、バークがたまたまベル研究所のペンジアスに連絡した。プリンストンの研究を聞きつけたベル研究所のチームは、自分たちのアンテナが音を立てるのは当然なのだと気づいた――宇宙マイクロ波背景放射を拾っていたのだ。ペンジアスとウィルソンから電話を受けたディッケはすぐさま、きみらは図らずしてビッグバンの残響音を「盗聴」していたわけだね、と答えた。

二つのグループは、論文を権威ある《アストロフィジカル・ジャーナル》誌に同時に発表することで合意した。プリンストンのグループは背景放射の宇宙論的起源を理論化し、一方のベル研究所のチームはごく堅実な表現で、宇宙論に言及することなく、空間を満たしている一様なマイクロ波放射について報告した。どちらの論文も、ガモフとアルファーとハーマンによる先行研究について触れていない。この発見によって、ペンジアスとウィルソンは一九七八年にノーベル物理学賞を受賞した。

ガモフとアルファーとハーマンはひどく落胆し、それから何年も、自分たちの研究を認めさせようと懸命に奮闘した。物理学界も遅ればせながら徐々に、この画期的発見に三人が果たした本来の役割に敬意を払うようになっている。

原初の光子の不可解な一様性

宇宙マイクロ波背景放射は、最初に観測されてから数十年のあいだに、宇宙論研究に欠かせないツールとなった。理由は明らかだ。広範にわたる分野の研究者たちは、過去を直接自由に見られるなら、どんな代償でも払うだろう。しかしそうは行かないので、通常、過去の遺物——風化した化石、ぼろぼろの羊皮紙、またはミイラ化した遺体——からの証拠をもとに、遠い昔の光景をつなぎ合わせるしかない。宇宙論は私たちが実際に歴史を目撃できる数少ない分野の一つだ。肉眼で見られるごく小さい星の光の点は、こちらに向かって数年から数千年も旅している光子の流れである。強力な望遠鏡がとらえるもっと遠くの天体が発した光は、もっと長い期間、時には何十億年も旅してきている。そんな原初の光を目にするとき、あなたは——文字どおり——古代を見ているのだ。そのような原初の光子の活動ははるか遠くで起こったことだが、大きなスケールで見たとき宇宙が一様であるという事実は、あちらで起こっていたことが平均するとこちらでも起こっていたことを、力強く物語っている。私たちは天を見上げるとき、過去を振り返っているのだ。宇宙マイクロ波光子のおかげで、私たちは歴史を目撃できるこのチャンスを最大限に活用できる。技術がどんなに進歩しても、私たちが見ることを期待できる最古のものは、マイクロ波光子である。なぜなら、その兄貴分たちはもっと前の時代に広がっていたもやに封じ込められてしまっている。宇宙マイクロ波背景光子を調べているとき、私たちはほぼ一四〇億年前に物事がどうだったかを垣間見《かいまみ》ているわけだ。

計算によると、今日《こんにち》、空間一立方メートルにつき約四億個の宇宙マイクロ波光子が疾走している。私たちの目には見えなくても、古い型のテレビには見える。信号ケーブルの接続を断ち、放送を中止した局に合わせたテレビに映るスノーノイズ（砂あらし）の約一パーセントは、ビッグバンの光子を受信していることが原因で起こる。考えてみると妙な話だ。《オール・イン・ザ・ファミリー》や《ハネムーナーズ》といった往年の人気ドラマの再放送を流す放送電波に、宇宙がほんの二、三〇万歳だったときに演じられたドラマを伝える、光子という宇宙最古の遺物が乗っているとは。

宇宙はマイクロ波背景放射で満たされているというビッグバン・モデルの予測が正しかったことは、一つの偉業だった。わずか三〇〇年の科学的思考と技術的進歩により、人類は初歩的な望遠鏡をのぞいたり、傾いた塔からボールを落としたりするところから、宇宙が生まれた直後に作用していた物理過程を把握するところまで進んだわけだ。にもかかわらず、データをさらに調べると、鋭い疑問が生じた。テレビなどではなく、史上もっとも精密な天体観測装置を使った、非常に正確な放射温度の測定によって、放射は空間のどこを取っても——不可解なことに——まったく一様であることが明らかになったのだ。検知器をどこに向けても、放射の温度は絶対零度より二・七二五度高い。そんな信じがたい一様性がどうやって生まれたのか、説明するのは難しい。

第2章に示された考え（と四段落前の私の意見）を踏まえて、あなたがこう言っているのを想像できる。「いや、それがまさに宇宙原理の作用だ。宇宙にはほかと比べて特殊な場所はないのだから、それぞれの温度も同じはずだ」。おっしゃるとおり。しかし宇宙原理は、アインシュタインを含めた物理学者たちが、宇宙の進化についての数学的解析をやりやすくするために頼った、条件を単純化する仮定であることを思い出してほしい。マイクロ波背景放射は実際に空間のどこでも一様なので、宇宙原理を裏づける観測可能で有力な証拠となり、この原理が明らかにした結論に対する私たちの自信は深まる。しかし放射の驚異的な一様性によって、いまや宇宙原理そのものに脚光が浴びせられた。確かに宇宙原理は筋が通っているように思えるかもしれないが、観測が裏づける宇宙規模の一様性は、どんなメカニズムによって確立されたのだろう？

光速より速く

誰かと握手をして、その手が妙に熱い（悪くない感触）、あるいは妙に冷たい（どこか悪いに違いない）と感じたときの、なんとなく落ち着かない気分は誰もが経験している。しかしその手を握ったままにしておくと、ちょっとした温度の違いはすぐになくなることがわかるだろう。物体が接触しているとき、熱は熱いほうから冷たいほうに移り、最終的に温度は等しくなる。あなたの身の回りでもしょっちゅう起こっていることだ。だからこそデスクの上に置きっぱなしのコーヒーはやがて室温に下がるのだ。

同様の論法がマイクロ波背景放射の一様性を説明するように思える。握られている手や置きっぱなしのコーヒーの場合と同じように、おそらく放射の一様性も、環境が全体として同じ温度に戻るというおなじみの現象を反映しているのだろう。このプロセスで斬新なのは、そのような現象が宇宙規模の距離で起こっていたと思われている点だけである。

しかしビッグバン理論では、この説明は通じない。

場所や物体が同じ温度になるためには、相互の接触が不可欠の条件だ。握手の場合のように直接触れているか、少なくとも、離れた場所の状態に相関をもたらすような情報のやり取りがある。そのような相互作用がなければ、共通の環境が共有されることはありえない。魔法瓶はそのような相互作用を妨げ、一様になろうとする動きを邪魔して温度の差を保つように設計されている。

ちょっと考えただけでも、宇宙温度の一様性に関する先ほどの単純な説明には問題があることがわかる。空間のなかのかけ離れた場所——たとえば、夜空の右手のはるか遠くにあって、そこから放たれた光が今地球に着いたばかりという地点と、左手にある同じくらい遠い地点——は、決して相互作用を行わない。あなたには両方が見えても、一方からの光は、他方に届くまでにまだ遠大な距離を進まなくてはならない。したがって、遠く離れた左の地点と右の地点に観測者がいると仮定すると、その二人はまだ互いを見ていない。そして光速はすべてのものが進む速さの上限なので、その二地点はまだいかなる相互作用もしていない。前章の表現を使うなら、二地点は互いに宇宙の地平線の向こうにある。

この説明で、もはや謎は明らかだ。そんなにかけ離れた場所の住人が同じ言語を話し、同じ本を所蔵する図書館をもっていたら、あなたはたまげるだろう。接触がないのに、どうすれば共通の文化を確立できるのか？　見たところ接触がないのに、このかけ離れた領域の温度が同じ——しかも小数点以下四桁まで合致するという——だと知ったら、同じようにたまげなければ嘘である。

何年も前、初めてこの謎を知ったとき、私も確かにたまげた。しかしさらに考えると、この謎自体が不可解に思えてきた。かつてはすぐ近くにあった——観測可能な宇宙のすべてのものがビッグバンの時点でそうだったと考えられている——二つの天体が、どうして一方から放たれた光が他方に届く時間がないほどの速さで離れられたのだろう？　光が宇宙の制限速度を決めるのなら、光が時間的に横断できないほどの空間的な隔たりが、どうして二つの天体のあいだに生まれうるのだろう？

この問いに答えると、ふだんは不当にも見過ごされているポイントが浮き彫りになる。光が設定する速度制限が当てはまるのは、空間を通る天体の運動だけなのだ。しかし銀河が互いに遠くなっていくのは、それぞれが空間を通って動いているからではなく――銀河にジェットエンジンはついていない――むしろ空間そのものが膨張していて、銀河が全体の流れに引っ張られているからである。(2) そして本当のところ、相対性理論は空間がどれだけ速く膨張できるかに制限を設けていないので、その膨張によって銀河どうしが離れる速さに制限はない。二つの銀河が離れるスピードは、光のスピードを含めたどんなスピードをも上回る可能性があるのだ。

実際、一般相対性理論の数学は、宇宙のごく初期に空間が超高速で膨張したため、領域どうしが光速より速く引き離されたことを示している。その結果、領域どうしはいかなる影響も与えあうことができない。次の難題は、どうして独立した宇宙領域がほぼ同じ温度になるのかを説明することだ。これこそ、宇宙論者が地平線問題と名づけた難問である。

広がる地平線

一九七九年、（当時スタンフォード線形加速器センターで働いていた）アラン・グースが考えついたアイデアは、すぐあとに（当時モスクワのレベデフ物理学研究所で研究を行っていた）アンドレイ・リンデによる非常に重要な改良と、（当時ペンシルヴァニア大学で研究していた教授と学生のコンビ）ポール・スタインハートとアンドレアス・アルブレヒトによるこれまた重要な改良を加えられて、地平線問題の解決となっていると広く認められたものだ［訳注　忘れられがちだが、日本の佐藤勝彦もグースと同時期に同じアイデアで論文を書いている］。その解決策であるインフレーション宇宙論が土台にしているのは、アインシュタインの一般相対性理論が備えているいくつかの微妙な特徴であり、それについてはすぐあとで説明するが、まず大筋を要約しよう。

地平線問題は標準的なビッグバン理論にとって悩みの種《たね》だ。なぜなら、空間領域が離れるスピードが速すぎて、温度の一様性を確立できないからである。インフレーション理論は、ごく初期に領域どうしの離れていったスピードがゆっくりとしたものだったと考えることで、この問題を解決する。つまり同じ温度になるだけの十分な時間を与えているのだ。そしてインフレーション理論は、この「宇宙の握手」が完了したあと、とてつもなく高速でしかも加速する一方の膨張――インフレーション膨張と呼ばれる――が、ごく短いあいだ爆発的に起こったと主張する。その膨張は、ゆっくりしたスタートを補って余りあり、各領域を天空のはるか遠く離れた場所に猛スピードで引っ張ったのだ。共通の温度は領域どうしが急速に引き離される前に確定したので、私たちが観測する一様な状態はもはや謎ではない[3]。大ざっぱな流れとしては、これがインフレーション理論による提案の核心である。*

しかし忘れないでほしい。宇宙がどう膨張するかを物理学者が決定するわけではないのだ。ごく精密な観測から言える範囲では、それを決定するのはアインシュタインの一般相対性理論の方程式にほかならない。したがって、インフレーション・シナリオの実現可能性は、標準的なビッグバン膨張に対する修正案が、アインシュタインの数学から見えてくる可能性があるかどうかにかかっている。しかし、これは一目瞭然というわけには行かない。

たとえば、私が思うに、ニュートンに五分間で一般相対性理論の手ほどきをし、湾曲した空間の概要と膨張する宇宙について説明して、最新の知識を教えたとしても、彼はそのあとに続くインフレーション理論の提案に関する説明をばかげていると思うはずだ。ニュートンは、手の込んだ数学やアインシュタインの目新しい用語など意に介さず、重力はあくまで引力だと断固主張するだろう。ならば重力は物体を引き寄せるように作用し、あらゆる宇宙の発散を減速させるのだと、テーブルをドンドン叩きながら力説するだろう。ものうげに始まり、それから短時間でぐんと加速する膨張は、地平線問題を解決するかもしれないが、それは絵空事だ。重力作用があれば

＊換言すると、膨張が超高速でしかも加速するということは、今現在離れている領域が、初期の宇宙では従来のビッグバン理論が示すよりもはるかにくっつきあっていたことになる。したがって爆発によって引き離される前に、共通の温度が確定することがありえたのだ。

必ず、打たれた野球のボールが上昇するにつれてそのスピードが落ちるのと同様、宇宙の膨張は時間とともに遅くなるはずだとニュートンは明言するだろう。確かに膨張量がゼロになって、そのあと宇宙の収縮へと転じたら、ボールが落ち始めるとそのスピードが増すのと同じように、爆縮は時間とともに加速するかもしれないが、空間の外向きの膨張は加速しえない、と。

ニュートンは間違っているが、彼を責めることはできない。責めを負うべきは、彼に教えた一般相対性理論の浅薄な要約である。誤解しないでほしい。五分間しかなければ（そのうちの一分は野球のボールの説明に割かなければならない）、重力の源として湾曲した時空に重点を置くのはもっともだ。ニュートン自身も、重力を伝えるメカニズムがわかっていないことを指摘し、それが自分の理論にぽっかり開いた穴だと考えていた。あなたがアインシュタインの解を示したいと思うのは当然だ。しかしアインシュタインの重力に関する理論は、単にニュートン物理学の穴を埋めただけではない。一般相対性理論の重力は、本質的にニュートン物理学の重力とは異なり、今ここで強調するべき特徴が一つあるのだ。

ニュートンの物理学では、重力を生むのは物体の質量だけである。質量が大きければ大きいほど、物体の重力による引きは強くなる。一方、アインシュタインの理論では、重力は物体の質量（とエネルギー）からだけでなく、その圧力からも生まれる。密封されたポテトチップの袋の重さを測るとしよう。もう一度、今度は内部の空気に高い圧力がかかるように、袋をねじって測ってみる。ニュートンによれば、質量に変化がないのだから重さは同じになる。しかしアインシュタインによれば、質量は同じでも圧力は増えたので、ねじった袋のほうが重さはわずかに大きくなる。[4] 普通の物体の場合、その影響はきわめて小さいので、日常的な環境では気づかれない。それでも、一般相対性理論から、あるいはその正しさを示した実験によっても、圧力が重力の一因であることはきちんと明確になっている。

ニュートン理論とのこの差は決定的だ。ポテトチップの袋のなか、膨らんだ風船のなか、あるいはあなたが今この本を読んでいる部屋のなか、どこの空気であれ、空気の圧力は正の圧力である。つまり空気が外向きに押している。一般相対性理論においては、正の圧力は正の重量と同様、重力に対して正に寄与するので、結果として重さを増やす。しかし質量がつねに正であるのに対して、圧力は状況によって負にもなりえる。引き伸ばされた輪ゴムを考えてほしい。ピンと張った輪ゴムの分子は外向きに押すのではなく内向きに引いていて、物理学者が負の圧力（あるいは同義で張力）と呼ぶものをかけている。そして一般相対性理論は、正の圧力が引力的重力を生むことを示すだけでなく、負の圧力は逆向きのもの、つまり斥力的重力を生むことも示している。

斥力的重力だって？

この言葉にニュートンはびっくり仰天するだろう。彼の知る重力はただ引き寄せるだけのものである。しかしあなたは驚いていないはずだ。一般相対性理論による重力の決まりごとに出てくるこの妙な項目は、すでに紹介済みだから。前章で論じたアインシュタインの宇宙定数を覚えているだろうか？　宇宙定数は宇宙を一様なエネルギーで満たすことによって、斥力《せきりょく》的重力を生むと説明した。しかしそのときには、なぜそれが起こるのかを説明しなかった。ここで説明しよう。宇宙定数は空間構造に定数の値（相対性理論の架空の納税申告書で三行めに記入する値）によって決まる均一なエネルギーを与えるだけでなく、空間を均一な負の圧力で満たすのだ（理由はこのあと見ていく）。そして先述のとおり、生じる重力に関して言えば、負の圧力は正の質量および正の圧力とは逆のものをもたらす。つまり斥力的重力を生むのだ。*

アインシュタインの思いのままに、斥力的重力は誤った目的に利用された。彼の提案は、空間に充満する負の圧力から生じる斥力的重力が、宇宙のなかにある普通の物質から生じる引力的重力をちょうど打ち消すよう、負の圧力の値を緻密《ちみつ》に調整することで、静的な宇宙をつくり出すことだった。すでに見たように、彼はのちにこのやり方を断念した。六〇年後、インフレーション理論の提唱者たちは、アインシュタインのバージョンとは違う斥力的重力を提案した。どれくらい違うかと言うと、マーラーの交響曲第八番の終楽章と音叉の単調な音の違いほども違うのだ。インフレーション理論が描いたのは、宇宙を安定させる一定の適度な外向きの押しではなく、仰天するほど短くてすさまじく強い斥力的重力の巨大な波である。爆発前に十分な時間があったので、空間の各領域は同じ温度になったが、それからその大波に乗って膨大な距離を移動し、現在観測されている空の位置に到達したのだ。

　ここまで話したところで、ニュートンはきっとまた非難の目を向けてくるだろう。疑り深い彼が、あなたの説明に別の問題を見つけたわけだ。標準的な教科書を大急ぎで読みとおし、一般相対性理論のもっと複雑な細部を把握したあとには、ニュートンも重力が――原理上は――斥力になりえるという妙な事実を受け入れるだろう。しかし、この負の圧力が空間に充満する話はいったい何なのか、と訊くだろう。引き伸ばされた輪ゴムによる内向きの引きを、負の圧力の例として使うのはわかる。しかし何十億年も前のビッグバンが起きたころ、空間が瞬間的に莫大な均一の負の圧力で満たされたとする議論は、まったく別の話だ。どんな物、どんなプロセス、あるいはどんな存在が、そのような瞬時に広がる負の圧力を供給できるのか？

　インフレーション理論の先駆者たちが天才的だったのは、この疑問に答えを出したことだ。彼

*負の圧力は内向きに引くのだから、斥力的――外向きに押す――重力と矛盾すると思われるかもしれない。実は、均一な圧力は正負にかかわらず、押すことも引くこともしない。鼓膜が破裂するのは、圧力が均一でないとき、つまり片側のほうが反対側よりも低いときだけである。ここで私が説明している斥力的な押しとは、均一な負の圧力の存在によって生じる重力である。これは難しいが非常に重要なポイントだ。繰り返しになるが、正の質量や正の圧力の存在が引力的重力を生むのに対して、負の圧力の存在があまりなじみのない斥力的重力を生むのだ。

らは反重力が爆発するために必要な負の圧力は、量子場と呼ばれる要素を含む斬新なメカニズムから自然に出現することを示した。本書の話にはその詳細が不可欠である。なぜなら、インフレーション膨張はどういうふうに発生するのかが、そこから生まれる並行宇宙のかなめになるからだ。

量子の場

ニュートンの時代、物理学が扱っていたのは人の目に見える物体——石、弾丸、惑星——の運動であり、彼が考案した方程式はまさにこの限られた対象のみをカバーするものだった。ニュートンの運動の法則は、そのような有形の物体が押されたり引かれたり、空中に発射されたりしたとき、どう動くかを数学的に具現したものである。このアプローチは一世紀以上にわたって、素晴らしい成果をもたらした。しかし一九世紀初め、イギリス人科学者のマイケル・ファラデーが、とらえにくいが確実な説得力をもつ場という概念によって、発想の転換を起こした。

冷蔵庫の扉から強力なマグネットを取ってきて、ゼムクリップの二センチ上にかざそう。何が起こるかはよくご存じのとおり。クリップが跳び上がってマグネットの表面にくっつくのだ。この実例は非常にありふれていて誰もが知っているために、それがいかに怪奇なことかを私たちは見過ごしがちである。マグネットはクリップに触れずに、クリップを動かせるのだ。どうしてこんなことができるのか？　クリップそのものに接触せずに、どうして影響を及ぼすことができるのか？　このことと関連するさまざまな事柄をよく考えた結果、ファラデーは、マグネットそのものはクリップには触れていないが、触れる何かをつくり出していると主張するにいたった。その何かを、ファラデーは磁場と呼んだ。

　私たちは磁石がつくる場を見ることも聞くこともできない。どの感覚器官でも感知できない。しかしそれは生理学的な限界を示しているにすぎない。炎が熱を生むように、磁石は磁場を生む。固体の磁石を区切る物理的境界の外にある磁場は、空間を満たし、磁石の命令を実行する、「もや」か「エッセンス」のようなものだ。

　磁場は場の一種にすぎない。荷電粒子はまた別の場、電場を生み出す。これはたとえば、ウールの絨毯が床一面に敷き詰められた部屋で金属のドアノブに手を伸ばしたとき、その手に衝撃を与えることもある。意外なことに、ファラデーの実験は電場と磁場のあいだに密接な関係があることを示した。彼は電場の変化が磁場を生み、逆もしかりであることを発見したのだ。一九世紀末にジェームズ・クラーク・マックスウェルが、この洞察の数学的な裏づけとして、空間内の各点に数字を割り当てて電場と磁場を表現した。この数字の値は、その場所で磁場が発揮できる影響力を表わす。空間内の磁場の値が大きい場所、たとえばＭＲＩ装置の内部などでは、金属の物体が強い押しや引きを感じる。空間内の電場の値が大きい場所、たとえば雷雲の内部などでは、稲妻が発生するような強力な放電が起こる。

マックスウェルが見出し、今では彼の名前が冠された方程式は、地点ごとに、あるいは瞬間ごとに、電場と磁場の強さがどう変わるかを決定する。そしてその同じ方程式が、電場と磁場が波打つ海、いわゆる電磁波の海を支配する。私たちはみなその海に浸かっているのだ。絡まりあう電磁信号がたえずあなたのそばを、あるいはあなたを通り抜けて、音を立てずに勢いよく流れていて、携帯電話やラジオや無線ＬＡＮにつながるコンピューターの電源を入れたときに受信するのは、そのごく一部である。何より驚きなのは、マックスウェルの方程式によるとほかならぬ可視光も電磁波であり、その波形が見えるように私たちの目が進化したというのだ。

二〇世紀後半、量子力学に要約されるミクロ世界に対する理解が急速に深まり、物理学者たちはそれに場の概念を結びつけた。その結果生まれた場の量子論は、物質と自然の法則についてのごく緻密な理論に、数学的枠組みを提供している。これを使って物理学者たちは、電場と磁場に加えて、強いあるいは弱い核力の場や、電子場、クォークの場、ニュートリノの場など、さまざまな場があることを立証した。そして現在もまだ完全に仮説の域を出ていない場の一つであるインフラトン場が、インフレーション宇宙論の理論的基盤となっている。*

量子場とインフレーション

場はエネルギーをもつ。このことは定性的には、場が（クリップなどの）物体を動かすなどのエネルギーを必要とする仕事を遂行することから理解できる。定量的に言えば、ある場の特定の点における値が与えられている場合、そこに含まれるエネルギー量の算出方法を、場の量子論の方程式が示す。通常、その値が大きければ大きいほど、エネルギーも大きい。場の値は場所によって変わりうるが、もしもどこも同じ値の定数であれば、あらゆる地点で同じエネルギーが空間を満たすことになる。グースの得た決定的な洞察とは、そのような均一な場の配置は、空間を均一なエネルギーだけでなく均一な負の圧力でも満たす、ということだ。そしてそのことから、彼は斥力的重力を生む物理メカニズムを発見したのである。

なぜ均一な場が負の圧力を生むのかを確かめるために、まず正の圧力がかかわる普通の状況について考えよう。ドンペリのボトルを開けるときのことだ。コルクをゆっくり抜いていくと、シャンパンの二酸化炭素が外に向かって押し進み、コルクをボトルからあなたの手へと突き動かす正の圧力を感じられる。この外向きの運動がシャンパンから少しばかりエネルギーを奪うことを、

＊空間の急速な膨張はインフレーションと呼ばれるが、-onで終わる名前（電子のelectron、陽子のproton、中性子のneutron、ミュー中間子のmuonなど）を使う従来のパターンに従って、物理学者はインフレーションinflationを引き起こす場を呼ぶのに、二番めのiを抜かした。だからインフラトン場なのである。

あなたはその目で確認できる。コルクが抜けたとき、ボトルの首のあたりに蒸気の巻きひげが見られることを知っているだろうか？　これができるのは、シャンパンがコルクを押すためにエネルギーを費やしたせいで温度が下がり、冬の日に吐く息のように、周囲の水蒸気が凝結を起こしたからだ。

今度はシャンパンの代わりに、華やかさでは劣るがもっと教育的なものを想像しよう――ボトル内どこでも値が均一な場だ。今回コルクを抜くときに起こることは、先ほどとまったく違う。コルクを外に滑らせると、ボトルの内側に余分な容積を少しつくることになり、そこに場が広がることができる。均一な場はあらゆる場所で同じエネルギーを生むので、場の占める容積が大きければ大きいほど、ボトルに入っている総エネルギーは大きいことになる。つまり、シャンパンの場合と違って、コルクを抜く行動がボトルにエネルギーを追加するのだ。

どうしてそんなことになるのか？　そのエネルギーはどこから来るのか？　そこで、ボトルの中身がコルクを外に押すのではなく、内に引くとしたら、何が起こるかを考えてみよう。そのためには、あなたはコルクを抜くために引っ張る必要がある。その骨折りがひいては、エネルギーをあなたの筋肉からボトルの中身へと伝える。ボトルのエネルギーが増えることを説明するためには、均一な場は外に向かって押し進むシャンパンと違って、内に向かって引っ込むのだという結論になる。均一な場が生み出す負の――正でない――圧力とは、そういう意味である。

宇宙のコルクを抜くソムリエはいないが、同じ結論が当てはまる。空間領域全体で均一な値をもつ場――仮説上のインフラトン場――があるとすれば、その領域はエネルギーに満たされるだけでなく負の圧力によっても満たされる。そして今や知ってのとおり、そのような負の圧力は斥力的重力を生み、それが加速する空間膨張を引き起こす。グースがアインシュタインの方程式に、初期宇宙の極端な環境と調和するインフラトンのエネルギーおよび圧力としてありそうな数値を入れて計算したところ、結果として生じる斥力的重力は仰天するほど大きいことが明らかになった。ずっと前にアインシュタインが宇宙定数をいじくり回して予見した斥力的重力を軽く何桁も上回る強さで、空間を途方もない伸展へと駆り立てるだろう。それだけでもエキサイティングだ。しかしグースは、無視できないおまけがあることに気づいた。

均一な場がなぜ負の圧力をもつのかを説明するのと同じ論法が、宇宙定数にも当てはまる（ボトルに宇宙定数を与えられた空っぽの空間が入っているとすると、コルクをゆっくり抜いていくと、ボトル内で利用可能になる余分な空間が余分なエネルギーに寄与する。この余分なエネルギーの唯一の源はあなたの筋肉であり、ゆえにその筋肉は宇宙定数によって生じる内向きの負の圧力に対抗して、力をふりしぼったはずだ）。そして均一な場と同じように、宇宙定数の均一な負の圧力も斥力的重力を生む。しかしここで重要なのは、宇宙定数と均一な場の類似性ではなく、この二つがどう違うかである。

宇宙定数とは読んで字のとおり定まった数、一般相対性理論の納税申告書の三行めに記入される決まった数字であり、今日も数十億年前と同じ斥力的重力を生み出す。それとは対照的に、場の値は変わりうるもので、むしろ変化するのが一般的だ。たとえば電子レンジを作動させると、内側を満たしている電磁場を変化させることになる。技術者がＭＲＩ装置のスイッチを押すと、空洞を通る電磁場を変えることになる。そこでグースは、空間を満たしているインフラトン場も同様に振る舞う——スイッチが入ると爆発し、そのあとスイッチが切れる——可能性があり、その場合、斥力的重力がほんの短い時間だけ作用することもありうると気づいた。これは決定的に重要なことだ。観測が立証するところでは、そもそも空間の激烈な拡大が起こったのであれば、それは何十億年も前に起こり、そのあと急速に衰えて、詳細な天文測定からもわかるとおり、もっと厳《おごそ》かなペースの膨張になったに違いない。というわけで、インフレーション説の特徴としてきわめて重要なのは、強力な斥力的重力の時代がつかの間だった、ということである。

インフレーション爆発をオンにして、そのあとオフにするメカニズムは、グースが最初に開発し、そのあとリンデ、およびアルブレヒトとスタインハートが改良した物理学がもとになっている。彼らの提案の感じをつかむために、一個のボール——いや、丸々としたエリック・カートマン〔訳注　アニメ《サウスパーク》の主役のひとり。食いしん坊で肥満体型〕のほうがもっといい——が、サウスパークの雪山の上に危なっかしくのっているところを考えよう。物理学者なら、その位置にいるカートマンはエネルギーを体現していると言うだろう。もっと正確に言うなら、彼はポテンシャル・エネルギーを体現している。つまり、いつでも利用できるエネルギーをため込んでいるということで、その利用法としていちばん簡単なのは、彼が転がり落ちてポテンシャル・エネルギーを運動エネルギーに変えることだろう。経験から言ってこれはよくあることで、そのことは物理法則によってさらに明らかになる。ポテンシャル・エネルギーを抱いているシステムは、あらゆる機会を利用してそのエネルギーを放出する。要するに、物は落ちるのだ。

場のゼロでない値がもつエネルギーもポテンシャル・エネルギーであり、これもまた利用可能で、カートマンを用いた鋭いアナロジーにつながる。カートマンが山を登るときのポテンシャル・エネルギー増加が斜面の形状で決まる――平坦に近い区域では位置がほとんど高くならないので、歩いていてもエネルギーの変化は最小限だが、傾斜のきつい区域ではポテンシャル・エネルギーが急上昇する――のと同じように、場のポテンシャル・エネルギーは、ポテンシャル・エネルギー曲線と呼ばれる同様の形状で表現される。図3・1のような曲線が、場のポテンシャル・エネルギーが場の値によってどう変わるかを決めるのだ。

次に、インフレーション理論の先駆者たちにならって、宇宙の誕生直後に空間がインフラトン場で均一に満たされているところを想像しよう。場の値からすると、インフラトン場はポテンシャル・エネルギー曲線の高いところにある。さらに、グースらが熱心に説くように、ポテンシャ

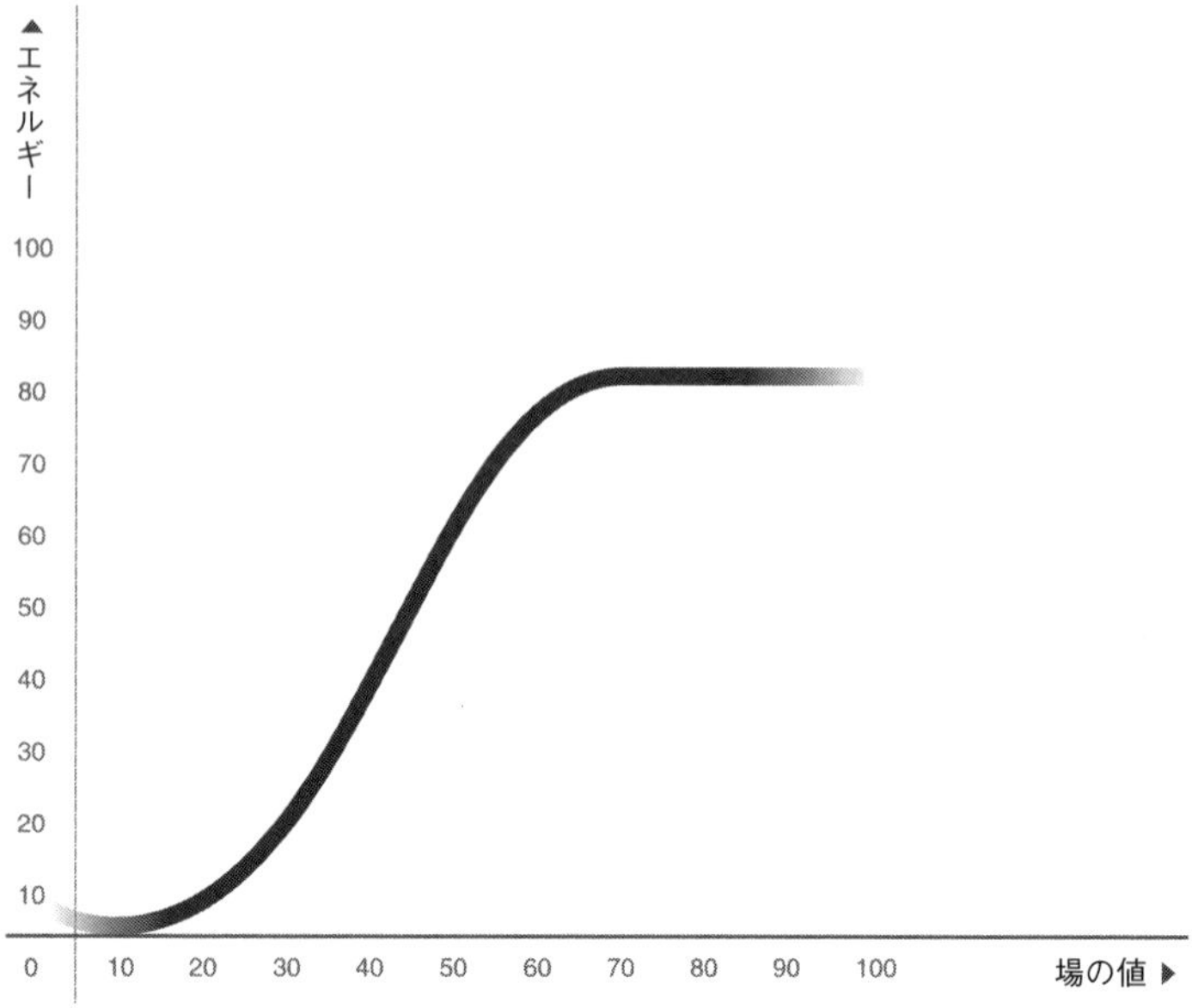

図3・1　インフラトン場に含まれるエネルギー（縦軸）と場の値（横軸）。

ル・エネルギー曲線は（図3・1のように）次第に緩やかになってなだらかな高台になるので、インフラトンがその頂上近くにとどまっているとイメージしよう。そのように仮定した状況下では、何が起こるのだろう？

起こることは二つ、どちらもきわめて重要だ。高台にあるときのインフラトンは、インフレーション膨張の爆発を引き起こす大きなポテンシャル・エネルギーと負の圧力で、空間を満たしている。しかしカートマンが斜面を転げ落ちることでポテンシャル・エネルギーを放出するように、空間全域でインフラトンの値が転がり落ちて低い数字になることで、インフラトンのポテンシャル・エネルギーも放出される。その値が減少するにつれ、抱いていたエネルギーと負の圧力は消散し、激烈な爆発の時期が終わる。さらに、これもまた重要なことだが、インフラトン場によって放出されたエネルギーはなくなったわけではない。樽に入った蒸気を冷やすと凝結して水滴になるように、インフラトンのエネルギーは凝結して一様な粒子のシチューとなって空間を満たす。この二段階のプロセス――短期間だが急速に膨張し、そのあとエネルギーが粒子になる――の結果、恒星や銀河のようななじみ深い構造物の原材料で満ちた、巨大で一様な空間の広がりができあがったのだ。

　細かい部分は、まだ理論でも観測でも確定できていない要因（インフラトン場の初期値、ポテンシャル・エネルギー勾配の正確な形など[5]）に左右されるが、典型的なバージョンでは、インフラトンのエネルギーはほんの一瞬、およそ10^{-35}秒で、斜面を転がり落ちることが数理計算によって示されている。しかもその短い時間で空間はとてつもなく、おそらく10^{30}倍以上に膨れあがる。こんな数字はあまりにも極端なのでたとえようもない。瞬きの一〇億分の一の一〇億分の一の一〇億分の一のさらに一〇〇万分の一よりも短い時間に、豆粒ほどの空間領域が観測可能な宇宙よりも大きく引き伸ばされたことになる。

　それほどのスケールを思い描くのがいかに難しくても、観測可能な宇宙を生んだ空間領域はとても小さかったので、急激な爆発によって広大な宇宙に引き伸ばされる前に、すんなり同じ温度になっただろう、というところが肝心なのだ。インフレーション膨張とそのあと何十億年にもわたる宇宙の進化の結果、その温度は大きく下がったが、早い段階で確定した一様性が今日の一様な結果を決定している。どうして宇宙は一様な状態になったのか、その謎がこれで解ける。インフレーション理論では、空間全体が同じ温度なのは必然である。(6)

永遠のインフレーション

発見からほぼ三〇年のあいだに、インフレーションは宇宙論研究に定着した。しかし研究の全体像を正確にイメージするには、インフレーションは宇宙論の枠組みではあるが、はっきり限定された理論ではないことを認識するべきだ。研究者たちはインフレーションについて、負の圧力を供給するインフラトン場の数、それぞれの場が依存するポテンシャル・エネルギー曲線など、細部が異なる解がたくさんあることを示してきた。幸いなことに、雑多なインフレーションの認識にも共通する含みはあるので、決定的なバージョンがなくても結論を導くことができる。

なかでも、タフツ大学のアレキサンダー・ヴィレンキンが初めてその全貌を捉え、リンデを筆頭とするほかの研究者たちがさらに展開したバージョンが、非常に重要である。(7) 実際のところ、それこそが本章の前半をインフレーション理論の枠組みの説明に費やした理由なのだ。

インフレーション理論の多くのバージョンで、空間の爆発的膨張は一回の出来事ではないとされている。それどころか、私たちの宇宙領域が形成されたプロセス――空間が急速に拡張したあと、もっと普通のゆっくりした膨張になって粒子の生成が起こる――は、宇宙全体のかけ離れたあちらこちらで、何度も繰り返し起こりえるのだ。俯瞰《ふかん》すると、宇宙には遠く離れた領域が無数にあって、ハチの巣のように見えるだろう。その領域それぞれが、インフレーション爆発から遷《せん》移《い》した空間の一部の名残である。そうであれば、私たちの領域、私たちがつねに唯一の宇宙だと考えてきたものは、広大な空間に浮かぶ無数の領域の一つにすぎない。ほかの領域に知能のある生物が存在すれば、その生物もきっと自分たちの宇宙こそが宇宙だと考えただろう。というわけで、私たちはインフレーション宇宙論の案内で、並行宇宙というテーマが紡ぎ出す第二の物語へと一直線に進んでいく。

この〈インフレーション多宇宙〉がどうして生まれるかを把握するためには、二つの複雑な問題に取り組む必要があるが、その問題を例のカートマンのたとえがうまく説明してくれる。

第一に、山の頂上に腰かけているカートマンのイメージは、大量のポテンシャル・エネルギーと負の圧力を抱いて、低い値に転がり落ちる準備ができているインフラトン場のたとえになる。しかしカートマンが一つの山の頂上にいるのに対して、インフラトン場は空間のすべての地点に値をもっている。インフレーション理論の仮定では、インフラトン場は初期領域内のあらゆる場所で、同じ値で始まる。したがって、奇妙なイメージを思い浮かべたほうが、もっと忠実な科学的表現になるだろう。つまり、空間全体に無数のそっくりな山頂がぎっしり詰まっていて、大勢のカートマンのクローンがその上に腰かけているところだ。

第二に、これまでは場の量子論の量子の側面にほとんど触れてこなかったが、インフラトン場は、量子宇宙のほかのあらゆるものと同様、量子論の不確定性原理に支配されている。つまり、その値はここで少し上がり、あちらで少し落ちるという具合に、ランダムな量子ゆらぎを示す。日常的な状況では、量子ゆらぎは小さすぎて気づかれない。しかし抱いているエネルギーが大きければ大きいほど、インフラトンは量子論の不確定性原理から大きなゆらぎを経験することを、計算が示している。そしてインフレーション爆発のあいだ、インフラトンは極端に高いエネルギーをもっていたので、初期宇宙におけるゆらぎは大きくて支配的だった(8)。

したがって、そっくりの山頂に腰かけている大勢のカートマンを思い描くだけでなく、彼らがみなランダムな地震——ここでは強く、あそこでは弱く、あちらでは非常に強い——にさらされていることも想像しなくてはならない。こう設定すれば、何が起こるかのイメージがつかめるはずだ。カートマンのクローンが山頂に腰かけている時間は、それぞれ違うだろう。強い揺れで大半のカートマンが斜面にたたき落とされる場所もあれば、穏やかな揺れで二、三人しか斜面に転がり落ちない場所もある。さらには、カートマンが転がり落ち始めたのに、強い揺れで上へと戻される場所もある。しばらくすると、その一帯は——米国が州に分かれているように——不ぞろ

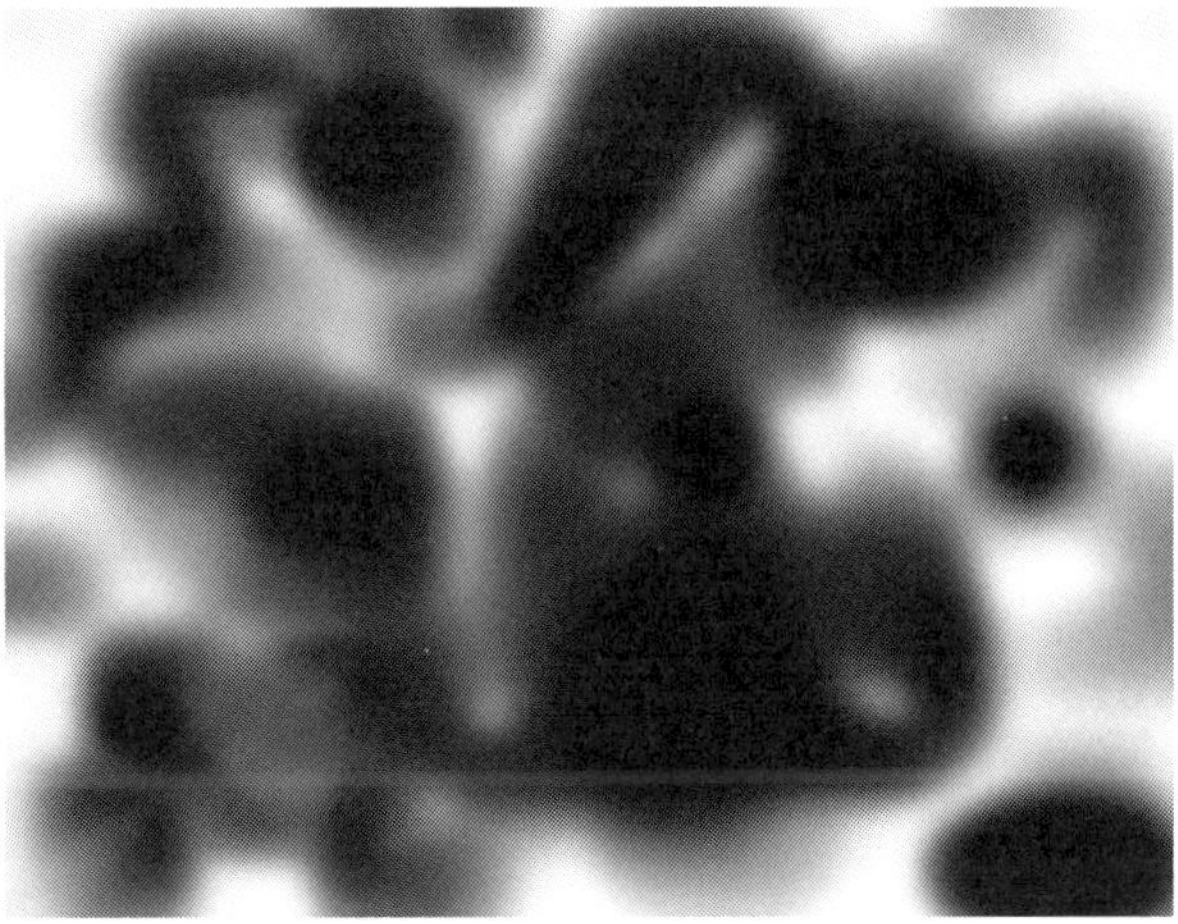

図3・2　インフラトン場が斜面を落ちている領域（濃いグレーの部分）、高いままの領域（薄いグレーの部分）、さまざまである。

いな領域に分かれ、カートマンが山頂に残っていない領域もあれば、大勢のカートマンが無事に腰かけたままでいる領域もある状態になる。

量子ゆらぎのランダム性は、インフラトン場にも同様の結果をもたらす。場は空間領域のあらゆる地点で、ポテンシャル・エネルギー斜面の高台から始まる。そして量子ゆらぎが地震のような働きをする。そのため、図3・2に示すように空間は複数の領域に分かれて、量子ゆらぎのせいで場が斜面を転げ落ちている領域もあれば、高いままの領域もある状態になる。

ここまではいい。しかしここから、しっかりついてきてほしい。ここからが宇宙論とカートマンの違いだ。エネルギー曲線の高台にある場のほうが、同じように高台にいるカートマンよりも、周囲に与える影響がはるかに大きいのだ。

もうおなじみの文句——場の均一なエネルギーと負の圧力は斥力的重力を生み出す——から、場が満ちている領域はとてつもないスピードで膨張することがわかる。つまり、空間全域のインフラトン場の展開を左右する、二つの相反するプロセスがあるのだ。量子ゆらぎは場を高台からたたき落とす傾向があるので、高い場のエネルギーに満ちた空間の量を減らす。インフレーション膨張は、場が高台にある領域を急速に広げることで、高い場のエネルギーに満ちた空間の量を増やす。

どちらのプロセスが勝つのか？

提案されているインフレーション宇宙論のさまざまなバージョンのほとんどで、増加が減少以上のスピードで起こるとされている。その理由はこうだ。インフラトン場が高台からたたき落とされるのが早すぎると、生じるインフレーション膨張が概して小さすぎ、地平線問題を解決できない。よって宇宙論的に筋の通るインフレーションでは、増加が減少を上回り、場のエネルギーが高い空間の総量が、時とともに確実に増えることになる。そのような場の配置はさらなるインフレーション膨張を生み出すことを考えると、インフレーションはいったん始まると決して終わらないことがわかる。

これはウイルスの大流行に似ている。脅威を撲滅するためには、ウイルスをその繁殖スピードより速く死滅させる必要がある。インフレーションのウイルスは「繁殖する」——高い場の値が急速な空間膨張を引き起こし、より広い領域を同じく高い場の値で満たす――うえに、そのスピードが非常に速いので、対抗するプロセスでは除去できない。インフレーションのウイルスはまんまと撲滅を免れるのだ(9)。

スイスチーズと宇宙

これまで見てきた数々の洞察を総合すると、インフレーション宇宙論から、広大な宇宙の実像《リアリティ》についてまったく新しいイメージが描ける。目に見えるシンプルなものを手がかりにした、とてもわかりやすいイメージだ。宇宙を巨大なスイスチーズの塊《かたまり》と考えよう。チーズの部分はインフラトン場の値が高い場所、穴はそれが低い場所だ。つまり、穴は私たちの領域と同じように、超高速の膨張から遷移し、その過程でインフラトン場のエネルギーを粒子のシチューに変換した領域であり、その粒子はやがて融合して銀河や恒星や惑星になるかもしれない。この表現で行くと、量子過程がインフラトン場の値をランダムにさまざまな場所でたたき落とすので、宇宙チーズの穴はどんどん増えていくことになる。それと同時にチーズの部分は、そこにある高いインフラトン場の値が引き起こすインフレーション膨張を免れないので、いつまでも拡大していく。両方のプロセスを合わせると、宇宙チーズの塊はいつまでも大きくなり、そこにあいている穴の数はどんどん増えていく。もっと標準的な宇宙論用語では、一つ一つの穴は泡宇宙（またはポケッ

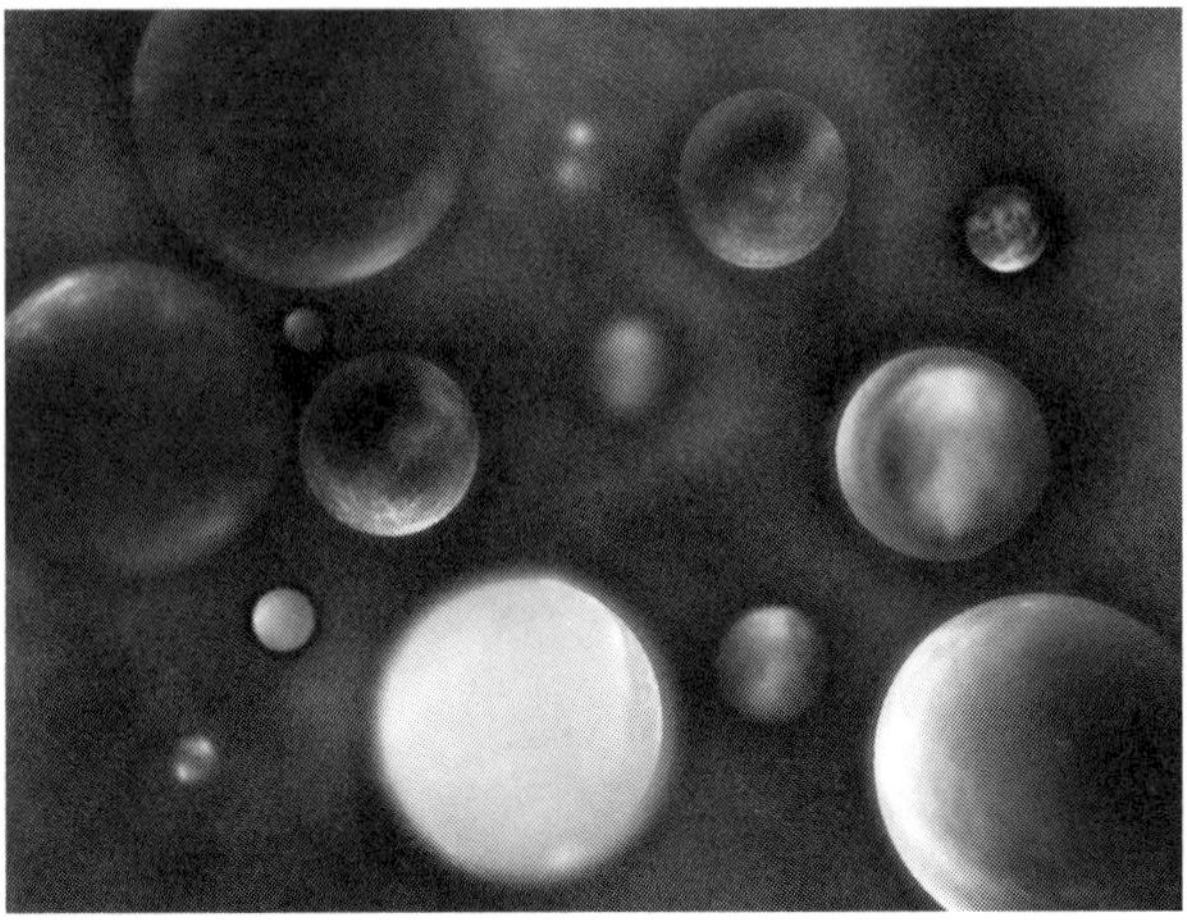

図3・3　〈インフレーション多宇宙〉は、高い値のインフラトン場で満たされ、どんどん膨張していく空間環境のなかで、泡宇宙がひっきりなしに形成されるときに生じる。

ト宇宙〉と呼ばれる[10]。それぞれが超高速で膨張する宇宙のなかにくるまれた穴なのだ（図3・3）。

　写実的だがちっぽけなものを想起させる「泡宇宙」という表現にだまされてはいけない。私たちの宇宙は巨大だ。それがもっと大きな宇宙構造内部に埋め込まれた一つの領域――巨大な宇宙チーズの塊のなかの一つの泡――であるということは、インフレーション理論のパラダイムにおける宇宙全体がとてつもない広がりをもつことを示している。同じことがほかの泡にも当てはまる。それぞれが私たちのものと同じように宇宙――実在する巨大で動的な広がり――なのである。

　インフレーション理論のなかには、インフレーションが永遠でないとするバージョンもある。利口な理論家なら、インフラトン場の数やそのポテンシャル・エネルギー曲線などの細部をいじくり回すことで、どこのインフラトンもそのうち高台からたたき落とされるように、状況をアレンジすることもできるだろう。しかしそのような提案は典型例というよりむしろ例外だ。標準的なインフレーション・モデルは、永遠に膨張し続ける空間に、おびただしい数の泡宇宙を刻み込む。だから、もしインフレーション理論が的を射ているなら、そして多くの理論的研究が推論しているように、この理論が宇宙において具現化したものが永遠に続くなら、〈インフレーション多宇宙〉の存在は必然的な結果である。

視点を変える

一九八〇年代、ヴィレンキンはインフレーション膨張の永続性とそれが生む多宇宙に気づいたとき、そのことを話そうと意気込んでＭＩＴのアラン・グースを訪ねた。説明のなかほどで、グースの頭ががくんと前に落ちた。彼は居眠りを始めたのだ。これは必ずしも悪い兆候ではない。なにしろグースは物理学の研究会でこっくりし――私が話をしているあいだも、うとうとしていたことがある――そのあと途中で目を開けて、ほかの誰よりも鋭い質問をすることで有名だ。しかし広く物理学界の反応もグースと同じくらい冷めていたので、ヴィレンキンはそのアイデアを棚上げにして、ほかのプロジェクトに移った。

しかし今日では空気ががらりと変わっている。ヴィレンキンが初めて〈インフレーション多宇宙〉について考えたときは、インフレーション理論そのものを支持する直接的な証拠も乏しかった。そのため、インフレーション膨張がおびただしい数の並行宇宙を生み出すという考えは、曲がりなりにも注目した数少ない人の目にも、空論の上に重ねた空論のように映ったのだ。しかしそれから何年もたつうちに、またもやマイクロ波背景放射の精密測定のおかげで、観測にもとづいたインフレーションの論証がはるかに強力になった。

マイクロ波背景放射の一様性が観測されたことは、インフレーション理論展開の主な動機の一つではあったが、初期の提案者は、急速な空間膨張が放射を完璧に均一にするわけではないことを認めていた。むしろ、インフレーション膨張によって拡大した量子力学的なゆらぎのせいで、ふだんは穏やかな池の表面にさざ波が立つように、放射の一様性にごくわずかな温度のばらつきが生じると論じた。これは計り知れない影響を及ぼす見事な洞察であることが判明した。* どういうことか説明しよう。

量子力学の不確定性は、インフラトン場の値を乱れさせただろう。実際、インフレーション理論が正しければ、およそ一四〇億年前に運よく起こった大きな量子ゆらぎが、私たちの周辺にあるインフラトンを高台からたたき落としたおかげで、インフレーション膨張の爆発はここで止まったのだ。しかし話はまだ終わらない。インフラトンの値は、私たちの泡宇宙のインフレーションを終わらせるところまで、まっさかさまに斜面を転げ落ちながらも、まだ量子ゆらぎの影響を受けていただろう。ゆらぎはインフラトンの値をここで少し上げ、あそこで少し下げる。シーツをマットレスの上にふわりと広げると、その表面が波打つのに似ている。そのせいで、インフラトンが抱くエネルギーにわずかなばらつきが生じる。普通は、そのような量子力学的ばらつきはごく小さく、非常に小規模で起こるため、宇宙論的なスケールには関係ない。しかしインフレーション膨張は普通ではないのだ。

空間の膨張は、インフレーション期から移行するあいだでさえ非常に急速であり、顕微鏡下の世界が天文学的な世界に広がるほどのものと言える。そして、しぼんだ風船に走り書きした小さなメッセージも、風船に空気が入って表面が引き伸ばされると読みやすくなるのと同じように、インフレーション膨張で宇宙の構造が引き伸ばされると、量子ゆらぎの影響が見えるようになる。もっと具体的に言えば、量子ゆらぎによって生じたわずかなエネルギーの差異が温度のばらつきに拡大され、それが宇宙マイクロ波背景放射に刻み込まれる。計算によると、温度の差はそれほ

＊この研究で中心的役割を果たしたのは、ヴャチェスラフ・ムハノフ、ゲンナージー・チビソフ、スティーヴン・ホーキング、アレクセイ・スタロビンスキー、アラン・グース、ソ＝ヤン・ピ、ジェームズ・バーディーン、ポール・スタインハート、マイケル・ターナーらである。

図3・4　インフレーション宇宙論の激しい空間膨張は、量子ゆらぎを微小なものから巨大なものに引き伸ばし、その結果、宇宙マイクロ波背景放射に観測可能な温度差が生じる（濃いほうの斑点は明るい斑点に比べてわずかに温度が低い）。

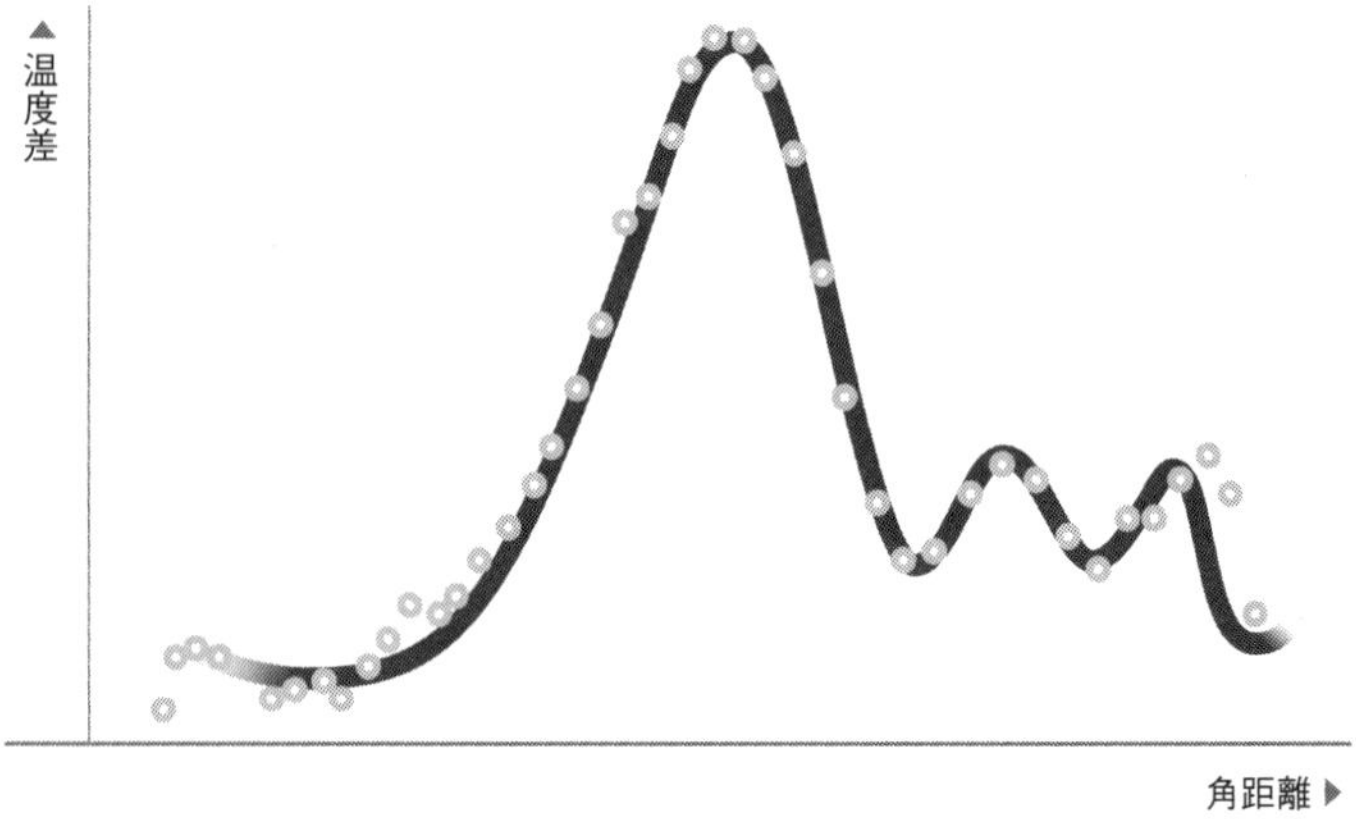

図3・5　宇宙マイクロ波背景放射の温度差のパターン。縦軸が温度差、横軸が２点間の距離（それぞれを地球から見込む角度で測定——左に行くほど角度が大きく、右に行くほど角度が小さい）（注11）。実線は理論上の曲線、丸は観測データを示している。

ど大きくはないが、一〇〇〇分の一度くらいになる可能性がある。一つの領域の絶対温度が二・七二五度であれば、拡大された量子ゆらぎのせいで近くの領域は少し低く、たとえば二・七二四五度、あるいは少し高くて二・七二五五度になるだろう。

研究者たちは労を惜しまない精密な天文観測によって、この温度のばらつきを追い求めてきた。そして見つけた。理論が予測したとおり、約一〇〇〇分の一度の差を測定したのだ（図３・４参照）。さらに感動的なのは、そのわずかな温度差が、理論上の計算によって正確に説明がつく、宇宙に刻まれるパターンにぴったり合っていることだ。図３・５は、二つの領域間の（それぞれを地球から見込む角度によって測定する）距離に応じて温度がどう変化するかを理論上予測したものと、実際の測定値を比較している。目を疑うほどの一致だ。

二〇〇六年のノーベル物理学賞は、一九九〇年代初期に一〇〇〇人を超える宇宙背景探査チームの研究者を率いて、この温度差を初めて検知したジョージ・スムートとジョン・マザーが受賞した。この一〇年間、新たにもっと正確な測定が図３・５のようなデータをもたらすたびに、予測された温度差がさらに厳密に立証される結果となっている。

これらの成果は、アインシュタインとフリードマンとルメートルの洞察で始まり、ガモフとアルファーとハーマンの計算によって速やかに進展し、ディッケとピーブルズの考えによって新たな活気を吹き込まれ、ペンジアスとウィルソンの観測によって妥当であると実証され、そして今、大勢の天文学者と物理学者とエンジニアの技量によってクライマックスを迎えた、スリルあふれる発見の物語を締めくくった。学者やエンジニアたちの協力により、何十億年も前に記されたきわめて微小な宇宙のサインが測定されたのだ。

もっと定性的なレベルでも、私たちは図3・4の斑点に感謝しなくてはならない。私たちの泡宇宙のインフレーションが終わったとき、エネルギーが少し多い領域（すなわち$E=mc^2$により、質量が少し多い領域）は、少し強い引力的重力を及ぼし、周囲からより多くの粒子を引き寄せて、より大きく成長した。大きくなった粒子の集合体は、またさらに強い引力的重力を及ぼすので、さらに多くの物質を引き寄せて、さらに大きくなる。やがてこの雪玉効果のおかげで物質とエネルギーの塊ができあがり、それが何十億年のあいだに徐々に、銀河とそのなかの恒星に進化した。このように、インフレーション理論は宇宙を構成する最大のものと最小のものとを明確に結びつけている。銀河、恒星、惑星、そして生命そのものの存在自体も、ミクロなスケールの量子論的不確定性がインフレーション膨張によって拡大されたことから生まれているのだ。

インフレーションの理論的基盤はかなり不安定かもしれない。なにしろインフラトンは存在がまだ実証されていない仮想の場であり、そのポテンシャル・エネルギー曲線は研究者が用意したものであって、観測で明らかになったものではない。さらにインフラトンはどういうわけか、空間領域を横切るエネルギー曲線の頂上から始まらなくてはならない。まだいろいろある。それでも、たとえ理論の細部に正しくないところがあっても、理論と観測が一致していることから、インフレーションの枠組みは宇宙の進化にまつわる深遠な真実に近づいていると、大勢の人たちが確信している。そして実にさまざまなバージョンのインフレーションが永続し、どんどん泡宇宙を生み出しているので、理論と観測を合わせると、この第二の並行宇宙についての間接的だが説得力ある主張が展開される。

〈インフレーション多宇宙〉を経験する

〈パッチワークキルト多宇宙〉では、一つの並行宇宙と別の並行宇宙とがはっきり分かれていない。すべてが一つの広大な空間の一部であり、全般的な質的特性は領域どうしで似ている。しかし驚きは細部にある。たいていの人は世界が繰り返すとは予想しないし、自分や友達や家族のそっくりさんに出会うとは、そうそう思わない。だがもし十分に遠くまで旅することができたとしたら、そういうものが見つかるのだ。

〈インフレーション多宇宙〉では、構成員の宇宙ははっきり分かれている。それぞれが宇宙チーズの穴であり、インフラトンの値が高いままの領域によってほかの穴と隔てられている。あいだに挟まっているそのような領域は、まだインフレーション膨張を起こしている最中なので、泡宇宙どうしはあいだに入っている膨張空間の量に比例する後退速度で、急速に引き離されていく。

遠く離れていればいるほど膨張のスピードは速く、究極を言えば、遠方の泡は光速より速く離れていく。無限の寿命と技術があっても、そんな隔たりを越えることはできない。信号を送る方法さえないのだ。

とはいうものの、ほかの泡宇宙への旅行を想像することはできる。その旅では何が見つかるのだろう？　そう、泡宇宙はそれぞれ同じプロセス――インフラトンが高台からたたき落とされて、インフレーション膨張から脱落する領域を生み出す――から生まれているので、すべてが同じ物理理論に支配されており、ゆえにすべてが同じ物理法則に従っている。しかし、一卵性双生児が環境の違いによってまったく異なる振る舞いをするのと同じように、同じ法則が異なる環境ではまったく違うかたちで現われる可能性がある。

たとえば、ほかの泡宇宙の一つが私たちの宇宙とそっくりで、恒星と惑星を擁する銀河が点在しているところを想像してほしい。ただ一つ決定的な違いがある。その宇宙に充満している磁場は、最先端のＭＲＩ装置がつくる磁場の数千倍も強く、しかも技師がスイッチをオフにすることはできない。それほど強力な場は、さまざまな物の振る舞い方に影響するだろう。鉄を含む物体に場の方向へ飛んでいく意地悪な傾向があるだけでなく、粒子や原子や分子の基本的特性も変わるだろう。非常に強い磁場は細胞の機能をひどく混乱させるので、私たちが知っている生命は耐えられないだろう。

それでも、ＭＲＩの内部で作用している物理法則が外で作用している法則と同じであるのと同様、この磁石宇宙のなかで作用している基本的な物理法則は私たちのものと同じだろう。実験結果や観測可能な特性が一致しない原因は、環境の一つの要素、つまり強い磁場だけにある。磁石宇宙の有能な科学者たちは、そのうちこの環境因子を探り出し、私たちが発見したのと同じ数学的法則にたどり着くだろう。

過去四〇年以上にわたって、研究者たちは、この私たち自身の宇宙についても同様のシナリオを論証してきた。もっとも定評のある基礎物理学の理論、素粒子物理学の標準モデルは、私たちの周囲にヒッグス場（ロバート・ブロウト、フランソワ・アングレール、ジェラルド・グラルニク、カール・ハーゲン、トム・キブルの重要な貢献を受けて一九六〇年代にこのアイデアを提唱した、スコットランド人物理学者のピーター・ヒッグスにちなんだ名称）と呼ばれるエキゾチックなもやが立ち込めていると主張している。ヒッグス場も磁場も目に見えないので、存在を直接示すことなく空間を満たすことができる。しかし現代の素粒子理論によると、ヒッグス場のほうがはるかに身を隠すのがうまい。空間を均一に満たすヒッグス場を通過する粒子は、強力な磁場があるところの粒子とは違って、速度が増すことも落ちることもなく、特定の軌道を描くように導かれることもない。その代わり、もっと微妙で不可解な影響を受けるのだと、ヒッグス理論は主張する。

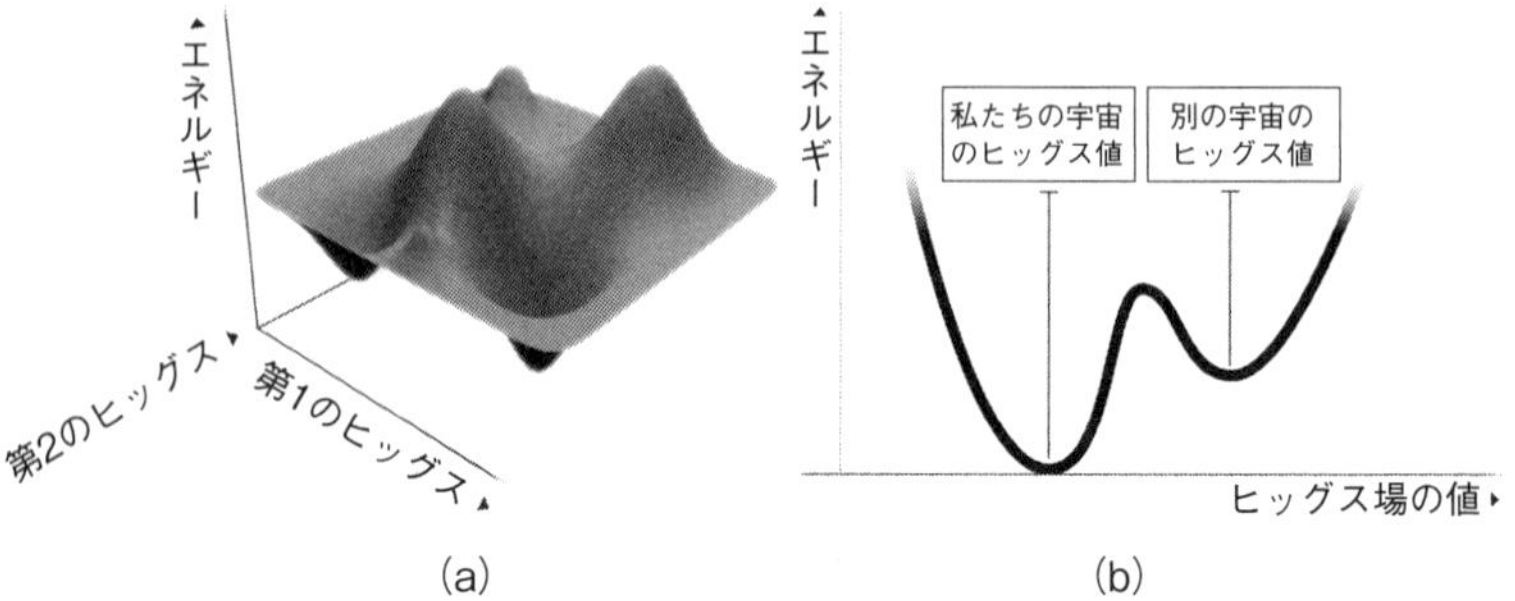

図3・6 (a) 谷間が２つあるヒッグス場のポテンシャル・エネルギー曲線。私たちにとってなじみ深い宇宙の特徴は、左の谷間に落ち着く場と結びついている。しかし別の宇宙では、場が右の谷間で落ち着いて、異なる物理的特徴を生み出す可能性がある。**(b)** ヒッグス場２つの理論のポテンシャル・エネルギー曲線の例。

基本粒子がヒッグス場を進むと、それらの粒子が、もっと実験で今日明らかになっている質量を獲得して維持するのだ。この考えによると、スピードを変えようとして電子やクォークを押したときに感じる抵抗は、その粒子が糖蜜のようなヒッグス場と「摩擦」を起こして生じるのだという。この抵抗こそ、私たちが粒子の質量と呼ぶものである。一部の領域からヒッグス場を取り除くと、通過している粒子は突然質量がなくなる。別の領域のヒッグス場の値を倍にすれば、通過する粒子の質量は突然、通常の倍になるというのだ。*

そのようなヒッグス場の変化を人間が起こせるというのは、あくまで仮想上の話だ。なぜなら、ほんの小さな領域でもヒッグス場の値を実質的に変えるためには、私たちがありったけのエネルギーをかき集めてもまったく及ばないほどのエネルギーが必要だからである（そのような変化が仮想上のものである理由はもう一つある。ヒッグス場の存在がいまだに確定していないのだ。理論家たちは、大型ハドロン衝突型加速器〔ＬＨＣ〕における高エネルギーの陽子間衝突がヒッグス場の小さな塊――ヒッグス粒子――を削り取ることを熱心に期待しており、それが数年後に検出されるかもしれない）。しかしインフレーション宇宙論には、異なる泡宇宙のヒッグス場は当然異なる値をもっているとするバージョンが多い。

ヒッグス場にもインフラトン場と同じように、もちうるさまざまな値に応じたエネルギー量を記録する曲線がある。しかしインフラトン場のエネルギー曲線との本質的な違いは、ヒッグスは一般に（図３・１のように）値ゼロで落ち着くのではなく、図３・６ａに示されている谷間のいずれかに向かって転がることだ。ここで、私たちの泡宇宙と別の泡宇宙それぞれの初期段階を思い描いてほしい。どちらの泡宇宙でも、熱く激しい狂乱状態でヒッグス場の値は乱高下する。各宇宙が膨張して冷めていくにつれ、ヒッグス場は落ち着き、その値は図３・６ａの谷間のいずれ

＊ここで話しているのは電子やクォークのような基本粒子である。陽子や中性子（それぞれクォーク三個からなる）のような複合粒子の場合、質量の多くは構成要素間の相互作用から生じる（このような複合粒子の質量の大半は、クォークを陽子や中性子内部に結びつける強い核力をもつグルーオンによって伝えられるエネルギーに起因する）。

かに向かって落ちていく。私たちの宇宙では、たとえばヒッグス場が左の谷間に落ち着いて、実験による観測で見慣れている粒子の特性が生じるとする。しかし別の宇宙はヒッグスの動きでその値が右の谷間に落ち着くかもしれない。その場合、その宇宙の特性は私たちのものとかなり違うものになるだろう。両宇宙の根本的な法則は同じでも、粒子の質量などの特性はまず同じにはなるまい。

粒子の特性がほんの少し違っても、重大な影響が及ぶ。別の泡宇宙では電子の質量がここの二、三倍重ければ、電子と陽子が融合する傾向が生まれ、中性子を形成するので、広い範囲で水素が生成されることはないだろう。基本的な力——電磁力、強い核力、弱い核力、そして（これはまだ実証されていないが）重力——もまた粒子によって伝えられる。粒子特性が変われば、力の特性も激変する。たとえば、粒子が重ければ重いほどその運動は緩慢になるので、対応する力が伝わる距離も短くなる。私たちの泡宇宙における原子の形成と安定性は、電磁力と核力の特性に依存している。その力を大きく変えれば、原子はばらばらになる。と言うより、そもそも合体して原子を形成することがないだろう。このように粒子特性が大きく変わると、私たちが慣れ親しんでいる宇宙の特徴を生み出すプロセスそのものが崩壊すると考えられる。

図3・6aはもっとも単純な場合を図示したものであり、ヒッグス場の種類は一つだけである。しかし理論物理学者たちは、複数のヒッグス場が関与するもっと複雑なシナリオを探究している

図3・7　異なる泡のなかでは場が異なる値に落ち着く傾向があるので、たとえ宇宙はすべて同じ基本的な物理法則に支配されていても、〈インフレーション多宇宙〉における宇宙は、異なる物理的特徴をもつ傾向がある。

（のちほど、そのような可能性がひも理論から自然に生まれることについて見ていく）。そのシナリオでは、異なる泡宇宙がもっとたくさん生まれることになる。ヒッグス場が二つの場合を図3・6bに示した。前と同じように、さまざまな谷間は、いずれかの泡宇宙が落ち着く可能性のあるヒッグス場の値を表わしている。

さまざまな未知の値のヒッグス場が満ちている宇宙は、私たちの宇宙とかなり違うだろう。その概略を示したのが図3・7である。そのため〈インフレーション多宇宙〉の旅は危険に満ちた冒険と言える。ほかの宇宙はたいてい、あなたが生き延びるために不可欠な生物学的プロセスとは相いれない環境なので、旅行プランにはあまり組み入れたくない場所だろう。「わが家が一番」という言い回しも新たな意味をもつことになる。〈インフレーション多宇宙〉における私たちの宇宙は、広大だがほとんどが住みにくい列島のなかのオアシス島である可能性が高い。

くるみの殻のなかの宇宙

〈パッチワークキルト多宇宙〉と〈インフレーション多宇宙〉は根本的に違うので、関係がないように思えるかもしれない。〈パッチワークキルト多宇宙〉のほうは空間の広がりが無限の場合に生まれるのに対し、〈インフレーション多宇宙〉のほうは永遠のインフレーション膨張から生まれる。しかし両者のあいだには、深い、そして素晴らしく得心が行くつながりがあり、そのつながりのおかげで、議論が前章の最初に戻る。インフレーションから生まれる並行宇宙が、弟分のパッチワークキルト並行宇宙を生み出すのだ。そのプロセスには時間が関与している。

アインシュタインの研究が明らかにした数多の不思議のなかでも、時間の流動性はもっともとらえにくい。日常的な経験から、私たちは時間の経過という客観的な概念があると確信しているが、相対性理論が示すところでは、それは重力の弱い場所でのゆっくりした生活が生み出す虚構にすぎない。光速に近いスピードで動いたり、強力な重力場に入ったりすれば、時間に関するなじみ深い普遍の概念は消えてしまう。もしあなたが私のそばを猛スピードで通り過ぎているとしたら、同じ瞬間に起こったと私が主張する出来事が、あなたには別の瞬間に起きたように見える。もしあなたがブラックホールの縁近くにぶら下がっているとしたら、あなたの腕時計で過ぎる一時間は、私の腕時計のそれよりもはるかに長い。時間の経過は測定者の特性――従う軌道と経験する重力――に左右されるのだ[12]。

この考えを宇宙全体、すなわちインフレーションを前提とした私たちの泡に当てはめると、すぐさま疑問が生じる。そのような自在に延ばせる自分だけの時間が、どうして絶対的な宇宙時間の概念と調和するのだろう？　私たちは宇宙の「年齢」についてあれこれ言うが、銀河がそれぞれの分離スピードで相対的にどんどん動いているのなら、時間経過の相対性原理のせいで、宇宙の計時係になる人にとって悪夢のような計算上の問題が生じるのではないだろうか？　もっとはっきり言えば、私たちの宇宙は「一四〇億歳」だと言うとき、その存続時間を計るために私たちは特定の時計を使っているのだろうか？

確かに使っている。そしてそのような宇宙時間を慎重に考慮すると、インフレーションによる並行宇宙とパッチワークキルトの並行宇宙間の直接的な関連が明らかになる。

時間経過を測定するのに使われる方法はどれも、何らかの物理系に起こる変化を調べる。普通の壁掛け時計を使うときには、その針の位置の変化を調べる。太陽を使うときには、空に占める位置の変化を調べる。炭素一四を使うときには、原試料のうち放射性崩壊で窒素になったものの割合を調べる。歴史上の先例や一般的な利便性から、私たちは地球の自転と公転を物理的準拠枠として使っており、「日」や「年」の標準的な概念が生まれている。しかし宇宙規模で考える場合、別のもっと有益な時間の記録方法がある。

インフレーション膨張によって、特性がおおむね均質な広大な領域が生まれることについて、これまで検討してきた。泡宇宙内の大きいけれども別々の二つの領域で、温度、圧力、そして平均物質密度を測定すると、結果は一致するだろう。その結果が時とともに変化する可能性はあるが、大きなスケールでは一様なので、平均するとここの変化はあそこの変化と同じになる。重要な代表例を挙げると、私たちの属する泡宇宙の質量密度は、たえまなく続く空間膨張のおかげで、何十億年のあいだに着実に減ってきているが、その変化が一様に起こっているので、泡を大きいスケールで見たときの一様性は崩れていない。

これは重要なことだ。というのも、有機物質に含まれる炭素一四の着実な減少が地球上での時間経過を測定する手段になるのと同じように、質量密度の着実な減少は、宇宙全体の時間経過の測定手段になるのだ。しかもその変化が一様に起こるため、時間経過の指標としての質量密度は、私たちの泡宇宙にとって世界標準になる。みんなが自分の腕時計を平均質量密度に念入りに合わせると（そしてブラックホールへの旅行のあとや、光速で旅したあとには合わせ直すと）、私たちの泡宇宙全体の時計はぴったり合った状態が続く。宇宙の年齢――つまり私たちの泡の年齢―

―について言うとき、私たちがイメージしているのは、そのような宇宙規模で合わせた時計で測定した時間経過であり、そのような意味に限って、宇宙時間は理解できる概念なのだ。

私たちの泡宇宙が誕生したばかりの時代にも、同じ論法が当てはまると思われるが、細部に一つ変更がある。普通の物質はまだ形成されていなかったので、空間の平均質量密度について語ることができないのだ。その代わり、私たちの宇宙のエネルギー――直後におなじみの粒子へと変化することになったエネルギー――がインフラトン場に貯蔵されていたので、インフラトン場のエネルギーの密度で時計を合わせるところをイメージする必要がある。

ところで、インフラトンのエネルギーは、エネルギー曲線に要約されるその値によって決まる。したがって私たちの泡のなかで、所定の場所が何時なのかを決めるには、その場所のインフラトン値を決める必要がある。同じ数の年輪をもつ二本の木が同じ年齢であるのと同じように、あるいは氷河堆積物から採取した二つの試料に含まれる放射性炭素の割合が同じなら同じ年齢であるのと同じように、インフラトン場の値が同じであれば、空間中の二つの場所は同じだけの時間を通過しているのだ。そうやって私たちは泡宇宙内の時計の時間を合わせる。

こんな話をするのはなぜかと言うと、これらの観測を〈インフレーション多宇宙〉の宇宙スイスチーズに当てはめたとき、日常的な経験にはおよそそぐわない予測が生まれるからである。ハムレットの有名な台詞、「このおれはたとえクルミの殻に閉じこめられようと、無限の宇宙を支配する王者と思いこめる男だ」〔小田島雄志訳〕と同じように、泡宇宙それぞれの空間は外から見ると有限に見えるが、内側から見ると無限に広がっているのだ。これは素晴らしい認識だ。無限に広がる空間こそ、パッチワークキルトの並行宇宙に必要なものである。それがあれば〈パッチワークキルト多宇宙〉をインフレーションの物語に織り込むことができる。

外にいる者と内にいる者とで物の見え方が極端に違うのは、時間の概念がまったく違うからである。論点は決してわかりやすくないが、外にいる者にとって無限の時間に思えるものが、一瞬一瞬では、内にいる者にとって無限の空間に思えることを[13]、これから見ていこう。

泡宇宙のなかの空間

どうしてそうなるかを理解するために、急速に膨張するインフラトンに満ちた空間領域内に浮かんでいるトリクシー〔訳注　トリクシーと（エド・）ノートン夫妻はドラマ《ハネムーナーズ》の登場人物〕が、近くに泡宇宙が形成されるのを観測しているところを想像しよう。自分のインフラトン計測器を成長している泡に向けると、その泡のインフラトン場の値がどう変化するかを直接追跡することができる。その領域——宇宙チーズの穴——は三次元だが、場を直径で切った一次元の横断面に沿って調べるほうが簡単なので、トリクシーはそうしながらデータを図3・8aに記録していく。上のほうの行はそれぞれ、トリクシーから見た連続する瞬間ごとのインフラトン値を表わ

70	60	50	40	30	20	10	0	10	20	30	40	50	60	70
80	70	60	50	40	30	20	10	20	30	40	50	60	70	80
90	80	70	60	50	40	03	20	30	40	50	60	70	80	90
100	90	80	70	60	50	40	30	40	50	60	70	80	90	100
100	100	90	80	70	60	50	40	50	60	70	80	90	100	100
100	100	100	90	80	70	60	50	60	70	80	90	100	100	100
100	100	100	100	90	80	70	60	70	80	90	100	100	100	100
100	100	100	100	100	90	80	70	80	90	100	100	100	100	100
100	100	100	100	100	100	90	80	90	100	100	100	100	100	100
100	100	100	100	100	100	100	90	100	100	100	100	100	100	100
100	100	100	100	100	100	100	100	100	100	100	100	100	100	100

図3・8a　各行は、外にいる１人の人間から見た、ある一瞬のインフラトン値を記録している。行が上に行くほど、現在に近い瞬間に対応している。列は空間内の位置を示している。泡はインフラトンの値が下がったためにインフレーションが止まった空間領域である。薄い色のところは泡のなかのインフラトン場の値を示す。外の観測者から見ると、泡はどんどん大きくなっている。

している。図から明らかなように、トリクシーが見る泡宇宙――図のなかではインフラトン値が下がった色の薄い箇所――は、どんどん大きくなる。

次に、ノートンもまたこのまったく同じ泡宇宙を、トリクシーとは違って内側から調べているところを想像しよう。自分のインフラトン計測器を使って、せっせと詳細な天文観測を行っている。トリクシーと違ってノートンは、インフラトンの値で合わせた時間の観念を守っている。これは私たちが追求している結論にとって非常に大事なこ

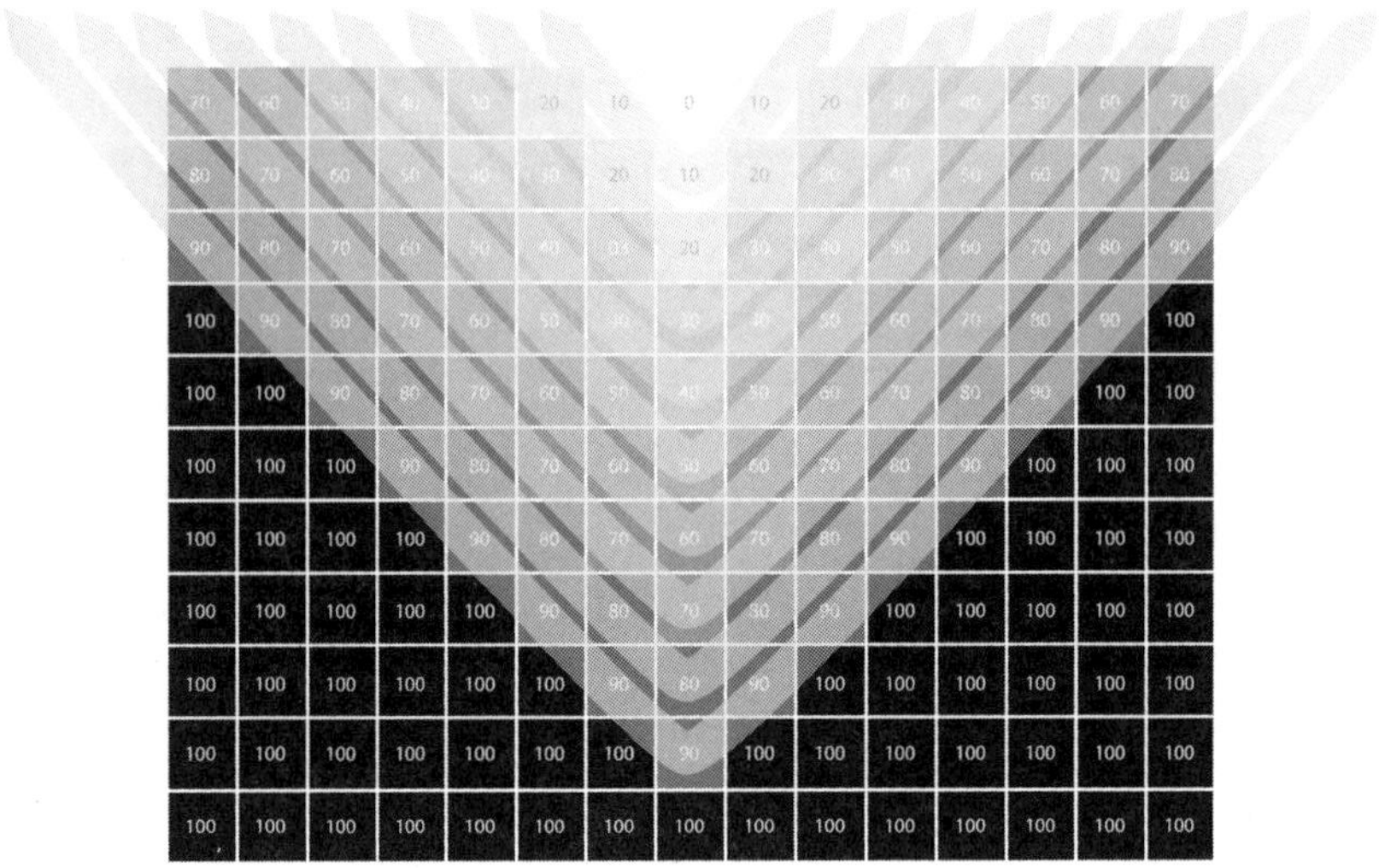

図3・8b　図3・8aと同じ情報が、泡の内側にいる者によって異なる方法で整理されている。一致するインフラトン値は同じ瞬間に相当するので、描かれた曲線は同じ瞬間に存在する空間中のポイントすべてを通過する。インフラトン値が小さいほど現在に近い瞬間に相当する。曲線は無限に遠くまで延びることができるので、内にいる者から見ると空間は無限であることに留意してほしい。

となので、きちんと受け入れてほしい。つまり、泡宇宙内の誰もが、インフラトンの値を測定して表示する腕時計を着けていると想像してほしいのだ。ノートンがディナーパーティーを開くとき、インフラトンの値が六〇になったら家に来てくださいと招待客に案内する。みんなの時計は同じ均一な標準――インフラトン場の値――に合わせてあるので、パーティーは滞《とどこお》りなく進行する。誰もが同じ共時性の観念に合わせているので、みんな同じ時刻に現われる。

　このことを理解すると、ノー

トンにとって任意の瞬間における泡宇宙の大きさを割り出すのは簡単である。実のところ子どもの遊びのようなもので、ノートンはペイント・バイ・ナンバー［訳注　下絵に番号が振ってあり、同じ番号の絵の具を塗っていくだけで絵が完成する絵画セット］をやればいいだけだ。インフラトン場の数値が同じポイントをすべてつなげることによって、ある瞬間に泡のなかにあるすべての場所を図示することができる。その瞬間は彼の時間、内側にいる者の時間だ。

ノートンが描いた図３・８ｂがすべてを語っている。同じインフラトン場の値をもつポイントをつなげた各曲線は、ある瞬間における空間すべてを示している。図から明らかなとおり、各曲線は無限に遠くまで延びている。つまり泡宇宙の大きさは、そこに住む者に言わせれば無限である。トリクシーが図３・８ａに示された無限の行数として経験する、部外者にとっての果てしない時間は、ノートンのような部内者の目には、一瞬一瞬における果てしない空間に映るということだ。

この見識は影響力大である。第2章で私たちは、〈パッチワークキルト多宇宙〉が無限に大きい空間を条件とすることを知った。そこで論じたように、その条件は事実かもしれないし、事実でないかもしれない。今ここで、〈インフレーション多宇宙〉の泡それぞれは、外から見ると空間的に有限だが、内から見ると空間的に無限であることがわかった。したがってもし〈インフレーション多宇宙〉が現実なら、泡の住人——私たち——は、〈インフレーション多宇宙〉だけで

なく〈パッチワークキルト多宇宙〉の構成員でもあるのだ。(14)

初めて〈パッチワークキルト多宇宙〉と〈インフレーション多宇宙〉について知ったとき、私は〈インフレーション多宇宙〉のほうがもっともらしいと思った。インフレーション宇宙論は数多くの長年にわたる謎を解決しながら、観測とぴったり符合する予測を生み出す。これまで挙げてきた論法によれば、インフレーションは必然的に終わらないプロセスであり、次々と泡宇宙を生み出す。その一つに私たちは住んでいるのだ。一方の〈パッチワークキルト多宇宙〉は、空間がただ大きいだけでなく真に無限であるときに完全な説得力を得る（大きい宇宙でも繰り返しは起きるかもしれないが、無限の宇宙では繰り返しが保証される）ということで、必然ではないように思えた。しょせん宇宙の大きさは有限かもしれない。しかし今では、永遠のインフレーションが生む泡宇宙は、住人の視点で正しく分析すると、空間的に確かに無限であることがわかった。インフレーションの並行宇宙はパッチワークキルトの並行宇宙を生むのだ。

利用可能な最善の宇宙論データを説明するために利用可能な最善の宇宙理論によると、私たちはインフレーションによる広大な並行宇宙体系の一つを占めていて、並行宇宙はどれもそれぞれ膨大なパッチワークキルト並行宇宙を擁していると考えられる。最先端の研究が生み出す宇宙には、並行宇宙があるだけでなく、並行する並行宇宙もあるのだ。このことから、宇宙の実像《リアリティ》は単に拡がるだけでなく、豊かな拡がりをもつことがわかる。

第４章　自然法則の統一
——ひも理論への道

ビッグバンからインフレーションまで現代宇宙論のルーツをたどると、さまざまな科学の糸がつながる結び目までさかのぼる——それはアインシュタインの一般相対性理論だ。アインシュタインは新たな重力理論によって、時間と空間は厳然とそこにあって変わらないという一般通念を覆《くつがえ》したのだ。そのため今や科学は動的な宇宙を受け入れざるをえない。これほど重大な貢献はめったにない。しかしアインシュタインはさらなる高みを極めることを夢見た。一九二〇年代までに積み上げた数学の知識と幾何学に対する直観によって、彼は統一場理論の構築に取り組み始めたのである。

この理論でアインシュタインが意図したのは、自然界のあらゆる力をひとつのまとまった数学のタペストリーに縫い込むような枠組みだ。こちらの物理現象に一つの法則、あちらの物理現象には別の法則、というのではなく、すべての法則を完全に一体化したいとアインシュタインは考えた。アインシュタインの数十年に及ぶ統一への熱心な取り組みには、歴史の判定によれば、後代まで残るほどの成果はほとんどなかった――夢は崇高だったが時期尚早だった――が、ほかの人たちが衣鉢を継ぎ、かなりの進歩をとげた。なかでももっとも緻密な提案が、ひも理論である。

拙著『エレガントな宇宙』と『宇宙を織りなすもの』で、私はひも理論の歴史と骨子を論じている。この理論が出現してから何年ものあいだに、その総体的な健全性と地位は世間からさんざん疑問視されてきた。それもいたしかたがない。進歩したとは言っても、ひも理論はいまだに、実験によって理論の正誤が証明できるような決定的な予測を立てられていないのだ。私たちが次に（第5章と第6章で）出会う三種類の多宇宙は、ひも理論の視点から見えてくるものなので、この理論の現状や、実験および観察のデータと結びつく可能性に取り組むことは重要だ。それが本章の果たすべき務めである。

統一の沿革

アインシュタインが統一という目標を追いかけていた当時、既知の力といえば彼自身の相対性理論が記述した重力と、マックスウェルの方程式が記述した電磁力だった。アインシュタインはその二つを融合し、あらゆる自然界の力の作用を統合するひとつの数式にすることを思い描いた。アインシュタインはこの統一理論に大きな期待を寄せていた。彼は一九世紀のマックスウェルによる統一への取り組みを、人間の思考に対する貢献の手本と考えた――そしてそれはまったく正しい。マックスウェル以前には、導線を流れる電気、おもちゃの磁石が起こす力、そして太陽から地球に射し込む光は、互いに無関係な三つの別々の現象と見られていた。マックスウェルは、この三つが実は科学の三位一体として絡み合っていることを明らかにした。電流が磁場を生み出し、導線の近くを動く磁石が電流を生み出し、そして電気と磁気の場に広がる波のような乱れが光を生み出すのだ。アインシュタインはマックスウェルの統一計画をさらに進めるべく、自然界の力を完全に統一する記述、すなわち電磁力と重力を統一する記述に向けて、自分の研究が次の、おそらく最後の手を打つのだと期待していた。

　これは決して控えめな目標ではなく、アインシュタインも軽く考えていたわけではない。彼は自分に課した問題にひたすら没頭するたぐいまれな能力をもっており、人生最後の三〇年間を、もっぱら統一問題に費やすことになった。彼の個人的な秘書でありマネージャーでもあったヘレン・デュカスは、一九五五年四月一七日、彼が息を引き取る前日、プリンストン病院でアインシュタインと一緒にいた。彼女の語るところによると、アインシュタインは寝たきりだったが少し元気が出ると、方程式の紙をよこせと言った。その紙の上で彼は、統一場理論が実現するというはかない望みをかけて、数学記号を延々と操り続けてきたのだ。アインシュタインは朝日が昇っても起きなかった。そして彼の最後の走り書きは、統一にさらなる光明を投じはしなかった[1]。アインシュタインと同時代の人々のなかには、彼のように統一に熱意を燃やす者はほとんどいなかった。一九二〇年代半ばから六〇年代半ばにかけて、物理学者たちは量子力学を手がかりに、原子の秘密を解明し、その隠れた力を利用する方法を学んでいたのだ。物質がぼくをさらに小さな構成要素に分離してごらんと目の前で誘っていて、その魅力には抗《あらが》いがたかった。統一は立派な目標であることに同意する人は大勢いたが、理論家と実験家がスクラムを組んでミクロな世界の法則を暴《あば》こうとしている時代にあっては、一時的な関心事にすぎない。アインシュタインの死とともに、統合への取り組みはゆっくりと停止した。

のちの研究によって、アインシュタインは統一を探求するにあたって焦点を絞り込みすぎていたことが明らかになり、彼の体面はさらに失われた。アインシュタインは量子力学の役割を軽視しただけでなく（統一理論に取って代わられるのだから、そもそも量子力学を組み入れる必要はないと考えていた）、彼の研究は実験によってさらに明らかにされた二つの力、すなわち強い核力と弱い核力を考慮していなかったのだ。統一は二つの力ではなく、四つの力を結びつける必要があるわけで、アインシュタインの夢の実現はいっそう遠のいたように思われた。

しかし一九六〇年代末から一九七〇年代にかけて、流れが一変する。物理学者たちは、電磁力にうまく当てはまった場の量子論の手法が、弱い核力と強い核力も記述することに気づいた。これで重力でない三つの力がすべて、同じ数学的言語を使って記述できるわけだ。そのうえ、これらの場の量子論の詳細な研究――とくに有名なのはノーベル賞を受賞したシェルドン・グラショウ、スティーヴン・ワインバーグ、アブダス・サラムの研究と、そのすぐあとにグラショウと彼のハーバードの同僚であるハワード・ジョージアイが得た洞察――が、電磁力、弱い核力、強い核力のあいだには、統一の可能性を示唆する関係があることを明らかにした。半世紀近く前のアインシュタインの先例にならい、理論家たちは、一見別々に見えるこの三つの力は、実は一つにまとまっている自然界の力が別々のかたちで現われているのかもしれないと主張した。[2]

これは統一に向けての大きな前進だったが、そのような明るい話題を背景に、やっかいな問題が起きた。研究者たちが場の量子論の手法を自然界の第四の力である重力に当てはめると、数学がちっともうまく行かないのだ。アインシュタインの一般相対性理論による重力場の記述と量子力学とを用いた計算は、数学的にでたらめなことになる衝撃的な結果をはじき出した。一般相対性理論と量子力学が、それぞれの持ち場である極大世界と極小世界ではどれだけ成功していても、二つを統一しようとする試みからばかげた結果が出るということは、自然界の法則に対する理解に深い亀裂が生じたことを物語っている。もしも法則が互いに矛盾するのなら、その法則は――明らかに――正しい法則ではない。崇高な目標だった統一が、これで当然なすべき責務へと変わった。
一九八〇年代半ば、次の画期的な展開が起こった。超ひも理論という新たなアプローチが、世界中の物理学者たちの関心を引きつけたのだ。この理論は一般相対性理論と量子力学の対立を和らげ、統一された量子力学の囲いのなかに重力をもち込めるという希望をもたらした。超ひも理論による統一時代の幕開けだ。猛烈なスピードで研究が進み、すぐさま学術誌の何千というページが、このアプローチのさまざまな側面を具体化し、その系統的定式化の基礎を築く計算で埋められた。そして入り組んだ見事な数学的構造が浮かびあがったが、超ひも理論（略してひも理論）については多くが謎のままだった。[3]
そして一九九〇年代半ばから、超ひも理論の謎を解くことに熱中する理論家たちのおかげで、思いがけず、多宇宙の物語にひも理論がまともに入り込んでいる。研究者たちはずっと前から、ひも理論の分析に使われる数学的手法はさまざまな近似法に頼っているので、改良するべき時であることを知っていた。その改良がいくつか考案されたとき、彼らは気づいた。数学は、私たちの宇宙が多宇宙に属している可能性があると、はっきり示しているのだ。それどころか、ひも理論の数学が示した多宇宙は一つだけでなく、さまざまな種類のたくさんの多宇宙であり、私たちはその一部かもしれないというのである。
人の心をつかんで論議を呼ぶこの展開を十分に理解するために、そして私たちが今行っている宇宙の深遠な法則の探求に果たす役割を見きわめるために、ここで一歩下がり、まずひも理論の現状を評価する必要がある。

再説――量子場

手始めに、大成功を収めた従来の場の量子論の枠組みを詳しく見てみよう。そうすることで、ひも理論による統一を論じるだけでなく、自然界の法則を定式化するこの二つのアプローチのあいだの、きわめて重要な関係を浮き彫りにすることもできる。

第３章で見たように、古典物理学が記述する場は、空間領域に充満していて、乱れをさざ波や波のかたちで伝えることができる、もやの一種である。たとえば、今この本を照らしている光をマックスウェルが説明するとしたら、太陽や頭上の電球によってつくられ、印刷されたページまで空間をうねりながら進んでいる電磁波について、熱く語るだろう。波の動きを数学的に記述し、空間の各地点における場の強さと方向を、数字を使って正確に説明するだろう。場が波打つとは数字が波打つこと。どの地点においても、場の数値は上がったり下がったり、また上がったりを繰り返すのだ。

場の概念に量子力学が加えられると、結果として場の量子論が生まれるが、この理論にはきわめて重要な新しい二つの特徴がある。私たちはすでにこの両方に出会っているが、記憶を新たにするだけの価値がある。第一に、量子力学の不確定性が、空間の各地点における場の値にランダムなゆらぎを引き起こす。インフレーション宇宙論で取りあげた不規則に変動するインフラトン場を思い出してほしい。第二に、量子力学の示すところに従えば、水がH_2O分子からできているのと同じように、場は量子と呼ばれる限りなく小さい粒子で構成されている。電磁場の量子は光子であり、量子論の専門家なら、先ほどの電球に関するマックスウェルの古典的記述を、電球は一秒に一〇〇×一〇億×一〇億個の光子を切れ目なく放っている、と言って修正するだろう。

　数十年の研究によって、量子力学を場に当てはめたときに現われるこれらの特徴は、完全に普遍的であることが立証されている。どんな場も量子ゆらぎに支配されている。そしてどんな場も一種の粒子で構成される。電子は電子場の量子である。クォークはクォーク場の量子である。（ごく）大ざっぱなイメージとして、物理学者は粒子を場の結び目や密な塊《かたまり》と考える場合がある。そのようなイメージがあるにもかかわらず、場の量子論の数学はこれらの粒子を、空間的広がりや内部構造をもたない点として記述する。[4]

　場の量子論に対する私たちの自信の源《みなもと》は、一つの決定的な事実にある――その予測に反する実験結果が一つもないのだ。それどころか、場の量子論の方程式が記述する粒子の振る舞いが驚くほど正確であることを、データが裏づけている。もっとも印象的な例は、電磁力に関する場の量子論である量子電磁力学だ。この理論を用いて、物理学者たちは電子の磁気特性を詳しく計算した。計算は容易でなく、もっとも精緻《せいち》なバージョンは完了までに何十年もかかった。しかし苦労するだけの価値はあった。結果はなんと小数第一〇位までの正確さで、実際の測定値と一致している。想像もしなかったほどの理論と実験の一致だ。

それほどうまく行っているなら、場の量子論が自然界の力すべてを理解するための数学的枠組みとなるのだろうと、あなたは期待するかもしれない。優秀な物理学者のグループもまさにそう予想した。予想した人たちの多くが懸命に努力したおかげで、一九七〇年代末までに、なるほど、弱い核力と強い核力が場の量子論の説明書にぴったり合うことは立証された。場の量子論が定める数学的法則どおりに出現し、相互作用を行う場——弱い核力の場と強い核力の場——を用いて、どちらの力も正確に記述される。

しかし前節の沿革でも触れたように、その同じ物理学者たちの多くが、自然界のもう一つの力である重力については、話がもっとずっとデリケートであることをすぐに悟った。一般相対性理論の方程式と量子論の方程式が混ざりあうと必ず、数学が立ち往生するのだ。両者を組み合わせた方程式を使って、何らかの物理過程の量子確率——たとえば、電磁力の斥力と重力の引力の両方を与えられたとき、二つの電子が跳ね返りあう確率——を計算すると、たいてい無限大という答えが出てしまう。空間の広がりやそれを満たす物質の量など、宇宙には無限になりえるものはあるが、確率はその範疇にない。定義からして、確率の値は〇と一（あるいはパーセンテージで言えば〇と一〇〇）のあいだになくてはならない。無限大の確率とは、何かが起こる可能性が非常に高い、あるいは確実に起こる、という意味ではない。むしろ、一ダースの卵の一三番めについて語るくらい無意味なものである。無限大の確率は数学からの明確なメッセージを伝えている——組み合わせた方程式は意味をなしていない、と。

物理学者はこの失敗の原因を突き詰めて、量子力学の不確定性によるゆらぎにたどり着いた。ここで用いられた数学的手法は強い核力の場、弱い核力の場、そして電磁場のゆらぎを分析するために開発されたものだったが、同じ手法を重力場——時空の湾曲そのものを支配する場——に当てはめると、無効であることが判明したのだ。そのために、数学は無限大の確率のような矛盾であふれてしまう。

どうしてこうなるのか、感じをつかむために、自分がサンフランシスコにある古い家の家主だと想像しよう。間借り人のなかに騒々しいパーティーを開く人がいる場合、騒ぎに対処する労力は必要かもしれないが、そのお祭り騒ぎで建物の構造の保全が脅かされる心配はない。しかし地震が起きた場合、問題はもっとはるかに深刻だ。三つの重力でない力——時空という家に間借りしている場——のゆらぎは、家でひっきりなしにパーティーをする人のようなものだ。その騒々しいゆらぎに、理論物理学者は一世代かけて取り組まなくてはならなかったが、一九七〇年代までには、重力でない力の量子力学的な性質を記述できる数学的手法が開発された。一方、重力場のゆらぎは質的に異なる。どちらかと言うと地震に似ているのだ。重力場は時空の構造そのものに織り込まれているので、その量子ゆらぎは構造全体を隅々まで震わす。それほど広範な量子ゆらぎを分析するのに使うと、数学的手法は破綻する。[5]

長年にわたって、物理学者たちはこの問題に目をつぶってきた。極端な条件のときにしか表面化しない問題だからだ。物体が非常に重いときは重力が影響を及ぼし、非常に小さいときは量子力学が影響を及ぼす。小さくてなおかつ重いために、量子力学と一般相対性理論の両方を使わなければ記述できないような領域はまれである。とは言っても、そういう領域がある。ビッグバンやブラックホールは確かに、極端に大きな質量が小さいサイズに押し込められる領域であり、重力と量子力学を合わせて当てはめると、解析のヤマ場で数学が破綻してしまい、宇宙はどうやって始まり、つぶれていくブラックホールの中心でどう終わるのかに関する疑問は、答えが出ないまま残る。

さらに――そしてこれが本当に手ごわい部分なのだが――ブラックホールやビッグバンの具体例は別にして、重力と量子力学の両方が意味のある役割を果たすには、物理系がどれだけ重く、どれだけ小さくなければならないかを計算することができる。結果は、一つの陽子の質量の約10^{19}倍、いわゆるプランク質量が、約10^{-99}立方センチメートル（図４・１に図示されている、半径が約10^{-33}センチメートル、いわゆるプランク長さの球体）というおそろしく小さい体積に押し込まれたもの、ということになる。[6] したがって量子重力の支配する領域は、世界一強力な加速

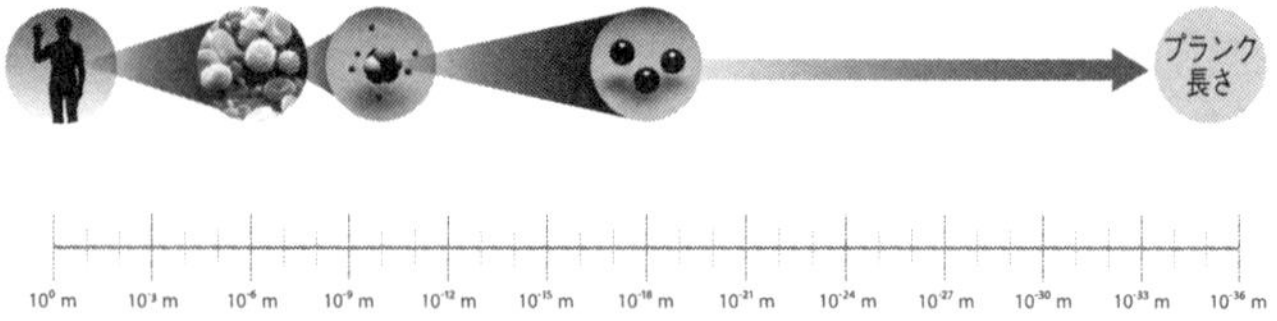

図4・1 重力と量子力学が対決するプランク長さは、実験で探究できるあらゆる領域のおよそ1000億分の1の10億分の1である。図を右方向へ読みとっていくと、等間隔の目盛りひとつで大きさが1000分の1になる。これで図がこのページに収まるわけだが、縮尺目盛りがとてつもなく広い範囲を示していることが見た目にわかりにくくなっている。もっと感じをうまくつかんでもらうために言っておくと、ひとつの原子が観測可能な宇宙と同じ大きさに拡大されるとすると、同じ拡大率でプランク長さは平均的な木の大きさになる。

器で探ることができるスケールの一〇億倍の一〇〇万倍以上である。地図にないこの広大な領地は、新しい場とそれを構成する粒子——その他想像もつかないようなありとあらゆるもの——で、あっさりいっぱいになる可能性がある。重力と量子力学を統一するには、現在地からそこまでてくてく地道に歩いて、大部分が実験では手の届かない広大な領域のいたるところにある、既知のものと未知のものを把握する必要がある。それは途方もなく大がかりな仕事であり、多くの科学者が手に負えないと結論を下した。

だからこそ、一九八〇年代半ば、ひも理論と呼ばれるアプローチによって、統一へ向けて理論が大きく躍進したというわさが物理学界を駆け巡り始めたときの驚きと懐疑を、あなたも想像できるだろう。

ひも理論

ひも理論はおそろしく難解だという評判だが、その基本

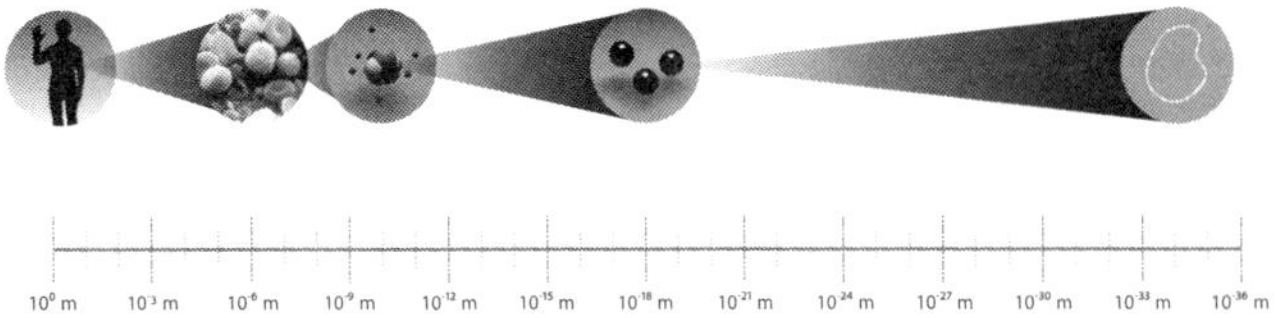

図4・2　プランクスケールの物理学の性質に関するひも理論の提案は、物質の基本構成要素が繊維状のひもだと想定する。私たちの装置の解像力が限られているために、ひもが点のように見えるだけのことだ。

的な考えは理解しやすい。すでに見たとおり、ひも理論以前の標準的な考え方は、自然の基本的構成要素を場の量子論の方程式に支配される点状粒子――内部構造をもたない点――と想定している。異なる種類の粒子がそれぞれ、異なる種類の場を構成している。ところがひも理論は、粒子は点でないと提案することで、この考えに異論を唱える。粒子は図４・２に示されているような、ごく小さい繊維状の振動するひもだというのだ。これまで構成要素とされてきた粒子をよく観察すると、振動する非常に小さなひもが見つかるだろう。電子の内側の奥深くをのぞくとひもが見つかり、クォークの内側の奥深くをのぞいてもひもが見つかる、というのだ。

さらにもっと精密に観測すると、ひもによる統一理論の基本思想どおり、異なる種類の粒子のなかにあるひもはまったく同じだが、振動のパターンが異なることに気づくだろう、とひも理論は主張する。電子はクォークより質量が小さく、ひも理論によれば、それは電子のひものほうがクォークのひもより少ないエネルギーで振動していることを意味するという（これもまた$E = mc^2$に要約されるエネルギーと質量の等価性を表わしている）。電子の電荷はクォークのそれを上回る強さであり、この違いがそれぞれのひも振動パターンに見られるほかのもっと微細な違いに変換される。ギターの絃がさまざまなパターンで振動し、それぞれのパターンが異なる楽音を奏でるように、ひも理論のひもはさまざまなパターンで振動し、それぞれの振動パターンが異なる粒子の性質を生み出すのだ。

実のところこの理論は、振動するひもは宿主である粒子の性質を決めるだけでなく、むしろ粒子そのものであると考えるよう促す。ひもがおおよそプランク長さ――10^{-33}センチメートル――という微小なサイズであるがために、今日《こんにち》のもっとも精密な実験でさえも、ひもの伸びた構造を解明できない。大型ハドロン衝突型加速器（ＬＨＣ）は、静止している一つの陽子が体現するエネルギーの一〇兆倍のエネルギーで粒子を衝突させ、約10^{-19}センチメートルのスケールまで探ることができる。これは髪の太さの一〇億分の一だが、それでもプランク長さの現象を解明するには大きすぎる。したがって、冥王星から見れば地球が点のように見えるのと同じように、世界最新鋭の粒子加速器を使って研究しても、ひもは点にしか見えないだろう。それでも、ひも理論によれば粒子はまぎれもなくひもなのだ。

手短にまとめると、これがひも理論である。

ひも、点、量子重力

ひも理論にはほかにもたくさんの重要な特徴があり、最初に提案されてからさまざまな進展を経て、これまで私が述べてきた骨子より大幅に充実している。本章ではこのあと（第5章、6章、9章と同様）、とくにかなめとなる進歩を見ていくが、ここでもっとも重要なポイントを三つ強調しておきたい。

第一に、物理学者が場の量子論を用いた自然界のモデルを提案するときには、理論に含まれる特定の場を選択する必要がある。その選択は、実験にもとづく制約（粒子の種類がわかれば、それと関係する量子場が含まれることが決まる）と、理論的な問題（未解決の問題や不可解な論点に取り組むためには、インフラトン場やヒッグス場のような仮想上の粒子が構成する場が用いられる）に左右される。標準モデルがその好例だ。世界中の粒子加速器によって集められた豊富なデータを正確に記述する力のおかげで極められた、二〇世紀における素粒子物理学の業績の頂点と考えられている標準モデルは、五七種類もの量子場（電子、ニュートリノ、光子、そして多様なクォーク――アップクォーク、ダウンクォーク、チャームクォークなど――に対応する場）を包含する場の量子論である。標準モデルは特筆すべき快挙であることは間違いないが、真に根本的な理解には、そのように不体裁なほど多種多様の構成要素を取りそろえる必要はないと感じている物理学者が多い。

ひも理論で心躍らされるのは、粒子が理論そのものから浮かび上がることだ。異なるひもの振動パターンから異なる種類の粒子が生まれるのである。そして振動パターンが対応する粒子の性質を決めるので、もしこの理論を十分に理解してすべての振動パターンを描き出すことができれば、すべての粒子のすべての性質を説明できるだろう。そうなれば、ひも理論はすべての粒子の性質を数学的に導き出すことによって、場の量子論を超える可能性が大いにある。これですべてが振動するひものもとに統一されるだけでなく、将来的な「驚き」――たとえば現在は知られていない新種の粒子の発見――が最初からひも理論に組み込まれるので、原理上は、十分に精力的に計算すればそれを把握できることにもなるだろう。ひも理論は自然界に関する記述の完成度を少しずつ上げていくのではない。最初から完璧な記述を探すのだ。

第二のポイントは、考えられるひもの振動パターンのなかに、重力場の量子となるにふさわしい性質をもったものが一つある、ということだ。ひも理論ができる前の重力と量子力学を合体させる試みが成功しなかったとしても、量子重力場を構成する仮説上の粒子――重力子と呼ばれる――が必ずもつ性質は、研究によって確かに明らかになっていた。研究結果によると、重力子は質量も荷電もなく、スピン2と呼ばれる量子力学的性質をもっているはずだという（これはごく大ざっぱに言うと、重力子は光子の倍の速度でこまのように回る[7]、という意味だ）。素晴らしいことに、初期のひも理論家たち――ジョン・シュワーツとジョエル・シェルク、それと独立に米《よね》谷民明《やたみあき》――は、ひもの振動パターンのリストに、性質が重力子と合致するものがあることを見つけた。ぴったり一致するのだ。一九八〇年代半ば、ひも理論は数学的に矛盾のない量子力学理論であるという納得のいく論拠が（主にシュワーツと彼の共同研究者であるマイケル・グリーンの研究のおかげで）提案されると、重力子の存在はひも理論が待望の重力の量子論をもたらすことを意味するようになった。これこそひも理論の履歴書上もっとも重要な業績であり、この理論が世界中の科学者のあいだで一気に名を上げた理由である。*(8)

第三に、ひも理論はいかに先鋭的な提案でも、物理学の歴史において守られてきたパターンを繰り返している。新しい理論の成功は通常、先行理論を廃《すた》れさせることはない。むしろ、先行理論を包含しながら、正確に記述できる物理現象の範囲を大幅に広げるのが一般的だ。特殊相対性

＊重力と量子力学を合体させようとする以前の試みを妨げていた問題を、どうやってひも理論が乗り越えたかを知りたい方は、『エレガントな宇宙』の第六章を参照されたい。概略は本章の注８に述べられている。さらに簡単な要約としては、点状粒子が一点に存在するのに対し、ひもは長さがあるので、わずかに広がっていることに注目してほしい。この広がりがひいては、以前の試みを挫折させていた微小スケールにおける激しい量子ゆらぎを弱める。一九八〇年代の半ばまでに、ひも理論が一般相対性理論と量子力学をうまく融合させることを示す強力な証拠が示された。さらに最近の展開（第９章参照）がその論拠を確かなものにしている。

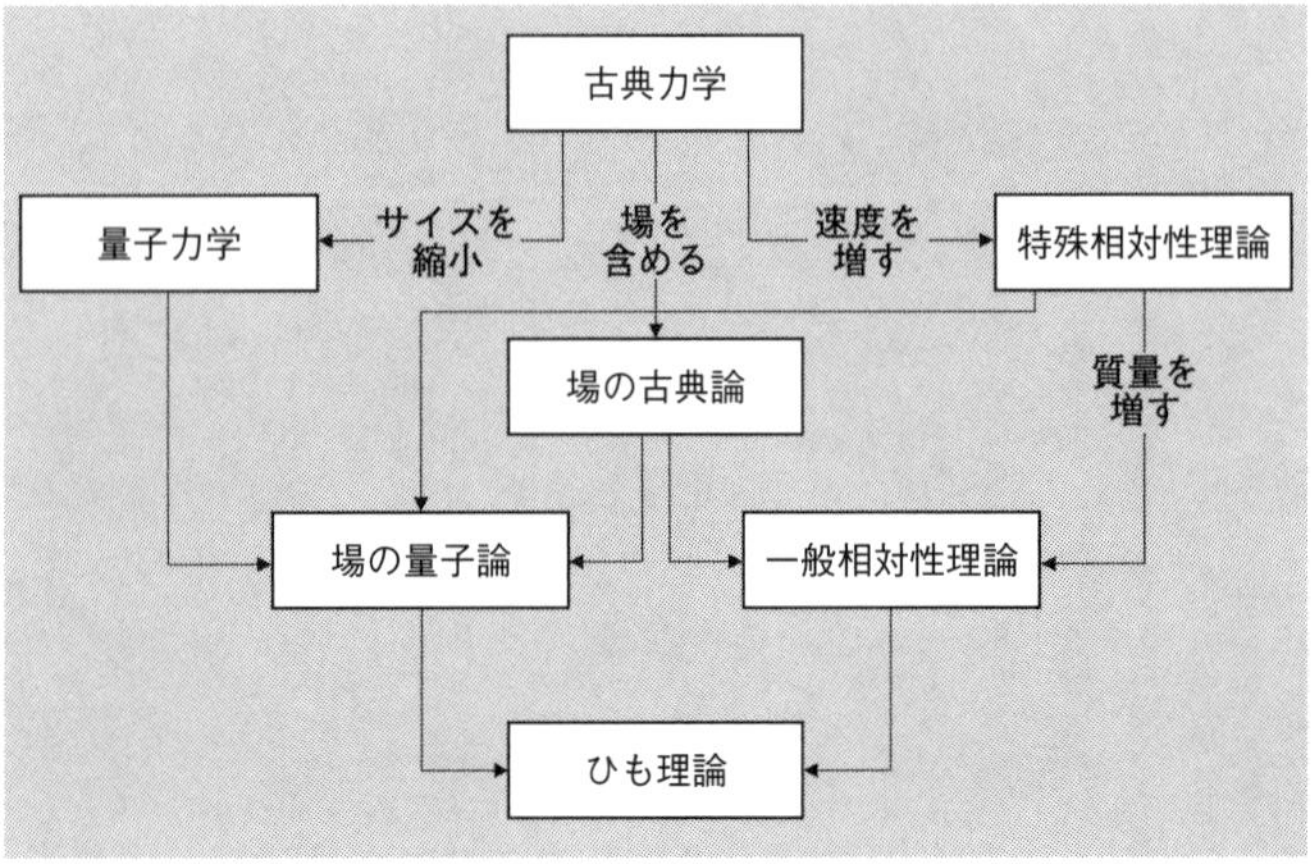

図4・3　上図は物理学における主要な理論展開の関係を示している。歴史的に見ると、成功した新しい理論は理解の領域を（より速いスピード、より大きい質量、より短い距離に）広げる一方で、それほど極端でない物理的条件に当てはめると、先行する理論に帰着する。ひも理論はこの発展パターンに当てはまる。理解の領域を広げながらも、適合する状況では、一般相対性理論と場の量子論に帰着するのだ。

理論は高速の世界に対する理解を広げ、一般相対性理論はさらに大質量の世界（強い重力場の領域）にまで広げている。量子力学と場の量子論は短い距離の世界に対する理解を広げる。これらの理論が頼る概念も明らかにする特徴も、それ以前に想定された何ものとも似ていない。それでも、これらの理論を私たちが慣れ親しんでいる日常的な速度や大きさや質量の世界に当てはめれば、二〇世紀より前に展開された記述――ニュートンの古典力学や、ファラデー、マックスウェルらの古典的な場――に帰着する。

　物理学はこのように進歩してきたが、ひも理論が次の、そして最後の一歩になる可能性がある。この理論は相対性理論と量子理論が主張する領域を、一つの枠組みで扱う。そのうえ、これは姿勢を正して聞くに値することなのだが、ひも理論はそうするにあたって、先行する発見をすべて完全に包含するのだ。振動する繊維状のひもにもとづく理論は、一般相対性理論が描く湾曲した時空による重力のイメージと、あまり共通点がないように思えるかもしれない。にもかかわらず、ひも理論の数学を、重力は問題になるが量子力学は問題にならない状況（サイズの大きい太陽のような巨大な物体）に当てはめると、アインシュタインの方程式が浮かび上がる。振動するひもと点状の粒子もまったく違う。しかしひも理論の数学を、量子力学は問題になるが重力は問題にならない状況（速い振動や運動をしていないひも、あるいは長く伸びていないひもの小さい集まり、すなわち、もっているエネルギーが低い――これは質量が小さいというのと等価だ――ために重力が事実上何の役割も果たさない状況）に当てはめると、ひも理論の数学が場の量子論の数学に様変わりする。

このことを要約したのが図４・３であり、ニュートン時代以降、物理学者たちが展開してきた主要な理論間の論理的結びつきを示している。ひも理論は過去をきっぱり断つ必要があったかもしれない。この図からきれいに消えていたかもしれない。しかし驚いたことに、そうはなっていない。ひも理論は、二〇世紀の物理学者たちの行く手を阻んでいた障壁を乗り越えられるほど革命的である。けれども、過去三〇〇年の発見がその数学にぴったり合うほど保守的なのだ。

空間の次元

さて次は、もっと奇妙な話だ。点からひもへの移行は、ひも理論が導入した新しい枠組みの一部にすぎない。ひも理論研究の初期、物理学者たちは、エネルギーの自発的な生成や消滅のような受け入れられないプロセスを引き起こす致命的な数学的欠陥（量子アノマリーと呼ばれる）に遭遇した。一般的に、このような問題が提案されている理論の難点となっているとき、物理学者たちは素早くかつ厳しく反応する。その理論を放棄するのだ。実際、ひもに関してはそれが最善の行動だと考える物理学者が、一九七〇年代には大勢いた。しかしあきらめなかった数少ない研究者は、前進するための別の道を見つけた。

目覚ましい展開として、彼らは問題点が空間の次元の数と絡み合っていることを発見したのだ。彼らの計算によって、宇宙には私たちが日常的に経験する三つ――おなじみの左右、前後、上下――より多くの次元があるとしたら、ひも理論の方程式から問題点を取り除けることが明らかになった。具体的に言うと、空間が九次元と時間が一次元、合わせて時空が一〇次元ある宇宙でなら、ひも理論の方程式は問題なくなる。

どうしてこうなるのか、専門的でない用語だけで説明したいのだが、私にはできないし、できている人にお目にかかったこともない。『エレガントな宇宙』で試みたが、そのやり方では、次元の数がひもの振動の様相にどう影響するかを説明できるだけで、具体的な一〇という数字がどこから出てくるのかは説明がつかない。そこで少し専門的になるが、ここで数学の情報を示そう。ひも理論には（D－10）×（問題点）というかたちの表現を含む方程式がある。Dは時空次元の数、そして問題点とは、たとえばエネルギー保存則の破れのような、問題のある物理現象を生む数式である。この方程式がまさにこういったかたちをとる理由は何か、私には専門用語を使わないで直感的にわかる説明はできない。しかしもし計算すれば、導き出されるのはこれなのだ。さて、簡単だが重要なことを話そう。時空の次元数が、私たちが予想する四ではなくて一〇であれば、この部分は０《ゼロ》×問題点になる。そしてゼロに何を掛けてもゼロなので、時空が一〇次元の宇宙では、問題は消し去られる。これが方程式を解くうちに現われる結果である。本当だ。そしてだからこそ、ひも理論家たちは時空次元が四つに限られない宇宙に賛成するのである。

それでも、たとえ数学が切り開いた道をたどることに抵抗がなくても、余剰次元という概念に出会ったことがなければやはり、そんなものがありえるとはばかげていると思えるかもしれない。空間の次元は、車のキーやお気に入りの靴下の片方のように、どこかに行ってしまうものではない。長さと幅と高さ以外のものが宇宙にあるのなら、誰かが気づいているはずだ。いや、そうとは限らない。二〇世紀初頭に早くも、ドイツ人数学者のテオドール・カルツァとスウェーデン人物理学者のオスカー・クラインによる一連の先進的な論文が、発見を上手に免れている次元があるかもしれないと提唱している。彼らの研究は、おそらく無限に遠くまで広がるおなじみの空間次元とは違って、小さく丸まっていて見つかりにくい追加の次元があるかもしれないと予見している。

これをイメージするために、飲み物に使う一般的なストローを考えよう。しかし目下の目的のために、普通のストローくらい細いけれども、エンパイアステートビルくらい高いという、ひどく珍しいものを想像してほしい。その高いストローの表面は（どんなストローとも同じで）二次元である。一つは長い垂直の次元、もう一つは短い円形の次元で、ストローの周囲に丸まっている。次に、背の高いストローを図4・4aのようにハドソン川の向こうから見るところを想像しよう。ストローはとても細いので、地面から空に伸びる垂直線のように見える。この距離では、たとえ垂直に長く伸びているストローのあらゆる地点に小さな円形の次元が存在していても、それが見えるほどの視力があなたにはない。そのためあなたは、ストローの表面は二次元ではなく一次元だと誤解してしまう[9]。

別のイメージとして、ユタ州の塩原を覆う巨大な絨毯を考えよう。飛行機から見下ろすと、絨毯は南北と東西に伸びる二次元の平らな表面に見える。しかしパラシュートで飛び降り、絨毯を近くで見ると、その表面は目の詰んだパイル織物になっていることがわかる。小さい綿のループが平たい絨毯の裏地の各ポイントにくっついているのだ。絨毯には大きくて見えやすい二つの次

(a)

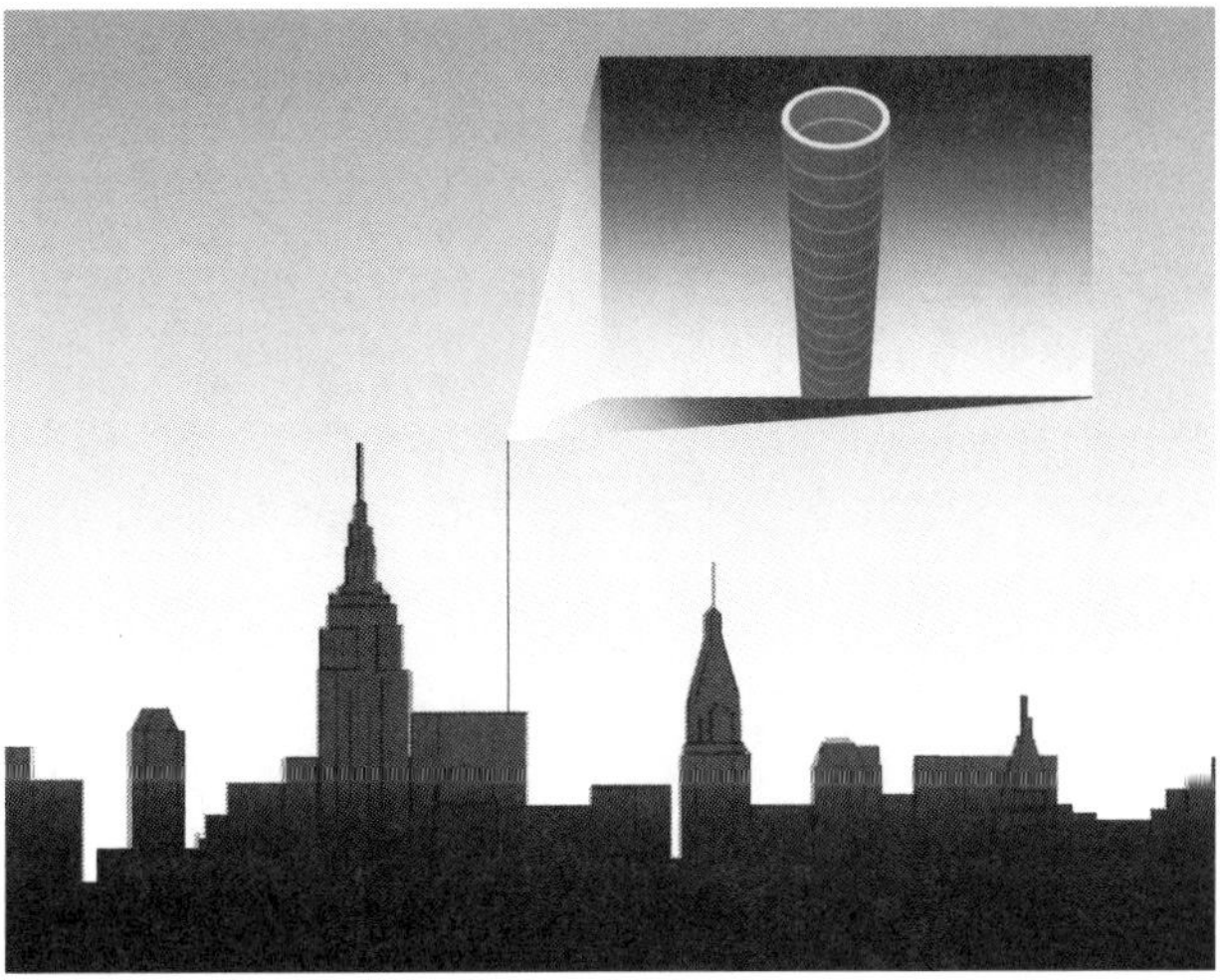

(b)

図4・4 (a) 背の高いストローの表面は２次元である。垂直の次元は長くて見えやすいが、円形の次元は小さくて見つけにくい。**(b)** 巨大な絨毯は３次元である。南北と東西の次元は大きくて見えやすいが、円形の部分、つまり絨毯のパイルは、小さいために見つけにくい。

元（南北と東西）だけでなく、見つけにくい一つの小さい次元（丸いループ）もある（図4・4b参照）。

カルツァとクラインの提案は同じような違い、つまり大きくて見えやすい次元と、小さいので見えにくい次元の違いが、宇宙の構造そのものに当てはまる可能性を示唆した。私たちがみな、おなじみの空間の三次元を認識しているのは、その広がりがストローの垂直次元や絨毯の南北と東西の次元のように、非常に大きい（おそらく無限だ）からである。しかし、空間の余剰次元がストローや絨毯の丸い部分と同じように、だが桁はずれに小さく――一つの原子の何百万分の一、何億分の一も小さく――丸まっていたら、目の前に繰り広げられている見慣れた次元と同じようにどこにでもあるのに、最新鋭の強力な拡大装置を使っても、いまだに見つけられていない可能性がある。次元はまさに雲隠れしてしまうのだ。このようにしてカルツァ＝クライン理論は始まり、私たちの宇宙は日常的に経験する三つより多くの空間次元をもっていると述べている（図4・5）。

このように考えると、「余剰の」空間次元に関する提案はどんなになじみがなくても、でためではないと認められる。これは幸先のよいスタートだが、重大な疑問がわく。なぜ一九二〇年代に、そのような奇妙な考えを起こした人がいたのだろう？　カルツァがその気になった原因は、アインシュタインの一般相対性理論が発表された直後に、彼が得た洞察にある。彼は――文字ど

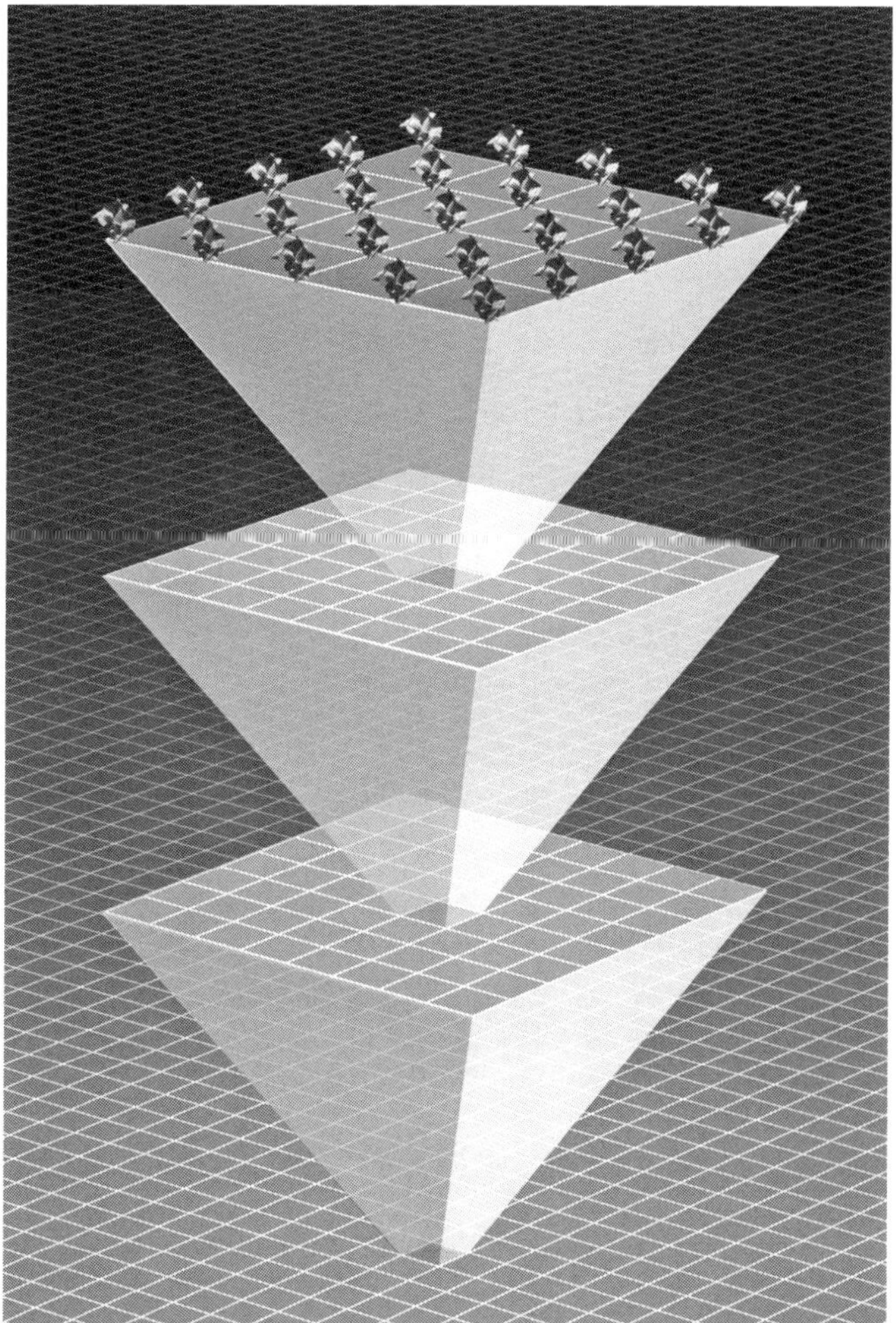

図4・5　カルツァ＝クライン理論では、おなじみの３つの大きな空間次元の各点に、小さい余剰空間次元がくっついているという仮定を置く。空間構造を十分に拡大できれば、仮説上の余剰次元が見えるようになるだろう（見やすい図にするために、余剰次元は格子点上にのみくっついている）。

おり——たったひと筆ふるえば、アインシュタインの方程式を、空間に追加の次元が一つある宇宙に当てはまるように修正できることに気づいたのだ。そして修正した方程式を解析したところ、その結果にあまりに感激して、カルツァはふだんのひかえめな態度をかなぐり捨て、両手で机をバンバン叩き、いきなり立ち上がって、『フィガロの結婚』のアリアを歌いだしたと、彼の息子が語っている[10]。修正された方程式のなかには、おなじみの三次元空間と一次元時間における重力を記述するのに、アインシュタインがすでにうまく使っていたものが見つかった。しかし新しい定式化には追加の空間次元が含まれていたので、カルツァは追加の方程式もつくり出している。そしてこの方程式は驚くべきことに、実際に導き出してみると、ほかでもないマックスウェルが半世紀前に発見した電磁場を記述する式だったのである。

　カルツァは、追加の空間次元がある宇宙では、重力と電磁力がどちらも空間の波という観点から記述できることを明らかにした。重力がおなじみの三次元空間を波のように伝わるのに対し、電磁力は四番めの空間次元でさざ波を立てる。カルツァの提案で未解決の問題は、この第四の空間次元がなぜ私たちには見えないのかを説明することだった。そしてここでクラインの出番となる。彼は先ほど説明した解決策を提示したのである。すなわち、私たちが直接経験できない次元は、もし十分に小さければ、私たちの感覚器官や装置ではとらえられないのだ。

　一九一九年、統一のための余剰次元という提案を知って、アインシュタインの心は揺れた。統一という夢を前進させる枠組みには感動したが、そのようなとっぴなアプローチには踏み切れない。カルツァの論文発表を延期させながら、二、三年のあいだ熟慮したすえ、アインシュタインはとうとうその考えに乗り気になり、隠れた空間次元の最強の擁護者となった。統一理論に向けた自身の研究のなかで、彼は何度もこのテーマに立ち返っている。

アインシュタインの支持を得たにもかかわらず、その後の研究で、カルツァ＝クライン計画は多くの難関にぶつかった。なかでもとくに困難だったのは、電子のような物質粒子の詳細な性質を、その数学的構造に組み込めなかったことである。この問題を回避する賢明な方法のほか、もともとのカルツァ＝クライン提案を一般化したり修正したりするさまざまな案も、二、三〇年のあいだ断続的に追求されたが、落とし穴のない枠組みが出てこなかったため、一九四〇年代半ばまでに、余剰次元による統一というアイデアは、ほぼあきらめられていた。

それから三〇年後、ひも理論が登場した。ひも理論の数学は、四次元以上の宇宙を可能にした、というよりむしろ、それを必要とした。こうしてひも理論は、カルツァ＝クライン計画を引っ張り出すための、格好の舞台を新たに用意した。「ひも理論が待望の統一理論であるなら、その理論の必要とする余剰次元が私たちに見えなかったのはなぜなのか？」という疑問に対して、カルツァ＝クラインは数十年にわたって、次元は私たちの周囲一帯にあるのだが、小さすぎて見えないのだと答えてきた。そしてひも理論がカルツァ＝クライン計画を復活させ、一九八〇年代半ばまでには世界中の研究者が、遅かれ早かれ——とりわけ熱心な擁護者によれば早いうちに——ひも理論がすべての物質とすべての力に関する完璧な理論を提供すると信じる気になっていた。

大いなる期待

ひも理論が誕生したばかりのころ、あまりに猛烈な勢いで進歩したため、展開すべてについていくのはほぼ不可能だった。当時のムードを、科学者たちが新たに発見された量子の世界になだれ込んだ、一九二〇年代のそれになぞらえる人も多かった。それほどの興奮状態だったことを考えると、ひも理論による基礎物理学の主要問題の早期解決に言及した理論家がいたことも理解できる。重力と量子力学の融合、自然界のあらゆる力の統一、物質の特性の説明、空間次元の数の決定、ブラックホール特異点の解明、そして宇宙の起源の解決といった問題が片づくというのだ。しかしベテラン研究者が予想したとおり、そのような期待は時期尚早だった。ひも理論は非常に厚みがあり、多岐にわたり、数学的に複雑なので、当初の興奮から三〇年たった今日《こんにち》までの研究では、探究の道のりの途中までしか到達していない。そして量子重力の領域が、現在私たちが実験で把握できるものの一〇〇〇億分の一の一〇億分の一という、微小スケールの彼方にあることを考えると、冷静に評価すれば道のりは長いと予想される。

私たちはその道のりのどのあたりにいるのだろう？　本章ではこのあと、数多くの重要な分野における最先端の知識を概観し（並行宇宙というテーマに関係する事柄の詳細な議論は次章以降にとっておき）、今日までの成果といまだにのしかかる難題を評価していくつもりだ。

ひも理論と粒子の性質

あらゆる物理学においてもっとも深遠な問題の一つは、自然界の粒子はなぜ現状の性質をもっているのか、である。たとえば、なぜ電子はその特定の質量をもち、なぜアップクォークはその特定の電荷をもっているのか？　この疑問が注目を集めるのは、それ自体が興味深いから、ということもあるが、私たちが先ほどそれとなく触れた興味深い事実のせいでもある。もしも粒子の性質が違っていたら――たとえば電子がわずかに重かったり軽かったりしたら、あるいは電子間の電気斥力《せきりょく》が強かったり弱かったりしたら――太陽などの恒星に力を与える核過程は途切れていただろう。星がなければ、宇宙はまったく違う場所になる。[11]とくに、太陽の熱と光がなければ、地球上の生命をもたらした一連の複雑な出来事は起こっていなかっただろう。

ここで私たちは大きな難題にぶつかる。ペンと紙、おそらくコンピューター、そしてもてる限りの物理法則に関する知識を駆使して、粒子の性質を計算し、測定値と一致する結果を見つけよう。もしこの難題に対処できれば、宇宙がなぜ今あるとおりなのかを理解するために、もっとも大きな一歩を踏み出したことになる。

場の量子論では、この難題を克服できない。永遠に。場の量子論は、測定された粒子の性質を入力データとして必要とする——この特徴は理論の定義の一部である——ので、粒子の質量および電荷として広範囲の値をすんなり受け入れる。[12] 電子の質量や電荷が私たちの世界のそれより大きかったり小さかったりする架空の世界でも、場の量子論は問題なく通用する。理論の方程式に含まれるパラメーターの値を調整するだけのことだ。

ひも理論ならもっとうまく行くのだろうか？

ひも理論のもっとも美しい特徴の一つ（そして私がこの理論を学んだときにもっとも感動したところ）は、粒子の性質が余剰次元の大きさと形で決まることだ。ひもは非常に小さいので、私たちが日常的に経験する大きい三つの次元で振動するだけではなく、小さく丸まった次元でも振動する。管楽器に吹き込まれた空気の流れにはその楽器の幾何学的形状で決まる振動パターンがあるように、ひも理論のひもにも、丸まった次元の幾何学的形状で決まる振動パターンがある。そしてひもの振動パターンが粒子の質量や電荷のような性質を決めることを考えると、これらの性質は余剰次元の形によって決まることがわかる。

というわけで、ひも理論の余剰次元が正確にどう見えるかがわかれば、振動するひもの詳細な性質、ひいてはひもが振動して生む基本粒子の詳細な性質を、もう少しで予測できるところまで近づくことになる。かねてからの障害は、余剰次元の正確な幾何学的形状を誰も解明できていな

図4・6　ひも理論における空間構造の拡大図。丸まってカラビ＝ヤウ図形になっている余剰次元の例が示されている。絨毯のパイルと裏地のように、カラビ＝ヤウ図形はおなじみの大きい３次元空間（２次元の格子で表わされている）の各地点にくっついているが、見やすいように図形は格子点上にのみ示されている。

いことだ。ひも理論の方程式は余剰次元の形状に数学的な制限を設けるので、その形状はカラビ＝ヤウ図形（または数学用語でカラビ＝ヤウ多様体）と呼ばれるものに属していなくてはならない。この図形は、ひも理論にとって重要であることが明らかになるずっと前に、その性質を調べたエウゲニオ・カラビとシン＝トゥン・ヤウという数学者にちなんで名づけられた（図４・６参照）。問題は、カラビ＝ヤウ図形が一つではないことだ。そして異なる楽器が異なる音を生み出すように、大きさと形が（さらには次章で出会うもっと詳細な特徴も）異なる余剰次元は、異なるひもの振動パターンを生み出し、ひいては異なる粒子の性質を生じさせる。余剰次元の仕様書が一つに定まらないことが主な原因で、ひも理論は決定的な予測をすることができないのだ。

一九八〇年代半ばに私がひも理論に取り組み始め

たとき、知られているカラビ＝ヤウ図形はほんのひと握りで、既知の物理学との合致を探して一つひとつ検討していくというのも、想像の枠内の作業と言えた。私の博士論文は、ごく早いうちにこの方向へと踏み出したものだった。二、三年後、私が（カラビ＝ヤウのヤウのもとで研究する）博士研究員だったとき、カラビ＝ヤウ図形の数は二、三〇〇〇にまで増え、しらみつぶしに分析するのはいっそう困難になった――しかしそのためにこそ大学院生がいるのだ。ところが時間の経過とともに、カラビ＝ヤウ図形一覧表のページ数はどんどん増えていく。第5章で見るように、今では浜辺の砂粒よりも数が多い。どこのどんな浜辺よりも、はるかに多い。余剰次元になる可能性をいちいち数学的に分析するなど問題外だ。そのためひも理論家たちは、「これだ」という特定のカラビ＝ヤウ図形を選び出してくれる理論からの指令を探し続けている。今のところ成功した者はいない。

そういうわけで、基本粒子の性質を説明することに関しては、ひも理論はまだ約束を果たしていない。その意味で、今のところ場の量子論に比べて進歩してはいないのだ[13]。

しかし忘れないでほしい。ひも理論が秀でているのは、二〇世紀の理論物理学が抱えていた例の中心的ジレンマ、すなわち、一般相対性理論と量子力学の激しい対立を、解決できることなのだ。ひも理論のなかでは、一般相対性理論と量子力学がついに平和に合体する。そこにこそひも理論による決定的な進歩があり、私たちは場の量子論の標準的手法を混乱させていた、きわめて重大な障害を乗り越えることができる。ひも理論の数学に対する理解が深まって、余剰次元の固有の形、すなわち、観測されている粒子の性質すべてを説明できる形を選び出すことができれば、それは画期的な勝利と言える。しかしひも理論がこの難題に立ち向かえる保証はない。ひも理論がそうする必然性もない。場の量子論は大きな成功を収めたという称賛は正しいが、この理論は基本粒子の性質を説明できない。ひも理論も同様に粒子の性質を説明することができないとしても、重力を受け入れることによって、ひとつの重要な尺度で場の量子論に勝るのであれば、それだけでも歴史的価値のある快挙だ。

実は第６章で検討することなのだが、ある最近のひも理論解釈が示唆するように、並行宇宙で満ちた宇宙では、余剰次元の唯一無二の形を数学が選び出してくれると望むのは、率直に言って間違いかもしれない。むしろ、ＤＮＡのさまざまな形が地球上の多種多様な生命をもたらすのと同じように、余剰次元のさまざまな形が、ひもにもとづく多宇宙が存在する多種多様な宇宙をもたらすかもしれない。

ひも理論と実験

典型的なひもが、図４・２に示されているくらい小さいのであれば、その伸びた構造——まさに点とひもを区別する特徴——を調べるには、大型ハドロン衝突型加速器の一〇億倍の一〇〇万倍も強力な加速器が必要になるだろう。既知の技術を使うとすると、そのような加速器は銀河ほどの大きさになり、世界全体に一〇〇〇年間電力を供給できるくらいのエネルギーを毎秒消費するだろう。技術の目覚ましい躍進がなければ、私たちの加速器で手が届く比較的低いエネルギーでは、ひもが点状粒子であるかのように見えることは確実である。私が先ほど強調した理論的事実を、実験の観点から説明するとこうなるのだ。低エネルギーでは、ひも理論の数学が場の量子論の数学に変わってしまう。そのため、たとえひも理論が真に基礎をなす理論でも、私たちに手の届くさまざまな実験においては、場の量子論になりすますだろう。

これは好都合だ。場の量子論は、一般相対性理論と量子力学を結びつける力も、自然界の粒子がもつ基本的性質を予測する力もないが、ほかの数多くの実験結果を説明することができる。どうやって説明するかと言うと、測定された粒子の性質を入力データ（場の量子論における場とエネルギー曲線の選択を左右する入力データ）として取り込み、場の量子論の数学を用いて、一般的に加速器を使って行われるほかの実験で、その粒子がどう振る舞うかを予測するのである。結果は非常に正確であり、だからこそ何世代にもわたって粒子物理学者たちは、場の量子論を基本アプローチにしているのだ。

場の量子論における場とエネルギー曲線の選択は、ひも理論における余剰次元の形の選択に等しい。しかし、ひも理論が直面している固有の難題は、余剰次元の形と（質量や電荷のような）

粒子の性質を結びつける数学が、途方もなく複雑だということである。そのため、逆算すること——場の量子論で実験データから場とエネルギー曲線の選択肢を導き出すように、実験データを使って余剰次元の選択肢を導き出すこと——が難しい。いつの日か、理論をうまく操って、実験データを用いてひも理論の余剰次元の形を決めることができるかもしれないが、今はまだできない。

であれば、近い将来の話として、ひも理論をデータと結びつけるもっとも確かな道は、従来の手法を使った説明も受け入れられるが、ひも理論を使ったほうがはるかに自然で説得力のある説明になる、そういう予測を探すことだ。私がこの文章を打ち込むのにつま先を使っているという理論をあなたは立てるかもしれないが、それよりはるかに自然で説得力がある——そして私が正しいと証言できる——のは、私が手の指を使っているという仮説である。表４・１に要約された実験に同様の考え方を応用して、ひも理論を支持する状況証拠をそろえることができる。

大型ハドロン衝突型加速器による素粒子物理学実験（超対称性粒子や余剰次元の証拠の探求）から、机上の実験（一〇〇〇分の一ミリのスケールで引力的重力の強度測定）、そして天文観測（ある特定の種類の重力波や、宇宙マイクロ波背景放射の細かい温度変動の探求）まで、さまざまな試みが行われている。表は個々のアプローチを説明しているが、総合的な評価を要約するのは簡単だ。これらの実験から出る肯定的な兆候は、ひも理論に頼らないでも説明できる。たとえば、超対称性の数学的枠組み（表4・1の最初の項を参照）はもともと、ひも理論の理論的研究によって発見されたが、それ以降、ひも理論でないアプローチに組み込まれている。したがって超対称性粒子の発見は、ひも理論を断片的に裏づけるが、決定的な証拠にはならない。同様に、空間の余剰次元にはひも理論に自然なよりどころがあっても、これもまたひも理論でない提案の一部になりえるのはもうわかっている――カルツァはこのアイデアを提案したとき、ひも理論について考えていなかったことが、そのいい例である。したがって表4・1にあるアプローチのもたらす結果としてもっとも好ましいのは、ひも理論というパズルのピースがきちんとはまることを示す肯定的な結果が連続して出ることだろう。そのような肯定的結果の積み重ねと比べると、ひも理論でない説明は、つま先でキーボードを打つという予想のように、こね回しすぎになる。

一方、否定的な実験結果から得られる情報のほうは、ちっとも役に立たない。超対称性粒子が発見されないのは、それが存在しないということかもしれないが、大型ハドロン衝突型加速器でも生み出せないくらい重いのかもしれない。余剰次元の証拠が見つからないのは、それが存在しないということかもしれないが、私たちの技術では見つけられないくらい小さいのかもしれない。微小なブラックホールが見つからないのは、重力が短いスケールでは強くならないということかもしれないが、私たちの加速器の力不足で、重力の強さがかなり増す極微《ごくび》の領域まで十分深く掘り下げられていないという見方もできる。重力波や宇宙マイクロ波背景放射の観測でひもの痕跡

表4・1　ひも理論とデータを結びつける可能性がある実験と観測

実験・観測	説　明
超対称性	超ひも理論の「超」は、数学的特徴である超対称性を意味する。この言葉の意味するところは単純で、知られている種類の粒子すべてに、同じ電気力と核力の性質をもつ相棒の粒子があるはずだというのである。これらの粒子が今まで見つかっていないのは、既知の相棒よりも重いので、月並みな加速器の力が及ばないところにあるからだと、理論家は推測している。大型ハドロン衝突型加速器は、そのような粒子を生み出すだけのエネルギーを出す可能性があるので、私たちはまさに自然界の超対称性を明かそうとしているのかもしれないという期待が広がっている。
余剰次元と重力	空間は重力を伝える媒質なので、次元が増えれば重力が広がる領域も増える。そして、１滴のインクがタンクの水のなかに広がるとどんどん薄くなるのと同じように、重力が追加された次元に広がるにつれて、その強さは薄くなると考えられる――これで重力が弱く見える理由の説明がつく（あなたがコーヒーカップを取り上げるとき、あなたの筋肉は地球全体の引力的重力に打ち勝つ）。余剰次元のサイズより短い距離に働く重力の強さを測定できれば、完全に広がる前にとらえることになるので、もっと強いことがわかるはずだ。今のところ、ミクロン（10^{-6}メートル）程度の短いスケールでの測定では、３次元空間の世界を基準にした予想とのずれは発見されていない。物理学者がこの実験の距離スケールをもっと短くして、ずれが発見されれば、それは追加の次元を支持する有望な証拠になるだろう。
余剰次元と失われたエネルギー	余剰次元は存在するがミクロンよりはるかに小さいのであれば、重力の強さを直接測定する実験ではとらえられない。しかし大型ハドロン衝突型加速器には、その存在を明らかにする別の方法がある。高速で運動する陽子間の正面衝突によって生じる破片は、私たちにおなじみの大きい次元から追い出されて、ほかの次元に押し込まれることが考えられる（そこでは、このあと検討する理由によって、破片は重力の粒子、すなわち重力子になる可能性がある）。もしそうなれば、破片はエネルギーをもち去るので、結果的に衝突のあとの検出器には、前に示されたエネルギーより少し少ないエネルギーが記録されるだろう。そのような失われたエネルギーのしるしは、余剰次元が存在することを示す強力な証拠になりうる。

実験・観測	説　明
余剰次元と小さなブラックホール	ブラックホールは普通、核燃料を使い尽くして自らの重さで潰れた巨大な恒星の残骸として説明されるが、これはあまりにも限定的な説明である。十分に圧縮されれば、どんなものでもブラックホールになる。そのうえ、重力が短い距離間で作用すると強くなるような余剰次元があれば、重力が強いということは、同じ引力を生み出すのに少ない圧縮ですむということなので、ブラックホールの形成が容易になる。たった２つの陽子でも、もし大型ハドロン衝突型加速器が引き起こすほどの猛スピードで衝突すれば、十分なエネルギーを十分に小さい体積に詰め込んで、ブラックホールを形成できるかもしれない。ほんの小さなブラックホールであっても、間違いようのない痕跡を残すだろう。スティーヴン・ホーキングの研究に端を発した数学的解析によると、小さいブラックホールは速やかに崩壊し、もっと軽い粒子のしぶきになるが、その痕跡は衝突型加速器の検出器で拾えると考えられる。
重力波	ひもはとても小さいが、なんとかして１つ捕まえられれば、それを大きく広げることができる。10^{20}トンを超える力をかける必要があるが、ひもを広げるには十分なエネルギーを与えさえすればよい。そのようにひもを広げるためのエネルギーが天体物理過程によって供給されて、空間を漂う長いひもが生まれる可能性のあるエキゾチックな状況が、理論家によって発見された。たとえはるか彼方でも、これらのひもを検出できる可能性がある。長いひもが振動すると時空にさざ波――重力波と呼ばれる――が立つが、その波はとても特徴的な形なので明確な観測特性になることが、計算によって明らかになっているのだ。遅くともこれから2、30年以内に、地球――と資金が許せば宇宙――に設置された高感度の検出器が、このさざ波を測定できるかもしれない。
宇宙マイクロ波背景放射	宇宙マイクロ波背景放射が量子物理学を探索できることは、すでに判明している。測定される放射の温度差は、空間膨張によって大きく広がった量子ゆらぎから生まれる（しぼんだ風船に走り書きした小さなメッセージが、風船をふくらませると見えるようになるというたとえを思い出してほしい）。インフレーションで空間が途方もなく伸張するので、ひもによって押されたもっと小さい印影でも、十分に引き伸ばされて――ひょっとすると欧州宇宙機関のプランク衛星によって――検出できるかもしれない。成功するか失敗するかは、ひもが宇宙の最初の瞬間にどう振る舞ったかの詳細――しぼんだ宇宙風船の上に記したメッセージの性質――にかかっている。さまざまなアイデアが練られ、計算が行われている。理論家たちは現在、データが自ら語り出すのを待っている。

が見つからないということは、ひも理論が間違っているということかもしれないが、現在の装置では測定できないほど痕跡が小さいという見方もできる。

したがって今のところ、もっとも有望な肯定的実験結果も、ひも理論が正しいことを決定的に証明することはできそうもないが、否定的な結果も、ひも理論が間違っていることを証明することはできそうもない。[14] しかし間違ってはいけない。余剰次元、超対称性、微小なブラックホール、その他考えられる兆候のどれであれ、その証拠が見つかれば、それは統一理論の探求にとってきわめて重要な瞬間になる。私たちが切り開いてきた数学の道は、正しい方向に向かっているという自信が順当に深まるだろう。

ひも理論、特異点、ブラックホール

幸いなことにたいていの状況では、量子力学と重力は互いに知らん顔をしている。量子力学は分子や原子のような小さいものに、重力は恒星や銀河のような大きいものに適用されているのだ。しかし特異点と呼ばれる領域においては、二つの理論は知らん顔をしてもいられない。特異点とは、実在のものであれ仮説上のものであれ、とにかく極端な物理的環境（莫大な質量、極小のサイズ、とてつもない時空の湾曲、時空構造の穴や裂け目）であり、量子力学と一般相対性理論がめちゃくちゃになって、計算機で何かの数をゼロで割ると出てくるエラーメッセージのような結果が生じてしまう。

重力の量子力学と称されるものの偉業は、特異点を矯正するかたちで量子力学と重力を融合させていることだ。結果として生まれる数学は決して――ビッグバンの瞬間やブラックホールの中心でも[15]――破綻しないはずであり、かくして、長年研究者たちを当惑させてきた状況に良識ある説明が与えられる。ひも理論が飛躍的進歩をとげたのはまさにここであり、増え続ける特異点のリストに対処している。

一九八〇年代半ば、ランス・ディクソン、ジェフ・ハーヴェイ、カムラン・ヴァーファ、エドワード・ウィッテンのチームが、アインシュタインの数学をめちゃくちゃにしてしまうのに、ひも理論には問題を起こさない、空間構造の穴（いわゆるオービフォールド特異点）に気づいた。成功の秘訣は、点状粒子が穴に落ちる可能性があるのに対し、ひもは落ちないことにある。ひもは伸びている物体なので、穴にぶつかったり、穴を取り囲んだり、穴にはまり込んだりする可能性があるが、このような穏やかな相互作用のおかげで、ひも理論の方程式は決して破綻しない。この話が重要なのは、そのような空間の裂け目が実際に生じるからではない――生じるかもしれないし生じないかもしれない。私たちが重力の量子力学に求めるもの、すなわち一般相対性理論と量子力学が単独では対処できない状況を解明する手段を、ひも理論が実現するからである。

一九九〇年代、私がポール・アスピンウォールおよびデーヴィッド・モリスンとともに行った研究、そしてそれとは独立になされたエドワード・ウィッテンの研究成果によって、空間の球状の一部が無限小に圧縮されるさらに強力な特異点（いわゆるフロップ特異点）もまた、ひも理論によって対処できることが立証された。直観的に理解できるよう理屈を述べるとこうなる。ひもは動きながら、フラフープがシャボン玉の周りを回るように、押しつぶされた空間の塊《かたまり》の周囲をまんべんなく回り、その塊を取り囲む防護壁としての役割を果たすことができる。そのような「ひもの盾」が、めちゃくちゃなことになりかねない結果を帳消しにするので、たとえ従来の一般相対性理論の方程式が破綻しても、ひも理論の方程式には悪影響が及ばない——「一割るゼロ」のような間違いが生じない——ことが、計算で示されている。

その後の歳月で研究者たちは、その他のさまざまなもっと複雑な特異点（コニフォールド、オリエンティフォールド、エンハンコンなどと名づけられている）もまた、ひも理論のなかにきちんと収まることを示した。そのため、アインシュタインやボーア、ハイゼンベルクやホイーラー、そしてファインマンに「何が起きているのかまったくわからない」と言わしめ、しかもひも理論が矛盾なく完璧に説明できる状況のリストは、どんどん長くなっている。

これは大きな進歩だ。しかしひも理論に残されている課題は、これまで挙げてきたものよりもっと深刻な、ブラックホールとビッグバンの特異点を矯正することである。理論家たちはこの目標を達成しようと多大の労力を費やし、かなりの進歩をとげている。しかし要点を言うと、このもっとも難解でもっとも問題とされる特異点を完全に理解するには、まだまだ長い道のりがあるのだ。

とはいえ、一つの重要な進展によって、関連するブラックホールの一側面が明らかになっている。第9章で論じるように、ジェイコブ・ベケンスタインとスティーヴン・ホーキングは一九七〇年代に、ブラックホールには専門用語でエントロピーと呼ばれる一定量の無秩序があることを立証した。靴下の引き出しが散らかっていると、中身が何通りにもでたらめに組み合わさる可能性があるのと同じで、基礎物理学によると、ブラックホールが無秩序なら、ブラックホールの構成要素が何通りにもでたらめに並べ替えられる可能性がある。しかし物理学者がどんなに努力しても、ブラックホールへの理解が足りず、考えられる構成要素の並べ替え方を分析することはおろか、構成要素を特定することもできなかった。しかし、ひも理論家のアンドリュー・ストロミンジャーとカムラン・ヴァーファがこの難局を打開する。ひも理論のさまざまな基本要素（そのうちの一部は第5章で紹介する）を用いて、彼らはブラックホールの無秩序の数学モデルをつくったのだ。それはエントロピーの数値尺度を引き出せるほど明快なモデルである。二人が見出した結果は、ベケンスタイン＝ホーキングの答えとぴったり符合した。多くの深い問題（ブラックホールの微視的な構成要素の明確な特定など）は残されたものの、この研究はブラックホールの無秩序を量子力学によって初めて確実に説明したのである。[16]

特異点とブラックホールのエントロピー両方への対処が目覚ましく進歩したおかげで、ブラックホールとビッグバンについて未解決の問題もいずれ克服されると、物理学界は根拠のある自信をもっている。

ひも理論と数学

実験と観測の別を問わず、とにかくデータと結びつくことは、ひも理論が正確に自然界を記述するかどうかを判断する唯一の方法である。この目標はなかなか達成できるものでないことがわかっている。進歩したとは言っても、ひも理論はいまだ完全に数学の仕事である。しかしひも理論は数学を利用しているだけではない。ひも理論のもっとも重要な貢献のなかには、数学に対する貢献もある。

二〇世紀初頭に一般相対性理論を練り上げていたとき、アインシュタインが湾曲した時空を記述するための的確な表現を探して、古い数学の文献をあさったことは有名だ。カール・フリードリヒ・ガウス、ベルンハルト・リーマン、ニコライ・ロバチェフスキーのような往年の数学者たちの幾何学から得た洞察が、アインシュタインの成功の重要な土台となっている。ある意味で、ひも理論は今、新たな数学の発展を促すことでアインシュタインが借りた知恵を返す手伝いをしているのだ。事例はたくさんあるが、ひも理論が収めた数学的業績の雰囲気をよくとらえているものを紹介しよう。

一般相対性理論は、時空の幾何学と私たちが観測する物理のあいだの密接なつながりを立証した。アインシュタインの方程式と、領域内の物質とエネルギーの分布とを合わせると、できあがる時空の形がわかる。異なる物理的環境（異なる質量とエネルギーの配置）は、異なる形の時空を生み出し、異なる時空は物理的に違う環境に相当する。ブラックホールに落ちるとは、どんな感じなのだろうか？　カール・シュヴァルツシルトがアインシュタイン方程式の球対称解を研究するなかで発見した、時空の幾何学を用いて計算しよう。そしてもしブラックホールが急速に回転しているなら？　一九六三年にニュージーランド人数学者のロイ・カーによって発見された、時空の幾何学を使って計算しよう。一般相対性理論では、物理学が陽で幾何学が陰なのだ。

ひも理論は、この結論にひねりを加えている。実在《リアリティ》についての記述は物理的に区別できないにもかかわらず、形は異なる時空がありえることを立証しているのだ。

このことに関して、こう考えることができる。大昔から現代まで、数学では幾何学的空間が点の集まりとしてモデル化されてきた。たとえばピンポン玉は、その表面を構成する点の集まりである。ひも理論が生まれる前には、物質をつくりあげる基本構成要素もまた、点である点状粒子としてモデル化されており、この基本構成要素の共通性が、幾何学と物理学は整合的だと物語っていた。しかしひも理論では、基本構成要素は点ではない。ひもである。このことから、点ではなくループにもとづいた新しい種類の幾何学が、ひも理論物理学と結びつくはずであることがうかがえる。新しい幾何学は、ひも幾何学と呼ばれる。

ひも幾何学がどういうものか感じをつかむために、幾何学的空間を移動するひもを想像しよう。そのひもはここからあそこへと何気なく滑走したり、壁にぶつかったり、急流や渓谷を進んだりと、点状粒子と同じように振る舞える。しかし特定の状況では、ひもはとっぴなことをする可能性もある。空間（あるいは空間の一部）が円筒のような形だと想像しよう。ソーダ缶にかけた輪ゴムのように、ひもはその空間に巻きついて、点状粒子には決してできない配置を実現することもできる。そのような「巻きついた」ひもと「巻きついていない」ひもとでは、幾何学的空間の探り方が異なる。円筒が太くなれば、それを一周しているひもは反応して伸びるが、その表面を滑っている巻きついていないひもは伸びない。このように、ひもがある形のなかを移動しているとき、巻きついているひもと巻きついていないひもとでは、敏感に反応する特徴が異なる。

この観測が興味深いのは、特筆すべきまったく思いがけない結論を導き出すからだ。ひも理論家が発見したのだが、空間の幾何学的形状には特殊なペアがあって、それぞれを巻きついていないひもによって探ると、特徴がまったく異なる。それぞれを巻きついているひもによって探っても、特徴はまったく異なる。しかし――これがおちなのだが――巻きついていないひもと巻きついているひもの両方で探ると、二つの形は区別がつかなくなる。一方の空間で巻きついていないひもがとらえるものを、他方の空間で巻きついているひもがとらえる。逆もまたしかりで、両方そろったひも理論物理学から探り出される全体像はそっくりになる。

そのようなペアをつくる形は強力な数学的ツールになる。一般相対性理論において、何らかの物理的特徴に興味を抱いたら、研究している状況にとって適切な唯一の幾何学的空間を用いて、数学的計算を完成させなくてはならない。しかしひも理論では、物理的に等しい幾何学的形状のペアが存在するということは、新たな選択肢があるということだ——どちらの形を使って必要な計算をするかを選ぶことができる。そして驚くべきは、どちらの形を使っても同じ答えが得られると保証されているのに、答えにたどり着くまでの細かい数学は大きく違う可能性があることだ。さまざまな状況において、一方の幾何学的形状ではとてつもなく難しい数学的計算が、もう一方の形ではとても簡単な計算に変わる。難しい数学的計算を容易にする枠組みは、どれも大変貴重であることは間違いない。

長年にわたって数学者と物理学者は、この難しいものを容易にする辞書を使って、さまざまな未解決の数学の問題で進歩をとげてきた。とくに私が好きなのは、所与のカラビ＝ヤウ図形のなかに（特定の数学的手法によって）詰め込める球の数を数える問題だ。数学者はこの問題にずっと前から興味をもっていたが、もっとも単純なもの以外は、計算が難攻不落であることを知っていた。図４・６のカラビ＝ヤウ図形を例にとろう。球がこの形に詰め込まれるとき、カラビ＝ヤウの一部に何度も巻きつく場合がある。一本の投げ縄がビア樽に何度も巻きつく可能性があるのと同じだ。そこで、たとえば球が五回巻きつく場合、この形のなかに球を詰め込む方法は何通りあるだろうか？　このような質問をされたとき、数学者は咳ばらいをし、つま先をちらりと見て、はずせない約束があるのでと、そそくさとその場を離れなくてはならなかった。しかしひも理論が障害を取りはらってくれた。ペアのカラビ＝ヤウ図形を使って、計算をはるかに容易なものに変えることによって、ひも理論家たちは数学者をびっくりさせるような答えを出したのだ。図４・６［上巻一六三ページ］のカラビ＝ヤウに詰め込まれる五回巻きついた球の数は？　229,305,888,887,625個だ。球が一〇回巻きついている場合は？　704,288,164,978,454,686,113,488,249,750個。二〇回なら？　53,126,882,649,923,577,113,917,814,483,472,714,066,922,267,923,866,471,451,936,000,000個。この数字は前兆だった。そのあと相次いでさまざまな成果が現われ、数学的発見のまったく新たな展望を開いたのである。(17)

というわけで、ひも理論が物理的宇宙を記述するための正しいアプローチを提供するかどうかにかかわらず、ひも理論は数学的宇宙を調査するための強力なツールとして、すでに地位を確立しているのだ。

ひも理論の現状――評価

前の四節をもとに、表4・2にひも理論の現状報告をまとめた。ここまでの本文では明確に触れていない考察もいくつか追加されている。この表にまとめられているのは発展中の理論であり、目を見張るほどの成果を上げているが、もっとも重要な基準ではまだ試されていない。つまり実験による裏づけがないのだ。実験または観測と納得できるつながりができあがるまでは、ひも理論は空論の域を出ない。そのようなつながりを確立するのは大仕事である。しかし難題が課されるのは、ひも理論に限ったことではない。重力と量子力学を統一しようとする試みはすべて、最先端の実験研究の域をはるかに超えている。そのような途方もなく野心的な目標に取り組むというのはそういうことなのだ。過去二、三〇〇〇年にわたって人間が考え続けてきたもっとも深遠な疑問に対する答えを求めて、根本的な知識の限界を押し広げることは、恐ろしいほどの大事業であり、一夜で完了することはありえない。数十年でもかなわない。

最新の状況を評価するにあたって、どうしても欠かせない次のステップは、理論の方程式をもっとも正確で有用で包括的なかたちに統合することだと、多くのひも理論家が主張する。一九九〇年代半ばまでの最初の二〇年、ひも理論研究の多くは近似式を用いて行われた。近似式はこの理論の大ざっぱな特徴を明かすことはできるが、厳密な予測をするには粗《あら》すぎると確信する人が多かった。これから見ていく最近の進歩によって、ひも理論に対する理解は近似的な手法で到達できる範囲をはるかに超えた。決定的な予測はいまだに難しいが、新しい視点が浮かび上がって

表4・2　ひも理論の現状報告のまとめ

目　標	目標は必要か？	現状評価
重力と量子力学を統合する	必要。いちばんの目標は一般相対性理論と量子力学を融合することである。	優。さまざまな計算と洞察が、ひも理論は一般相対性理論と量子力学をうまく融合させていることを立証している（注18）。
すべての力を統一する	不要。重力と量子力学の統一には、自然界のほかの力とのさらなる統一は必要ない。	優。必要ではないが、完全な統一理論は物理学研究の長年の目標である。ひも理論はすべての力を同じ方法で――力の量子は特定のパターンで振動するひもであると――記述することにより、この目標を達成している。
過去の研究から重要な大発見を取り入れる	不要。原理的には、成功する理論が過去に成功した理論と似ている必要はない。	優。進歩は必ずしも漸進的ではないが、たいていはそうであることを歴史が示している。新しい理論の成功は一般に、過去の成功を限定的なケースとして受け入れている。ひも理論は、以前に成功を収めた物理学の枠組みから、根幹をなす重要な大発見を取り入れている。
粒子の性質を説明する	不要。これは高尚な目標であり、達成されれば深いレベルの説明が可能になるだろう――しかし量子重力理論の成功には求められない。	不確定、予測なし。ひも理論は場の量子論を超えて、粒子の性質を説明する枠組みを提供する。しかし今のところ、この可能性は実現していない。余剰次元に考えられる多種多様な形は、粒子の性質として多種多様なものが考えられることを意味する。その多くのなかからひとつの形を選ぶのに利用できる手段は今のところない。

目　標	目標は必要か？	現状評価
実験による裏づけ	必要。理論が自然界を正しく記述しているかどうかを判断する唯一の方法である。	不確定、予測なし。これはもっとも重要な基準である。今のところ、ひも理論は検証されていない。楽観主義の人たちは、大型ハドロン衝突型加速器での実験と、衛星に設置された望遠鏡による観測で、ひも理論はデータにぐっと近づく可能性があると期待している。しかし現在の技術がこの目標を達成できるほど精密であるという保証はない。
特異点を矯正する	必要。重力の量子力学は、たとえ原理の上だけでも物理的に実現しうる状況で発生する、特異点を解明しなくてはならない。	優。非常に大きな進歩をとげ、さまざまな特異点がひも理論によって解明されている。ただしまだブラックホールとビッグバンの特異点に取り組む必要がある。
ブラックホールのエントロピー	必要。ブラックホールのエントロピーは、一般相対性理論と量子力学が相互作用する特徴的な環境である。	優。ひも理論は1970年代に提案されたエントロピーの公式を明確に計算し、立証することに成功した。
数学への貢献	不要。正しい自然界の理論は数学的洞察を生むという要件はない。	優。ひも理論の正当性を立証するために数学的洞察は必要ないが、重要な洞察がいくつもこの理論から出てきて、その数学的基礎の深さを明らかにしている。

いる。その源となった一連の大発見は、この理論の潜在的な意味合いに対して新たに壮大な展望を開いたのだ。そしてそこには、新しい多様な並行宇宙も含まれる。

第5章　近所をうろつく宇宙
――ブレーン多宇宙とサイクリック多宇宙

何年も前のある夜遅く、私はコーネル大学の自分のオフィスで、翌日の午前に行う一年生の物理学の期末試験を作成していた。上級クラスだったのである程度難しい問題を出して、少し発奮させたかった。しかしもう遅い時間だったうえに腹も空いていたので、私はいろいろな案を慎重に検討するのではなく、たいていの学生がすでに取り組んだことのある標準的な問題を手早く修正し、試験問題に書き入れて、帰宅してしまった（詳しいことはあまり関係がないが、その問題は、壁に立てかけられている梯子《はしご》が足場を失って倒れるときの動きを予測するものだった。私は標準問題の修正として、梯子の密度を長さに沿って変化させた）。あくる日、試験の最中に解答を書き始めてみると、自分が加えた一見ちょっとした修正のせいで、問題がやけに難しくなっていることに気づいた。もとの問題はたぶん半ページで解答できただろう。しかしこの問題には六ページかかった。確かに私はいろいろと書く。しかし要点はおわかりだろう。

このささやかなエピソードが語っているのは、例外ではなくむしろ普通のことだ。教科書の問題はきわめて特殊であり、そこそこ努力すれば完全に解けるよう入念に考えられている。しかし教科書の問題を、前提を変えたり単純化を省いたりして少しでも修正すると、すぐに複雑になったり解けなくなったりすることがある。つまり、典型的な現実世界の状況を解析するのと同じくらい難しくなる傾向があるのだ。

事実、惑星の運動から粒子の相互作用にいたるまで、ほとんどの現象はとにかく複雑すぎて、きっちり正確に数学で記述することができない。むしろ理論物理学者の仕事は、本質的な要素を細かくとらえていながら扱いやすい数学的定式化をつくり出すために、特定の状況で複雑に絡まっている問題のどこを切り捨てられるか、見きわめることである。地球の進路を予測するにあたっては、太陽の重力を考慮に入れたほうがいい。月の重力も考慮したほうがなおいいが、数学が格段に複雑になってしまう（一九世紀にフランス人数学者のシャルル＝ウジェーヌ・ドローネーが発表した、太陽と地球と月の引力による動きの複雑さに関する論文は、各九〇〇ページで二巻にわたった）。さらにほかの惑星すべての影響を十分に説明しようとすると、解析はにっちもさっちもいかなくなる。幸い、太陽系のほかの天体が地球の運動に与える影響は取るに足らないので、太陽以外の影響を切り捨てても差し支えない場合が多い。そのような近似法は、私が先ほど述べた「物理学の技は無視するべきものを見きわめることにある」という主張を説明するよい例だ。

しかし実践的な物理学者はよく知っているとおり、近似法は進歩するための強力な手段になるだけではなく、場合によっては危険も招く。ある疑問に答えるときは取るに足らない問題が、別の疑問の答えにとっては驚くほど重要な場合があるのだ。一滴の雨粒は巨岩の重さにほとんど影響しない。しかし、もしその巨岩が高い崖の縁でぐらついているとしたら、雨粒が巨岩を転落させて崩壊を引き起こす可能性は十分にある。雨粒を軽視する近似法は、決定的な要素を見落としてしまうだろう。

一九九〇年代半ば、ひも理論家たちはこの雨粒に似たものを発見した。ひも理論を解析するために広く使われているさまざまな数学的近似法が、いくつかのきわめて重要な物理現象を見過ごしていることに気づいたのだ。より精度の高い数学的手法が開発され応用されるようになると、ひも理論家はついに近似法の域から踏み出すことができた。すると、この理論がもつ数多くの予期せぬ特徴が明らかになった。そのなかには新しいタイプの並行宇宙があり、とくにそのひとつは、実験で手が届く可能性がもっとも高い並行宇宙かもしれない。

近似法を超えて

理論物理学の確立された主要分野――古典力学、電磁気学、量子力学、一般相対性理論など――はどれも、ひとつかひと組の基本方程式によって定義される（これらの方程式を知っている必要はないが、注にいくつか列挙しておいた(1)）。問題は、もっとも単純な条件以外では、その方程式を解くのがとてつもなく難しいことだ。そのため物理学者は決まって単純化という手を使う――たとえば冥王星の重力を無視したり、太陽を完全な球形として扱ったりするのだ。そうすると数学が簡単になり、近似解に手が届くようになる。

長年、ひも理論研究はもっと大きな問題を抱えていた。基本方程式を見つけるだけでも難儀で、物理学者たちは近似的なものしか展開できなかったのだ。しかも近似方程式でさえあまりに複雑なので、解を見つけるためには仮定を単純化せざるをえず、したがって研究は近似値の近似値にもとづいていた。ところが一九九〇年代、事態は大きく好転する。進歩し続けるなかで、大勢のひも理論家が比類ない明晰さと洞察力を示し、近似法の垣根を乗り越える方法を明らかにしたのだ。

この躍進がどういうものか感じをつかむために、週一回抽選が行われる世界的な宝くじを、これから二週にわたって買うことを計画しているラルフが、当たる確率を見事にはじき出したと想像しよう。彼はアリスに、毎週当たる確率は一〇億分の一だから、二週とも買えば当たる確率は一〇億分の二、つまり〇・〇〇〇〇〇〇〇〇二だと話す［訳注　ラルフとアリス夫妻はドラマ《ハネムーナーズ》の登場人物」。するとアリスはうすら笑いを浮かべる。「ええ、それは近いわね、ラルフ」「そうかい、おりこうさん。近いってどういう意味だい？」「つまり、あなたは高く見積もりすぎているの。万が一、一週めで当たっちゃったら、二週めに買っても当たる確率は増えないのよ。だってもう勝っちゃってるんだから。もし二回当たれば確かに持ち金は増えるけど、とにかく当たる確率をはじき出しているのだから、一週めで当たったあと二週めで当たっても関係ないわ。だから正確な答えを出すには、両方とも当たる確率、一〇億分の一×一〇億分の一、つまり〇・〇〇〇〇〇〇〇〇〇〇〇〇〇〇〇〇一を引く必要がある。そうすると最終的な計算は〇・〇〇〇〇〇〇〇〇一九九九九九九九九九になるわね。質問はある？」

したり顔は別にして、アリスのやり方は物理学者が摂動アプローチと呼ぶものの一例である。計算するにあたって、たいていの場合いちばん容易なのは、まずもっとも明白な寄与だけを組み込んでやってみて——これがラルフの出発点である——から、次にアリスの寄与のようにもっと細かいことを含めた第二の試みで、最初の試みの答えを修正する、つまり「摂動《せつどう》させる」ことである。このアプローチを一般化するのは簡単だ。ラルフがこれから一〇週間宝くじを買う計画をしているとしたら、最初の試みによると、どうやら当たる確率は約一〇億分の一〇、〇・〇〇〇〇〇〇〇一である。しかし先ほどの例のとおり、この近似法は当たりが複数回あることを正確に計上していない。アリスが引き継ぐと彼女の第二の試みは、ラルフがたとえば一回めと二回め、あるいは一回めと三回め、あるいは二回めと四回め、といった具合に二回当てる場合をきちんと考慮する。この補正は、アリスが先ほど指摘しているとおり、一〇億分の一×一〇億分の一に比例する。しかしラルフが三回当てるもっと小さい確率もある。アリスの第三の試みはそれも考慮に入れ、一〇億分の一の三乗、〇・〇〇〇〇〇〇〇〇〇〇〇〇〇〇〇〇〇〇〇〇〇〇〇〇一に比例する修正が加わる。第四の試みはラルフがさらに小さい四回当たる確率を考慮する、というふうに続いていく。新たな寄与は前のものよりもはるかに小さく、ある時点でアリスは答えが十分に正確であると見なし、そこで終わりにする。

物理学だけでなくほかのさまざまな科学分野でも、計算はたいていい類似のやり方で行われる。大型ハドロン衝突型加速器のなかで逆方向に進んでいる二つの粒子が衝突しあう確率がどれだけあるのか知りたい場合、最初の試みでは、一回ぶつかって跳ね返ることを考える（このとき「ぶつかる」は直接接触するのではなく、光子のような力を伝える一つの「弾丸」が片方から飛び出して他方に吸収されることを意味する）。第二の試みは粒子が二回ぶつかりあう（粒子から粒子に二つの光子が発射される）確率を考慮する。第三の試みは粒子が三回ぶつかりあう確率を考慮に入れることで、前の二つを補正する。その先も同じように続く（図５・１参照）。宝くじの数がどんどん増えると当たる確率が急落するように、粒子の数がどんどん増えると粒子が相互作用する確率が急激に下がれば、この摂動アプローチはうまく行く。

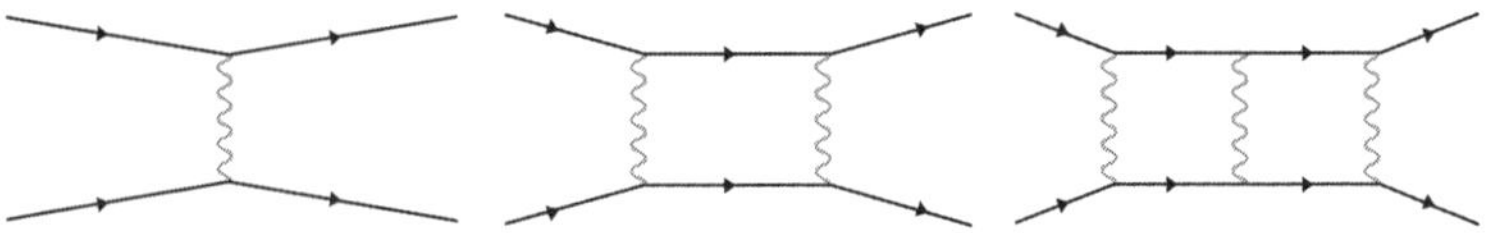

図5・1　２つの粒子（各図では２本の実線の左側）が、さまざまな「弾丸」を発射しあうことによって相互作用し（「弾丸」とは波線で表わされている力を伝える粒子）、そのあと前方に跳ね返る（２本の実線の右側）。各図は、粒子が跳ね返りあう総合的な可能性を示している。弾丸が多くなると、それぞれの過程の寄与は小さくなる。

宝くじの場合、続けて当たる確率は一〇億分の一倍ずつ下がっていく。物理学の例で、続けてぶつかる確率がどれだけ下がるかは、結合定数と呼ばれる数値因子によって決まる。その値は一つの粒子が力を伝える弾丸を発して、相手の粒子がそれを受け取る可能性を表わす。電子のように電磁力に支配されている粒子の場合、光子弾丸の結合定数は約〇・〇七三であることが実験測定によって確定している。(2) 弱い核力に支配されるニュートリノの場合、結合定数は約10^{-6}だ。陽子の構成要素であり、大型ハドロン衝突型加速器を走り回っていて、その相互作用が強い核力に支配されているクォークの場合、結合定数は一よりやや小さい。これらの数字は宝くじの〇・〇〇〇〇〇〇〇〇一ほど小さくないが、たとえば〇・〇〇七三を累乗すると、結果はあっという間にとても小さくなる。一回で約〇・〇〇五三三、二回で約〇・〇〇〇〇〇〇三八九。電子が何度もぶつかりあうことを、理論家がわざわざ説明しないのはなぜか、これで説明がつく。何度もぶつかるとする計算は実行するにはあまりに複雑なうえ、結果として出てくる寄与は非常に小さいので、二つ、三つの光子が発射されるところでやめても、きわめて正確な答えが得られる。

念のために言っておくが、物理学者たちはぜひ正確な結果を求めたいと思っている。数学的処理があまりにも難しい計算が多いため、摂動アプローチが精いっぱいなのだ。幸い、十分に小さい結合定数の場合、近似計算でも実験とほぼぴったり一致する予測が可能である。

同様の摂動アプローチが長いあいだ、ひも理論研究の頼みの綱だった。この理論には、一つのひもが別のひもとぶつかる確率を支配する、ひも結合定数（略してひも結合）と呼ばれる数字がある。理論の正しさが証明されれば、いつの日かひも結合も、先に挙げた結合と同じように測定されるかもしれない。しかし今のところ、そのような測定は純粋に仮説上でしか可能でないので、ひも結合の値は完全に未知である。過去二、三〇年にわたってひも理論家たちは、指針となる実験がないまま、基本的にひも結合は小さい数字であることを前提としてきた。物理学者がらみのジョークではないが、これは酔っ払いがどこかで失くした鍵を、街灯の下で探しているのに少し似ている。なぜなら、ひも結合が小さいおかげで、物理学者たちは計算に摂動解析という明るい光を照らすことができるからだ。ひも理論以前の成功したアプローチも、実際に結合が小さいものが多いので、もっと適切なたとえにするなら、酔っ払いは照明のあるその場所でたびたび鍵を見つけているので、当然のことながら見つける気になっている、ということになる。いずれにしてもその仮定のおかげで多種多様な数学的計算が可能になって、一つのひもが別のひもと相互作用する基本過程が明確になっただけでなく、このテーマの根底にある基本方程式についても多くのことが明らかになった。

もしひも結合が本当に小さいのなら、このような近似計算は、ひも理論の物理過程を正確に反映していると予想される。しかし、もしそうでなかったら？　ひも結合が大きいということは、宝くじや衝突する電子でわかったこととは違って、最初に試みた近似法の精度を次々に高めていくと、寄与がどんどん大きくなっていくので、計算をやめることを正当化できない。摂動法を用いた何千という計算が根拠を失い、積年の研究が崩壊する。さらに懸念をつけ加えるなら、ひも結合が小さくてもほどほどの大きさであれば、少なくとも状況によっては、巨岩を打つ雨粒のような、微妙だがきわめて重要な物理現象を、近似法が見落としていたのではないかという心配もあるだろう。

一九九〇年代初頭まで、このような頭の痛い問題について言えることはあまりなかった。しかし一九九〇年代後半には、その沈黙が鋭い洞察の叫びによって破られた。研究者たちは、双対性と呼ばれるものを利用することによって摂動近似法を超越できる、新たな数学的手法を見出したのだ。

双対性《そうついせい》

一九八〇年代に理論家たちは、ひも理論は一つではなく、五つの異なるバージョンがあることに気づいた。それぞれⅠ型、ⅡA型、ⅡB型、ヘテロO、ヘテロEという覚えやすい名前がついている。今までこの込み入った事情に言及しなかったのは、理論それぞれの細部が異なることは計算で立証されているものの、これまで重点を置いてきた全体的特徴——振動するひもと余剰空間次元——は同じだからである。しかし今ここで、ひも理論の五つのバリエーションが前面に出てくる。

物理学者は長年にわたり、摂動手法に頼って各ひも理論を解析していた。Ⅰ型ひも理論に取り組むとき、結合は小さいと仮定し、ラルフとアリスの宝くじ解析と同じように、試みを重ねる計算をどんどん進める。ヘテロOでも、ほかのどのひも理論でも、取り組むときには同じことをする。しかし、ひも結合が小さいこの限られた領域の外については、研究者たちは肩をすくめて降参し、自分たちが使っている数学は脆弱すぎて、信頼できる見識を提供できないと認めるしかなかった。

しかし事態が変わった。一九九五年春、エドワード・ウィッテンが一連の衝撃的な結果でひも理論界を揺るがした。ウィッテンはジョー・ポルチンスキー、マイケル・ダフ、ポール・タウンゼント、クリス・ハル、ジョン・シュワーツ、アショク・セン、その他大勢の科学者たちの洞察を踏まえて、ひも理論家は小さい結合の領土の外の海上に出ても無事に航行できることを示す、強力な証拠を提示したのだ。その基本的考えはシンプルで説得力があった。ウィッテンの主張によると、ひも理論のどれか一つの定式化に含まれる結合定数をどんどん大きくすると、その理論は――驚いたことに――よく知っているものへと着実に変わっていくという。それはひも理論の別の定式化であり、しかも結合定数がどんどん小さくなっていくのだ。たとえば、I型のひも結合を大きくすると、結合が小さいヘテロOひも理論に変化する。つまり、五つのひも理論はまったく別物ではないのだ。限定された――固有の結合定数値が小さい――状況で吟味すると違うように見えるが、その制限が解かれると、ひも理論それぞれがほかの理論に姿を変える。

私は最近、びっくりするようなグラフィックアート作品に出会った。近くで見るとアルベルト・アインシュタインに見えて、少し離れるとおぼろげになり、遠くから見るとマリリン・モンローに変わるのだ（図5・2参照）。近くか遠くではっきりした画像だけを見ていれば、二つの別々の絵を見ているのだと思って当然だ。しかし中くらいの距離からしっかり画像を吟味すれば、思いがけず、アインシュタインとモンローは一枚の肖像画の二つの様相であることがわかる。それと同様、二つのひも理論を結合定数が小さい極端なケースで検討すると、アインシュタインとモンローほども違うことが明らかになる。ひも理論家が長年そうしていたように、もしもそこでやめれば、研究しているのは二つの別々の理論だという結論に達するだろう。しかし結合定数を

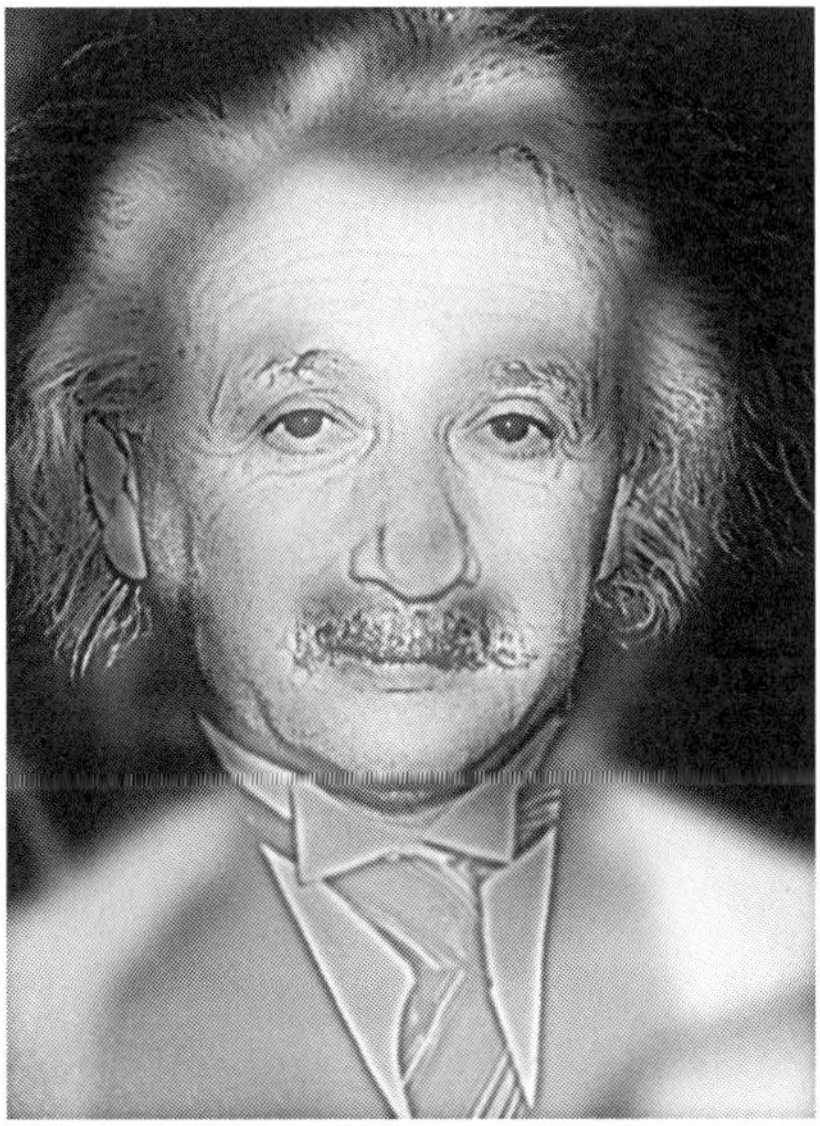

図5・2　近くで見ると、画像はアルベルト・アインシュタインに見える。遠くから見ると、マリリン・モンローに見える（画像はマサチューセッツ工科大学のオード・オリヴァ作成）。

中間域で変化させながら理論を検討すると、アインシュタインがモンローに変化するように、それぞれがだんだん別の理論に姿を変えていることがわかる。

アインシュタインからモンローへの変身はおもしろいだけだが、この、一つのひも理論が別のひも理論へと変わりうるという事実は、変容を促す力がある。この変身が意味するのはこういうことだ。一つのひも理論で結合定数が大きすぎるために摂動計算ができない場合、その計算を、結合定数が小さいので摂動アプローチがうまく行く、別のひも理論の定式化言語にきちんと翻訳することができる。物理学者はこの、直感的には異なる理論間の行き来を双対と呼ぶ。これは現代のひも理論研究にとくに広く浸透しているテーマだ。双対は同一の物理過程に二つの数学的記述をもたらすので、私たちの計算手段は倍になる。一つの観点から見るとおそろしく難しい計算が、別の観点から見ると完全に実行可能になるのだ*。

ウィッテンが主張し、その後ほかの研究者たちが重要な部分を詰めたところによると、五つのひも理論はすべて、そのような双対のネットワークによってつながっているという(3)。五つを包括するM理論と呼ばれる(理由はすぐあとでわかる)理論は、さまざまな双対の関係でつながっている五つの定式化すべてに備わった洞察を結集させ、お互いそれぞれについての理解をはるかに正確なものにする。その洞察の一つが私たちの追究しているテーマのかなめとなっているのだが、それが明らかにするところでは、ひも理論はひもだけの理論ではない。

ブレーン

私がひも理論の研究を始めたときに感じた疑問を、それから何年ものあいだに、大勢の人々から問われてきた。なぜひもはそんなに特別だと考えられるのか? なぜ長さしかない基本的構成要素だけに、焦点が絞られているのか? なにしろ理論そのものが、構成要素の存在する舞台——空間的広がりのある宇宙——に九つの次元を必要としているのだから、なぜ、二次元のシートや三次元の球や、もっと高次元の形の要素を考えないのだろう？　私が一九八〇年代に大学院生として学んだ答え、そして一九九〇年代半ばまでこのテーマで講演をするときにしばしば説明した答えはこうだ。二次元以上の基本構成要素を記述する数学は、（数学的結果として無意味なマイナスの確率をもつ量子過程のような）致命的な矛盾に悩まされる。しかし同じ数学をひもに当てはめると、その矛盾が打ち消されて説得力のある記述になる。**(4) ひもは明らかに別格だったのだ。

いや、そう思われた。

ところが、新たに見つかった計算手法を武器に、物理学者たちは方程式を前よりはるかに正確に解析するようになり、さまざまな予期せぬ結果を導き出した。とくに愕然としたのは、ひも以外のものを除外する論拠は当てにならないことが立証されたときである。理論家たちは、円板や球のような高次元の構成要素を詳しく調べると遭遇する数学的な問題は、用いられている近似法の所産であることに気づいた。かなりの数の理論家がもっと精度の高い手法を使って、ひも理論

＊第４章で余剰次元の異なる形がまったく同じ物理モデルを生む可能性があることについて触れたが、これはその結論を広く一般化したものと考えることができる。

＊＊これは不可解な数学的偶然の産物ではない。むしろ、数学的に厳密な意味でひもはきわめて対称的な形であり、その対称性こそが矛盾を消し去ったのだ。詳細は注４を参照。

の数学の陰にさまざまな次元の構成要素が確かにひそんでいることを立証した(5)。摂動法では大ざっぱすぎて、このような構成要素を明らかにできなかったが、新しい手法がついにそれを実現したのだ。一九九〇年代末までに、ひも理論は単なるひもの理論ではないことが明白になった。

解析によって明らかになったのは、フリスビーや空飛ぶ絨毯のような二次元の形をした物体で、膜《メンブレーン》（membraneはM理論の「M」が意味するところの一つ）、あるいは2ブレーンと呼ばれる。しかしそれだけではなかった。解析は三次元の3ブレーンと呼ばれる物体、四次元の4ブレーンと呼ばれる物体、といった具合に9ブレーンまでの物体を明らかにしたのだ。これらの構成要素はすべてひもと同じように振動したり揺れたりできることを、数学が明らかにしている。実際こうなると、ひもはひもというより1ブレーンなる物体と考えるのが最善である。つまり、リストにしてみたら予想外に長くなった、M理論の基本構成要素のあくまで一つ、というわけだ。

研究者人生の大半をこのテーマに費やしてきた人たちにとって、同じくらい度肝を抜かれる新事実が明らかになった。理論が必要とする空間次元の数は、実は九ではないのだ。一〇なのである。そして時間の次元を合わせると、全部で時空次元の数は一一になる。どうしてこんなことになるのだろう？　第4章で詳述した「(D−10)×問題点」のことを思い出してほしい。ひも理論が一〇次元の時空を必要とするという結論の根拠になっていた、あれである。この方程式を生み出した数学的解析が、これもまた、ひも結合定数は小さいと仮定する摂動近似手法にもとづいていた。なんと驚いたことに、その近似法は理論に必要な空間次元を一つ見逃していたのだ。なぜかと言うと、ウィッテンによれば、これまで知られていなかった一〇番めの空間次元の大きさは、ひも結合定数の大きさで決まるからだ。研究者たちは結合定数を小さくすることで、知らないうちにこの空間次元も小さくしてしまっていた――あまりに小さくしすぎて、ほかならぬひも理論の数学にとっても見えなくなっていたのだ。より精密な手法でこの弱点が修正され、ひも／M理論の宇宙には一〇次元の空間と一次元の時間、合わせて一一次元の時空があることが明らかになった。

一九九五年、南カリフォルニア大学で開催されたひも理論国際会議で、ウィッテンがこれらの成果の一部を初めて発表したとき、放心状態で目を丸くしている顔がそこここに見られたのを、私はよく覚えている。いわゆる第二次ひも理論革命の火ぶたが切られた瞬間だった。* 多宇宙の物語にとって、中心となるのはブレーンである。それを使う研究者たちは、また別の種類の並行宇宙へと導かれていく。

＊第一次革命は、一九八四年にジョン・シュワーツとマイケル・グリーンが発表した成果であり、これで現代版ひも理論が世に送り出された。

ブレーンと並行宇宙

私たちが想像する典型的なひもは超小さいが、まさにその特徴がこの理論の検証をこれほど難しくしている。しかし私は第4章で、ひもは小さいとは限らないことに言及した。正しくは、ひもの長さはそのエネルギーで決まる。電子、クォーク、その他既知の粒子の場合、質量と等価のエネルギーは非常に小さいので、それに相当するひもは本当にごく小さい。しかしひもに十分なエネルギーを注入すれば、長く伸ばすことができる。地球上でそれができるとは言えないが、それは技術上の制約にすぎない。ひも理論が正しければ、高度な文明はひもを好きなサイズに引き伸ばすことができるだろう。自然の宇宙現象も長いひもをつくり出すことができる。たとえば、空間の一部に巻きついたひもが宇宙の膨張に巻き込まれ、その過程で長く伸びる可能性がある。表4・1〔上巻一六九ページ〕にまとめた実験研究の一つは、そのような長いひもがはるか彼方の空間で振動したとき、放たれる可能性のある重力波を探し求めるというものだ。

ひもと同様、高次元ブレーンも大きくなりうる。そしてこのことは、ひも理論が宇宙を記述するためのまったく新しい道を切り開く。私の言いたいことをつかんでもらうために、まず長いひもを思い描いてほしい。頭上の電線のように、見渡す限り遠くまで伸びている長いひもだ。次に、大きい2ブレーンを思い描こう。巨大なテーブルクロスか旗のようなもので、その平面はどこまでも広がっている。どちらも思い描きやすい。なぜなら、それを日常的に経験する三次元のなかに置くことができるからだ。

３ブレーンがとてつもなく大きくて、ひょっとすると無限に大きい場合、状況は変わる。そのような３ブレーンは、私たちがいる空間を満たすだろう。巨大な水槽を満たす水のようなものだ。そのように広くゆきわたって存在するのであれば、３ブレーンはたまたま私たちの三次元空間の内部にある物体としてではなく、空間そのものの基質として思い描くべきだと思われる。魚が水中に生息するように、私たちは空間を満たす３ブレーンに生息しているのではないか。少なくとも私たちがまさに存在している空間は、一般に思われているよりもはるかに物っぽいものなのかもしれない。空間はものであり、対象物であり、実体であり――３ブレーンなのかもしれない。私たちは走ったり歩いたりするとき、生きて呼吸をしているとき、３ブレーンのなかをあちこち動いているのだ。ひも理論家たちはこれを、ブレーンワールド・シナリオと呼ぶ。

ここで並行宇宙がひも理論に登場する。

ここまで３ブレーンと三次元空間の関係に重点を置いてきたのは、私たちが慣れ親しんでいる日常的現実の領域と関連づけたかったからだ。しかしひも理論では、空間は三次元にとどまらない。高次元の広がりには、二つ以上の３ブレーンを収容する余裕がたっぷりある。最初は控えめに、二つの巨大な３ブレーンがあると想像しよう。これを思い描くのは難しいと感じるかもしれない。私も確かにそう感じる。進化のおかげで私たちは、三次元空間のなかに堂々と存在してい

(a)

(b)

図5・3（a） ブレーンワールド・シナリオでは、私たちがこれまで宇宙全体と考えてきたものは、３次元ブレーンのなかに存在すると仮定されている。この図ではイメージしやすいように、次元を１つなくして、ブレーンワールドを２次元として示している。さらに、無限に遠くまで広がる可能性のあるブレーンの、限られた断片だけを示している。**（b）** ひも理論のもっと高次元の広がりは、多くの並行するブレーンワールドを受け入れられる。

て、チャンスや危険をもたらす物体を識別することができる。その結果、ある空間領域のなかに普通の三次元の物体が二つあるところなら、容易に思い描くことができる。しかし、共存しているのに別々で、しかもそれぞれが三次元空間を完全に埋め尽くすことができる、二つの三次元実在物となると、思い描ける人はほとんどいない。というわけで、ブレーンワールド・シナリオの議論をわかりやすくするために、イメージする空間次元を一つなくして、巨大な2ブレーン上の生活について考えよう。そしてイメージをはっきりさせるために、2ブレーンを巨大でとてつもなく薄い食パンと考えてほしい。*

このたとえを有効に活用するために、その食パンには、私たちがこれまで宇宙と呼んできたもの――オリオン星雲、馬頭星雲、かに星雲、天の川銀河全体、アンドロメダ銀河、ソンブレロ銀河、渦巻き銀河など――がそっくりそのまま、どんなに遠くであっても私たちの広大な三次元空間のなかにあるものすべてが、入っていると想像しよう。そのスケッチが図5・3aである。二つめの3ブレーンをイメージするには、もう一枚の巨大な食パンを思い描けばいいだけだ。どこ

＊注意深い人は、一枚の食パンも本当は三次元である（幅と高さだけでなく、厚みから生じる奥行きもある）ことに気づくだろうが、そのことで悩まないでほしい。厚みがあることで、食パンが大きい3ブレーンのイメージ上の代役であることを思い出してくれればいい。

に？ 私たちのパンの隣、少し離れた余剰次元のなかに（図5・3b参照）。三つでも、四つでも、いくつでも、3ブレーンをイメージするのは同じように簡単だ。宇宙の食パンを一枚ずつ追加すればいい。さらに、パンのたとえはブレーンの集まりがすべて整列しているところを強調しているが、もっと一般的な可能性をイメージするのもやさしい。ブレーンはどちらを向いていてもかまわないし、高い低いを問わず、ほかのどんな次元のブレーンでも同じように入れることができる。

ブレーンの集まりはすべて一つのひも／M理論から出現するので、すべてに同じ物理の基本法則が当てはまる。しかし〈インフレーション多宇宙〉の泡宇宙と同じように、ブレーンを満たすさまざまな場の値や、ブレーンを定義する空間次元の数など、細かい環境がその物理的特徴に大きく影響する可能性がある。私たちのものとよく似ていて、銀河や恒星や惑星に満ちたブレーンワールドもあれば、まったく異なるブレーンワールドもあるかもしれない。自己認識のある生きものがいて、私たちと同じように自分たちの食パン――自分たちの空間の広がり――が宇宙全体だと考えたブレーンも、一つではないかもしれない。ひも理論のブレーンワールド・シナリオでは、そう考えるのは視野の狭いものの見方だとわかっている。ブレーンワールド・シナリオでは、私たちの宇宙は〈ブレーン多宇宙〉に存在する数多くの宇宙の一つにすぎないのだ。

〈ブレーン多宇宙〉がひも理論界に初めて提案されたとき、即座に起こった反応はどれも、一つの明白な疑問を表明するものだった。すぐお隣に巨大なブレーンがあり、ご近所と親しくなろうとしている薄切り黒パンよろしく、並行宇宙がそろって近くをうろついているのなら、なぜ私たちにそれが見えないのだろう？

粘着性のブレーンと重力の触手

ひもにはくるっと閉じたループタイプと、両端の開いた切れ端タイプの二つの形がある。この違いにこれまで触れなかったのは、この理論について多くの全般的特徴を理解するためには必須でないからだ。しかしブレーンワールドにとって、ループと切れ端の違いはきわめて重要であり、その理由は簡単な質問で明らかになる。ひもはブレーンから飛び立てるのか？　答え、ループはできるが、切れ端はできない。

著名なひも理論家のジョー・ポルチンスキーが最初に気づいたとおり、すべては切れ端タイプのひもの端点に関係する。ブレーンがひも理論の一部であると物理学者を納得させた方程式は、ひもとブレーンにはとくに親密な関係があることも明らかにした。図５・４に示されているように、ブレーンは切れ端の端点が存在できる唯一の場所である。数学が示すところでは、ひもの端点をブレーンから取りはずそうとすれば、不可能なことを試みることになる。πの値を小さくしたり、２の平方根の値を大きくしたりしようとするようなものであり、物理学で言えば、棒磁石

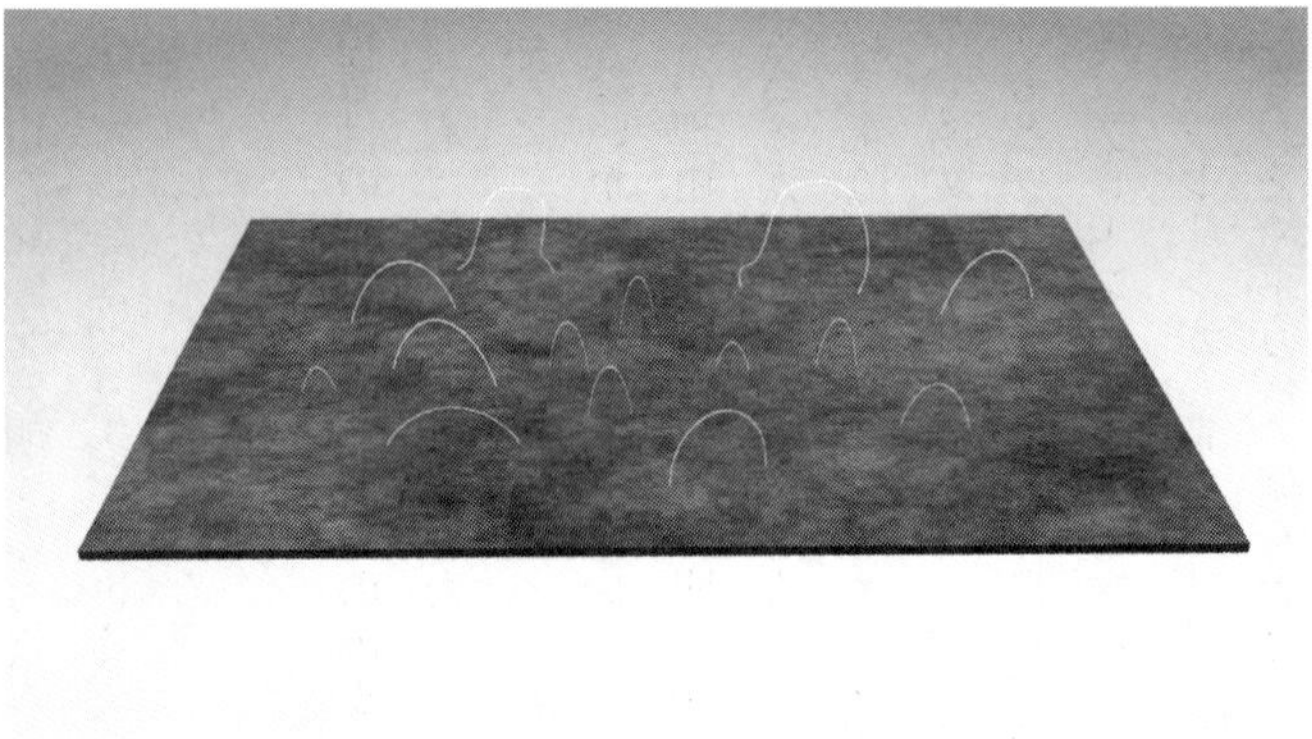

図5・4 ブレーンは切れ端タイプのひもの端点が存在できる唯一の場所である。

の端からN極やS極を取り除こうとするようなものだ。とにかくできない。切れ端タイプのひもはブレーンのなかで自由に動くことができて、ここからそこへと楽々すっと移動できるが、ブレーンを離れることはできない。

この考えがただの興味深い数学にとどまらず、私たちが実際にブレーンの上で生活しているとしたら、あなたは今、ブレーンがひもの端点をつかんでいるものすごい力を直接経験している。３ブレーンから飛び降りようとしてみよう。もう一度、もっと一生懸命やってみて。あなたはまだここにいると思う。ブレーンワールドでは、あなたやほかの普通の物質をつくっているひもは切れ端だ。あなたはブレーンからの抵抗を受けることなく、ぴょんぴょんジャンプしたり、一塁から二塁に野球ボールを投げたり、ラジオから耳に音波を送ったりできるが、ブレーンを離れることはできない。あなたが飛び去ろうとすると、あなたの切れ端ひもの端点が、つねにあなたう。私たちは永遠に閉じ込められていて、外に出てもっと大きな宇宙を探検することはできないだろをブレーンに引きとめる。私たちの現実《リアリティ》は高次元の広がりに浮かぶ厚切りパンかもしれないが、

（続き）

同じイメージが、重力でない三つの力を伝える粒子にも当てはまる。解析によると、そういう粒子もまた切れ端タイプのひもでできている。なかでもとくに注目すべきは、電磁力を伝える光子である。光子の流れである可視光は、この文からあなたの目へ、あるいはアンドロメダ銀河からウィルソン天文台まで、ブレーン中をくまなく自由に旅することができるが、やはりブレーンから逃げ出すことはできない。別のブレーンワールドが数ミリのところをうろついているかもしれないが、光はその隙間を越えられないので、私たちにはそのブレーンワールドの存在が決して見えない。

この点に関してほかと異なる力が一つある。それが重力だ。第4章で触れた重力子の際立った特徴はスピン2である。つまり、切れ端ひもでできている、重力でない力を伝える（光子のような）粒子と比べて、回転が二倍なのだ。重力子の回転が単一の切れ端ひもの二倍であることから、重力子はそのような切れ端二つからできていて、一方のひもの両端が他方の両端とつながってループになっていると考えられる。そしてループには端点がないので、ブレーンはループを捕えることができない。したがって重力子はブレーンワールドを出入りできる。そう考えると、ブレー

ンワールド・シナリオでは、私たちの三次元空間の外を探査する手段になりうるのは重力だけなのだ。

この認識は、第4章で触れたひも理論検証の可能性（表4・1［上巻一六九ページ］）にとって重要だ。一九八〇年代から九〇年代にかけて、ブレーンがひも理論の枠内に入ってくる前、物理学者たちはひも理論の余剰次元をプランク・サイズ（半径が約10^{-33}センチメートル）くらいと想定していた。それが重力と量子力学がかかわる理論にとって自然なスケールなのだ。しかしブレーンワールド・シナリオはもっとイメージを広げるよう促した。三つのありふれた次元の域を出られる探査手段が重力――いちばん弱い力――だけなので、余剰次元がかなり大きくても、まだ発見を逃れているのかもしれない。今のところ。

余剰次元が存在し、以前に考えられていたよりずっと大きい――従来の一〇億倍の一〇億倍の一〇億倍（直径約10^{-4}センチ）――なら、表4・1の二番めに記述されている重力の強さを測定する実験で、余剰次元が検出される可能性はある。物体どうしが重力で引き寄せあうとき、ひっきりなしに重力子を交換する。重力子は重力の影響を伝える目に見えないメッセンジャーなのだ。したがって物体が交換する重力子が多ければ多いほど、相互引力も強くなる。このように流れている重力子の一部が、私たちのブレーンから漏れ出して余剰次元に流れ込むと、物体どうしの重力による引力が弱まる。余剰次元が大きければ大きいほど、弱まりが激しくなって観測される重力は小さくなる。実験者が想定しているのは、二つの物体の距離が余剰次元のサイズより小さいときに物体間に働く重力を慎重に測定することによって、重力子が私たちのブレーンから漏れ出る前に捕まえることだ。もしそうなら、測定される重力はそれに見合った強いものになるはずである。このように、第４章では触れなかったが、余剰次元の正体を暴《あば》くためのこのアプローチは、ブレーンワールド・シナリオに依存している。

余剰次元のサイズがそこまで大きくなくて、直径10^{-18}センチ程度でも、大型ハドロン衝突型加速器（ＬＨＣ）で手が届く可能性がある。表４・１で三番めに論じられているように、陽子間の高エネルギー衝突は破片を余剰次元へとはじき出す可能性があり、その結果、私たちの次元でエネルギーに見かけの減少が検出できるかもしれない。この実験もまた、ブレーンワールド・シナリオに依存している。私たちの宇宙は一つのブレーンに存在すると仮定し、そのブレーンを飛び出せる破片――重力子――がエネルギーをもち去ったと主張すれば、エネルギーの消失を立証するデータの説明がつくだろう。

表４・１の四番めにある小さいブラックホールの展望もまた、ブレーンワールドの副産物だ。ＬＨＣは陽子・陽子衝突で小さいブラックホールを生み出す可能性があるが、それも小さなスケールで調べた重力の固有の強さの値が大きくなればの話だ。先ほど述べたように、それを可能にするのはブレーンワールド・シナリオである。

細かい点に留意すると、この三つの実験の新たな面が明らかになる。これらの実験は、空間の余剰次元や極小ブラックホールのようなエキゾチックな構造の証拠を探し求めているだけでなく、私たちがブレーンに住んでいることの証拠を追求するものでもある。同様に、肯定的な結果はひも理論のブレーンワールド・シナリオを論証するだけでなく、私たちの宇宙の外に宇宙があることの間接的な証拠にもなるだろう。私たちがブレーンに住んでいることを立証できれば、私たちのブレーンが唯一であると推測する数学的な根拠はない。

時間、サイクル、そして多宇宙

今まで私たちが出会った多宇宙は、細部はどんなに違っていても、一つの基本的特色を共有している。〈パッチワークキルト多宇宙〉、〈インフレーション多宇宙〉そして〈ブレーン多宇宙〉では、ほかの宇宙はすべて空間内の「あちら」にあるのだ。〈パッチワークキルト多宇宙〉の場合、「あちら」は日常的な意味でのはるか彼方を意味する。〈インフレーション多宇宙〉の場合は、私たちの泡宇宙の外で、急速に膨張している介在領域の向こう側。〈ブレーン多宇宙〉の場合は、ひょっとすると目と鼻の先かもしれないが、別の次元に隔てられている。しかしブレーンワールド・シナリオを裏づける証拠を検討していると、別のタイプの多宇宙について真剣に考えることになる。それは、空間でなく時間の条件がそろう機会に乗じて生まれる多宇宙だ。[6]

アインシュタイン以来、私たちは空間と時間がゆがんだり、湾曲したり、伸びたりする可能性があることを知っている。しかし一般的には、宇宙全体があちらこちらに漂うところを思い描いたりはしない。空間全体が三メートル「右」や「左」に動くというのは、どういうことだろうか？　これはよい頭の体操だが、ブレーンワールド・シナリオで考えると平凡な話になる。粒子やひもと同様、ブレーンが周囲の環境のなかを動き回れることは確かなのだ。したがって、私たちが観察し、経験している宇宙が３ブレーンであるのなら、もっと高次元の広大な空間のなかを滑空しているのかもしれない。*

もし私たちがそのような滑空するブレーン上にいて、ほかのブレーンが近くにあるのなら、その一つにぶつかったらどうなるのだろう？　細かいところはまだ完全には解明されていないが、二つのブレーンの衝突――二つの宇宙の衝突――が強烈なものになることは確実だ。もっとも単純な可能性は、二つの並行する３ブレーンがどんどん近づいて、二つのシンバルがぶつかるように、最終的にばしんと衝突することである。両者の相対運動に蓄えられていた膨大なエネルギーによって、粒子と放射が猛烈な勢いでほとばしり、それぞれのブレーン宇宙に含まれていた大小

＊さらに、高次元の広大な空間全体が動けるのかどうかと疑問に思うかもしれないが、いくら考えるには興味深いことでも、ここでの議論には関係ない。

の構造はすべて跡かたもなく消し去られるだろう。

ポール・スタインハート、ニール・テュロク、バート・オヴルト、ジャスティン・クーリーをはじめとする研究者グループにとって、この激変は終焉だけでなく開始のゴングでもあった。非常に高温できわめて高密度の環境のなか、粒子があちらこちらで噴出している状況は、ビッグバン直後によく似ている。そうであれば、ひょっとすると二つのブレーンが衝突すると、それぞれが過去にまとめあげてきた構造はすべて、銀河や惑星から人間にいたるまで消し去られるが、その一方で、宇宙再生の舞台が用意されるのかもしれない。実際、粒子と放射のプラズマが煮えたぎる3ブレーンは、普通の三次元空間と同じように反応する。つまり膨張するのだ。そしてそうするうちに冷えていき、粒子が凝集できるようになって、最終的に次世代の恒星と銀河が生まれる。この宇宙再生にふさわしい名称は、ビッグバンならぬビッ、グ、ス、プ、ラ、ッ、ト、だと提唱する人もいる。

ピシャッと叩きつけることを表わす「スプラット」は示唆に富んでいるかもしれないが、ブレーン衝突の重大な特徴をとらえそこなっている。スタインハートと彼の共同研究者たちの意見によると、ブレーンは衝突してもくっつかない。跳ね返って離れるのだ。その後、相互に及ぼす重力によって次第に相対運動がゆっくりになり、最終的に最大距離間隔に到達し、そこからまた接近し始める。ブレーンが再び近づくにつれ、それぞれがスピードを増し、衝突し、そのあと燃えさかる激しい炎によって、それぞれのブレーンの状態が再びリセットされて、新しい宇宙の進化の時代が始まる。したがってこの宇宙の本質には、時間とともに繰り返し循環《サイクル》する世界がある。そして新しい種類の並行宇宙、〈サイクリック多宇宙〉を生み出す。

もし私たちが〈サイクリック多宇宙〉のブレーンに住んでいるのであれば、その多宇宙を構成する（私たちが周期的に衝突する相棒のブレーン以外の）ほかの宇宙とは、私たちの過去と未来に存在するものにほかならない。スタインハートらは、まるでタンゴを踊るような宇宙衝突のサイクル――誕生、進化、そして死――が一周する時間スケールを見積もり、約一兆年という結論を出した。このシナリオでは、私たちが知っている宇宙は時間的なシリーズものの最新作にすぎない。シリーズのなかには、知的生物や、彼らがつくった文明が存在したものもあったかもしれないが、ずっと前に消滅してしまっている。やがては、私たちの貢献も、私たちの宇宙が支えているほかのあらゆる生命体の貢献も、すべて同じように拭い去られるだろう。

サイクリック宇宙の過去と未来

ブレーンワールド・シナリオによるこのアプローチがもっとも緻密なバージョンではあるが、循環的な宇宙観には長い歴史がある。地球の自転が予測可能な日夜のパターンを生み出し、地球の公転が順番に繰り返す季節の移り変わりを生み出すことを考えれば、宇宙を説明しようとする試みのなかで、多くの伝統がサイクリックなアプローチを展開することも予想がつく。近代科学以前の最古の宇宙論の一つであるヒンドゥー教の伝統は、大きいサイクルのなかで宇宙のサイクルが繰り返す入れ子の複合サイクルを想定し、そのサイクルは解釈によって数百万年とも数兆年とも言われている。ソクラテスより前の哲学者ヘラクレイトスや古代ローマの政治家キケロまでさかのぼる西洋の思想家たちもまた、さまざまなサイクリック宇宙理論を展開した。火で焼きつくされ、くすぶる燃えさしから新しく出現する宇宙は、宇宙の起源のような高遠な問題を考える人々のあいだで人気のシナリオだった。キリスト教の普及とともに、たった一回限りの出来事としての創世という概念が徐々に優勢になったが、サイクリック理論は散発的に人々の関心を引き続けてきた。

近代科学の時代には、一般相対性理論を援用する宇宙論研究が始まってからずっと、サイクリック・モデルが追求されてきた。アレクサンドル・フリードマンは、一九二三年にロシアで出版された一般書のなかで、自分が求めたアインシュタインの重力方程式の宇宙解は、宇宙が膨張し、最大サイズに達し、収縮し、「点」まで縮んでから、新たに膨張を始めるというように、一定のプロセスを振り子のように往復することを示唆していると指摘した(7)。一九三一年、すでに静的な宇宙を支持する提案をあきらめていたアインシュタイン自身も、振り子のように振れる宇宙の可能性を検討している。どんな研究より詳細だったのは、一九三一年から三四年にかけて、カリフォルニア工科大学のリチャード・トールマンが発表した一連の論文である。トールマンはサイクリック宇宙モデルを数学的に徹底して吟味したが、それがきっかけでそのような研究の流れが今日まで続いている——物理学のよどみのなかで渦を巻いていることが多いが、沸き立ってはっきり際立つこともある。

サイクリック宇宙論の魅力の一つは、宇宙がどういうふうに始まったかというやっかいな問題を回避できそうなことだ。宇宙がサイクルを繰り返すのなら、そしてそのサイクルが昔からずっと発生していた（そしておそらくこれからもずっと発生する）のなら、根本的な始まりの問題は回避される。各サイクルにはそれぞれ始まりがあるが、この理論によるとそれには具体的な物理的原因がある——前のサイクルが終了するから次が始まるのだ。宇宙のサイクル全体の始まりを問うなら、答えは単純にそのような始まりはない、ということになる。なぜなら、サイクルは永遠に繰り返しているからだ。

つまり、ある意味で、サイクリック・モデルは宇宙論のいいとこ取りをしようとする試みである。科学的宇宙論の初期には定常宇宙論が、宇宙の起源問題に対する独自の回避策を示していた。具体的には、たとえ宇宙が膨張していても、そのあいだたえず新しい物質がつくられて追加される空間を満たし、宇宙全体の一定した状態を永遠に維持するので、宇宙に始まりはなかったというのだ。しかし定常宇宙論は天文観測と相いれなかった。観測が強く示唆している宇宙の初期状態は、今私たちが経験している状態とまるで違っていた。何より端的なのは、宇宙の最初期段階にねらいを定めた観測である。その段階の宇宙は安定して静的どころではなく、混沌として荒れ狂っていた。ビッグバンが定常宇宙論の夢を壊し、起源問題を再び表舞台に呼び戻したのだ。しかしここで、サイクリック宇宙論が説得力のある代替案を出した。この理論では、各サイクルに天文データと一致するビッグバン様の過去を組み込むことができるが、無限回のサイクルを連ねることで根本的な始まりを示さずにすむ。したがってサイクリック宇宙論は、定常宇宙モデルとビッグバン・モデルのもっとも魅力的な特徴を融合したもののように思える。

　ところが一九五〇年代、オランダ人天文物理学者のヘルマン・ザンストラがサイクリック・モデルについて、二〇年前のトールマンによる解析にひそんでいたやっかいな特徴に注意を喚起した。ザンストラは、現サイクルの前に無限回のサイクルがあったはずがないことを明らかにした。ここで宇宙論研究にとって躓《つまず》きの石として持ち出されたのが、熱力学第二法則である。この法則は、第9章で十分に論じる予定だが、無秩序——エントロピー——は時とともに増えることを定めている。これは私たちがいつも経験していることだ。キッチンが朝にはいくら片づいていても、たいてい夕方までには散らかる。洗濯物かごも、机の上も、子ども部屋も同じである。このような日常的な場面ではエントロピーの増大は不愉快なだけだが、サイクリック宇宙論におけるエントロピー増大はきわめて重要だ。トールマン自身も気づいていたように、一般相対性理論の方程式によれば、宇宙に存在するエントロピーは一つ一つのサイクルにかかる時間と関係がある。一サイクルの初めにあったエントロピーが大きいということは、宇宙が縮むときに押しつぶされる無秩序な粒子が多いということである。そのため、より強力な跳ね返りが起こり、空間がいっそう膨張するので、サイクルに長い時間がかかる。その場合に第二法則は何を意味するかと言うと、今日《こんにち》から過去にさかのぼるほどエントロピーが少なくなるので（第二法則によるとエントロピーは将来に向かって増えるので、過去に向かえば減るはずである）*、サイクルにかかる時間は短くなる。ザンストラはこのことを数学的言語を用いて展開し、十分に過去にさかのぼれば、サイクルはとても短くなって途絶えてしまうことを明らかにした。一連のサイクルにはやはり始まりがあるのだ。

スタインハートらは、自分たちの新しいサイクリック宇宙論はこの落とし穴を回避すると主張している。彼らのアプローチでは、サイクルは宇宙が膨張して収縮してまた膨張することで発生するのではなく、むしろ、ブレーンワールド間の距離間隔が膨張して収縮してまた膨張することで発生する。ブレーンそのものはたえず膨張している――サイクルが何度繰り返してもずっと膨

＊時間の矢の問題に精通している読者のために言っておくと、私は観測を踏まえて、エントロピーが過去に向かって減少すると推測している。詳細な議論は『宇宙を織りなすもの』の第六章を参照されたい。

張している。エントロピーは第二法則が求めるとおりサイクルが繰り返すたびに増えるが、ブレーンが膨張するのでエントロピーはどんどん大きくなる空間に広がっていく。合計のエントロピーは増えるが、エントロピーの密度は減るのだ。各サイクルの終わりまでに、エントロピーは非常に薄くなるため、その密度はほぼゼロまで押し下げられる――完全なリセットだ。そのため、トールマンとザンストラの解析とは違って、サイクルは将来にも過去にも無限に続けられる。ブレーンワールドの〈サイクリック多宇宙〉に始まりの時間は必要ない(8)。

長年の難問を回避できるのは〈サイクリック多宇宙〉の手柄だ。しかしその提案者が強調するように、〈サイクリック多宇宙〉は宇宙論の難問に解決策を与えるだけではない――広く受け入れられているインフレーション宇宙論のパラダイムと一線を画す、特有の予測を立てるのだ。インフレーション宇宙論では、初期宇宙における激烈な爆発的膨張が空間構造を徹底的にかき乱したために、そのあと重力波が生まれたとされている。このさざ波は宇宙マイクロ波背景放射に痕跡を残したと考えられ、現在きわめて高感度の観測がその痕跡を探し求めている。一方、ブレーンの衝突は瞬間的な激しい混乱を起こす――が、空間がインフレーションによって途方もなく広がることがないので、生じる重力波はすべて弱すぎて、持続的な信号を発生できないのはほぼ確実である。したがって、初期宇宙が重力波を生成したというのが観測によって証拠立てられれば、〈サイクリック多宇宙〉を否定する強力な論拠になるだろう。それに対して、このような重力波の証拠がまったく観測されなければ、非常に多くのインフレーション・モデルが正当性を厳しく疑われることになり、サイクリックな枠組みがいっそう魅力を増すことになるだろう。〈サイクリック多宇宙〉は物理学の世界で広く知られているが、ほぼ同じくらい広い範囲で、疑念の目も向けられている。しかし観測にはこの現状を変える力がある。大型ハドロン衝突型加速器からブレーンワールドの証拠が現われれば、そして初期宇宙が生んだ重力波の証拠が見つからないままなら、〈サイクリック多宇宙〉がもっと支持を集める可能性は高い。

流束《りゅうそく》のなかで

ひも理論は単なるひもの理論ではなくブレーンも含むという数学的な認識は、この分野の研究に大きなインパクトを与えた。ブレーンワールド・シナリオとそこから生まれる多宇宙は、その結果出現した研究分野の一つであり、私たちが描く宇宙像《リアリティ》全体を大きく変える力をもっている。この一五年間に開発された精密な数学的手法がなければ、これらの洞察の大半は手が届かないままだっただろう。とは言うものの、物理学者たちがより精密な手法で対処したいと考えていた主要な問題――余剰次元の形として、理論解析で明らかになった多くの候補から一つを選び出す必要性――は、いまだに解決されていない。解決にはほど遠い。それどころか新しい手法は、問題をなおさら難しくしている。結果として、可能性のある余剰次元の形が新たにたくさん発見され、

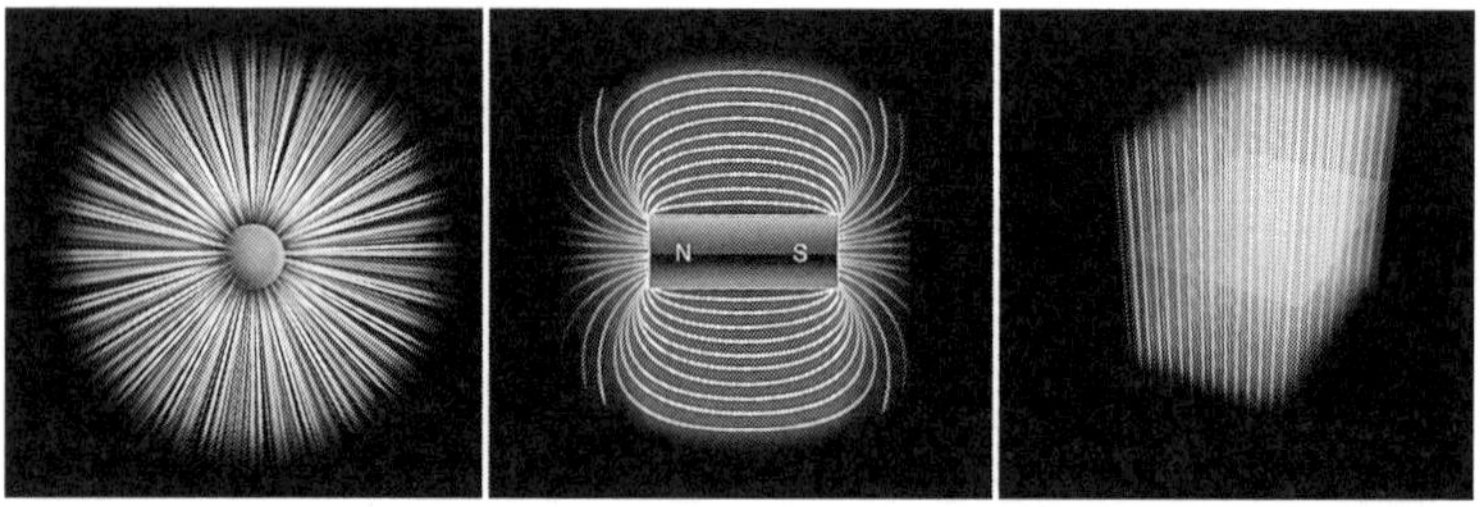

図5・5　電子がつくる電束、棒磁石がつくる磁束、ブレーンがつくるブレーン束。

候補群はやたらと大きくなったが、私たちのものとして一つを選び出す方法は、まったく見通せていないのだ。

この展開にとってきわめて重要なのは、流束（または束《そく》）と呼ばれるブレーンの性質である。電子が周辺に充満する電気の「もや」である電場を形成し、磁石が一帯に充満する磁気の「もや」である磁場を形成するのと同じように、ブレーンは一帯に充満するブレーンの「もや」であるブレーン場を形成する。図5・5に示してあるとおりだ。一九世紀初頭、ファラデーが電場と磁場の実験を初めて行ったときに考えていたのは、源《みなもと》から一定の距離にある力線の密度を描出することによって、その強さを定量化することだった。その量を彼は場の流束と呼んだ。その後、この言葉は物理学用語集のなかに収まっている。ブレーンの場の強さも、生成される流束によって描出される。

ラファエル・ブッソ、ポルチンスキー、スティーヴン・ギディングス、シャミト・カチュルをはじめとする多くのひも理論家たちは、ひも理論の余剰次元を完全に記述するには、形と大きさ――私を含めてこの分野の研究者が一九八〇年代から一九九〇年代初めにかけて、ほぼ限定的に取り組んできたもの――を特定するだけでなく、そこに充満しているブレーン束を特定することも必要であることに気づいた。少し時間をかけて、具体的に説明させてほしい。

研究者たちは、ひも理論の余剰次元を吟味する数学的研究が始まって以来ずっと、カラビ＝ヤウ図形には一般に、ビーチボールの内部空間やドーナッツの穴、あるいは吹きガラスでつくられた彫像の内部のように、開いている領域がたくさんあることを知っていた。しかし新世紀に入ってようやく、その開いている領域が完全に空っぽであるとは限らないことに気づいた。図５・６［次ページ］に示されているように、何らかのブレーンによって包まれ、それを突き通す流束によってつながっている可能性があるのだ。以前の研究は（たとえば『エレガントな宇宙』に要約されているように）ほとんどが、このような装飾がない「裸の」カラビ＝ヤウ図形だけを考えていた。しかし、所与のカラビ＝ヤウ図形をこのような追加の特徴によって「ドレスアップ」できることに気づいた研究者たちは、余剰次元に適した修飾された形をとてつもなく大量に発見したのである。

大ざっぱな計算でスケールの感覚がつかめる。流束に焦点を合わせよう。量子力学は、光子と電子は整数単位で現われる――三個の光子や七個の電子はありえるが、一・二個の光子や六・四個の電子はない――ことを立証しているように、流束線も整数組になることを示している。周囲

図5・6　ひも理論の余剰次元の一部は、ブレーンに包まれ、流束によって数珠つなぎになった、「ドレスアップ」したカラビ＝ヤウ図形にもなりうる（上の図は単純化したカラビ＝ヤウ図形——「3つ穴のドーナッツ」——を用いており、巻きつけられたブレーンと流束線を、空間の一部を取り囲む光る帯で図式的に表わしている）。

の面を一回、二回、三回、といった具合に突き通すことができるのだ。しかしこの整数という制約を除くと、原理的にはほかに制限がない。実際問題として、流束の量が多いと、周囲のカラビ＝ヤウ図形をゆがめて、以前は信頼できた数学的手法を不正確にする傾向がある。このような荒れ狂う数学の海に飛び込む危険を冒さないために、研究者たちは普通、だいたい一〇以下の流束数しか考えない[9]。

ということは、あるカラビ＝ヤウ図形に開いている領域が一つある場合、それを流束でドレスアップする方法が一〇通りあって、余剰次元の形が新たに一〇個生まれることになる。あるカラビ＝ヤウ図形にそのような領域が二個あれば、一〇×一〇＝一〇〇通りの流束の装いがある（一個めの領域を通る一〇の束に二個めの領域の一〇の流束を組み合わせる）。開いている領域が三個なら、流束による装いは10^3通り、という具合に続く。この装いの数はどれだけ大きくなりうるのだろうか？　およそ五〇〇の開いている領域をもつカラビ＝ヤウ図形もある。同じ論法で行くと、余剰次元の形はおよそ10^{500}種類になる。

このように、より精緻《せいち》な数学的手法は余剰次元の形の候補を二つ、三つ選び出すどころか、あふれんばかりの新しい可能性を導き出したのだ。突如として、カラビ＝ヤウ空間は観測可能な宇宙にある粒子よりもはるかにたくさんの装いで、身を包むことができるようになった。一部のひも理論家にとって、これは大きな悩みの種《たね》になっている。前章で強調したとおり、余剰次元の正確な形を選ぶ手段――今や私たちの認識では、その形が身にまとう流束の装いを選ぶ手段でもある――がなければ、ひも理論の数学は予測力を失う。これまで、摂動理論の限界を超えられる数学的手法に多大な期待が寄せられていた。ところがそのような手法が実現したとき、余剰次元の形を定める問題は難しくなるだけだった。これで意気消沈したひも理論家もいた。

しかし、希望を捨てるのはまだ早いと考える、もっと楽観的な理論家もいる。いつの日か――すぐそこに来ている日かもしれないし、遠い未来の日かもしれない――余剰次元がどのようなものなのか、形が身にまとう可能性のある流束も含めて、決定してくれる行方不明の原理が見つかる、というのだ。

もっと過激な考え方をする人もいる。そういう人たちは、余剰次元の形を選び出そうとする試みが何十年も実を結ばないことは、私たちに何かを伝えているのかもしれないとほのめかす。過激派たちは平気な顔をして、私たちはひも理論の数学から出てくる形と流束の可能性すべてに真剣に取り組む必要があるのかもしれない、と提案する。ひょっとすると、数学にこれらの可能性がすべて含まれているのは、それがすべて実在し、それぞれの形が独自の異なる宇宙の余剰次元を構成しているからなのかもしれない、と断言する。そしてひょっとすると、一見とんでもない想像力の飛躍に観測データをしっかり結びつけるものこそ、おそらくはもっとも悩ましいこの問題に取り組むために必要かもしれない。それは宇宙定数である。

第６章　古い定数についての新しい考え
——ランドスケープ多宇宙

〇と〇・〇〇〇一の違いなど大したことはないと思えるかもしれない。そして普通の基準からすると、大きくはない。しかしこのほんの小さな違いが、現実《リアリティ》の風景の描き方を劇的に変えるかもしれないという疑念が高まりつつある。

このきわめて小さい数字は、はるか彼方の銀河で爆発する星を綿密に観測していた二つの天文学者チームによって、一九九八年に初めて測定された。それ以来、大勢の人たちの仕事が二チームの結果を裏づけている。いったいこれは何の数字で、なぜそんなに騒がれるのか？　次々と出ている証拠によると、これは、私が前に一般相対性理論の納税申告書の三行めに記入する事項と呼んだものである。つまりアインシュタインの宇宙定数、言い換えれば、空間構造を満たしている目に見えない暗黒エネルギーの量を特定する数字である。

これまで数十年の観測と理論上の演繹によって、ほとんどの研究者が宇宙定数はゼロであると納得してきたが、このちっぽけな測定数値が厳しい精査を耐え続けているため、物理学者はそれが覆《くつがえ》されたという確信を強めつつある。理論家たちはどこで間違ったのかをあわてて突き止めた。しかし全員が間違っていたわけではない。何年も前に、ゼロでない宇宙定数がいつか見つかるかもしれないと示唆する考え方が、論議を呼んでいた。そのかなめとなる想定は？　私たちはたくさんある宇宙の一つに住んでいる。そう、たくさんの宇宙だ。

宇宙定数の再来

思い出してほしい。宇宙定数は、もし存在するなら、空間を目に見えない一様なエネルギー——暗黒エネルギー——で満たしている。このエネルギーの象徴的な特徴は、斥力《せきりょく》的重力だろう。アインシュタインは一九一七年にこのアイデアを思いつき、宇宙定数の反重力を使って、宇宙に存在する普通の物質が生む引力的重力を打ち消し、ひいては膨張も収縮もしない宇宙を可能にした。*

空間が膨張していることを立証した一九二九年のハッブルの観測を知って、アインシュタインが宇宙定数を「最大の失態」と呼んだことを、多くの人たちが報告している。ジョージ・ガモフはアインシュタインがそう言ったとされる会話を詳述しているが、ガモフの遊び心からの誇張好きを考えると、この話の信憑性《しんぴょうせい》に疑問をもつ人もいる。[1] 確かなことは、アインシュタインの信じていた静的な宇宙は間違いだったことが観測で明らかになったとき、彼が自分の方程式から宇宙定数を削除したことだ。そして何年もたってから、「もしハッブルの膨張が一般相対性理論の構築時に発見されていたら、宇宙定数が導入されることはなかっただろう」と述べている。[2] しかし後知恵がつねに正しいとは限らない。先見の明を曇らせることもありえるのだ。一九一七年、物理学者のウィレム・ド・ジッターにあてた手紙のなかで、アインシュタインは微妙に違う意味合いの見通しを示している。

＊用語についてひと言。だいたいにおいて、私は「宇宙定数」と「暗黒エネルギー」という言葉を同じ意味で使っている。少し厳密さが必要なときは、空間を満たす暗黒エネルギーの量を指すのに宇宙定数の値を使う。前に述べたように、物理学者はしばしばもう少し自由に、かなり長時間にわたって宇宙定数に見えたりなりすましたりすることがあるが、だんだんに変化するので本当は定数でないものを指すのに、「暗黒エネルギー」という言葉を使う。

いずれにしても、一つ言えることがあります。一般相対性理論では場の方程式に宇宙定数を含めることができます。いつの日か、恒星がつくる空の構図、恒星の見かけの運動、そして距離に応じたスペクトル線の位置に関する実知識が十分に進歩して、宇宙定数が消えるかどうかという問題に、実証的な判断を下すことができるかもしれません。信念は立派な動機ですが、判断を誤らせるおそれがあります(3)。

およそ八〇年後、ソール・パールマター率いる超新星宇宙論プロジェクトと、ブライアン・シュミット率いるハイZ超新星探査チーム［訳注　ハイZのZは「赤方偏移」を表わしている。ハイZは「赤方偏移が大きい」ことを意味する］が、まさにこのアプローチを採用した。彼らはたくさんのスペクトル線——遠くの星が放つ光——を慎重に調べて、アインシュタインが予想したとおり、宇宙定数が消えるかどうかの問題に実証的に取り組むことができた。

そして大きな衝撃が走る。宇宙定数は消えないという、強力な証拠が見つかったのだ。

宇宙の運命

二チームの天文学者たちが研究を始めたとき、どちらのチームも宇宙定数の測定に焦点を合わせていたわけではない。ねらいを定めていたのは別の宇宙論的特徴、すなわち空間の膨張がどのくらいのペースで減速しているかを測定することだった。普通の引力的重力はあらゆる天体を互いに引き寄せあうので、膨張のスピード低下を引き起こす。減速の正確なペースを知ることが、遠い将来に宇宙がどうなるかを予測するためにきわめて重要である。減速が大きければ、空間の膨張度が減り続けてゼロに達し、そのあと運動が逆転して空間収縮期に入ると思われる。そのまま行けば、ビッグクランチ――ビッグバンの逆――か、あるいは前章で紹介したサイクリック・モデルに見られるような跳ね返りにつながる。しかし減速が小さければ、結果はまったく違ってくる。高速のボールが地球の重力を逃れて遠く外へと向かって進むことができるように、空間膨張のスピードが十分に速く、減速のペースが十分にゆっくりなら、空間は永遠に膨張する可能性がある。二つのチームは宇宙の減速を測定することによって、その最終的な運命を探究したのだ。

どちらのチームのアプローチも単純だった。過去の各時点で空間がどれだけ速く膨張していたかを測定し、そのスピードを比較することで、宇宙が誕生して以来、膨張速度がどのくらいのペースで落ちているかを判断するのだ。わかった。しかしどうやって？　天文学の疑問はたいていそうだが、答えは光を慎重に測定することに行き着く。銀河は光を発する標識であり、その動きは空間の膨張をたどる。一定範囲の距離にある銀河が、私たちが今見ている光を放った遠い昔、どれくらいのスピードで遠ざかっていたかを測定できれば、過去の各時点で空間がどれだけのスピードで膨張していたかを特定できる。そのスピードを比べることによって、宇宙の減速のペースを知ることができるだろう。これが基本的な考えだ。

細かい点を補足するには、二つの重要な問題に取り組む必要がある。遠い銀河を今日《こんにち》観測した結果から、どうすればそこまでの距離を特定できるのか、どうすればそのスピードを特定できるのか？　まず距離から始めよう。

距離と明るさ

天文学のもっとも古く、もっとも重要な問題の一つが、天体までの距離の特定である。そのための技術として最初期から用いられてきた視差とは、五歳児が決まってやってみるアプローチだ。子どもは、左目と右目を交互につぶりながら物を見ることに（ちょっとのあいだ）夢中になる傾向がある。物が横っ跳びに左右へとジャンプするように見えるからだ。五歳だったのはかなり前のことだという人は、試しにこの本を持ち上げて、一つの隅を片目で見てみよう。ジャンプが起こるのは、離れている左目と右目が同じ点に焦点を合わせるには、違う角度を向かなくてはならないからだ。物が遠くにある場合、角度の違いが小さいのでジャンプはあまり目立たない。この単純な観察を定量化することは可能で、二つの目の視線がつくる角度の差——視差——と、見ている物体の距離とのあいだに、厳密な相関関係が示される。しかし細かいことがわからなくても心配はいらない。あなたの視覚系が自動的にやってくれる。だからこそあなたは世界を３Ｄで見ているのだ。*

あなたが夜空の星を見るときの視差は、小さすぎて確実に測定することはできない。というのも、あなたの目と目の間隔が狭すぎて、角度の有意差が生まれないのだ。しかしもっと賢い方法がある。星の位置を約六カ月間隔で二回測定することによって、両目の代わりに地球上の二地点の視差を利用するのだ。観測場所の距離間隔が大きければ、視差は大きくなる。それでもまだ小さいが、場合によっては測定できる大きさになる。一九世紀初頭、そのような星の視差を誰よりも早く測定してやろうと、科学者グループのあいだに激しい競争が起こった。一八三八年、ドイツの天文学者で数学者でもあったフリードリヒ・ベッセルが勝利をものにした。白鳥座六一番星と呼ばれる星の視差を測定することに成功したのだ。角度の差は〇・〇〇〇〇八四度で、この星はおよそ一〇光年離れていることがわかった。

それ以来、技術の精度は着々と上がり、今ではベッセルが測定したものよりはるかに小さい視差角でも、衛星を使って測定できる。そのような進歩のおかげで、数千光年離れている恒星まで

＊３Ｄ映画技術の原理も同じだ。映画製作者は、ほぼそっくり同じ映像をうまくずらしてスクリーンに映し、結果として生まれる視差をあなたの脳が距離の違いと解釈するように仕向けて、３Ｄ環境の幻影をつくり出す。

の距離を正確に測定することができるようになったが、それよりさらに遠くになると、角度の差が小さくなりすぎて、この手法はあきらめざるをえない。

もっと遠い天体との距離を測定できる別のアプローチは、もっと単純な考えにもとづいている。車のヘッドライトであれ、きらめく星であれ、光を放つ物体から離れれば離れるほど、放たれた光はあなたに向かって進むあいだに発散するので、薄暗く見えるようになる。したがって、物体の見かけの明るさ（地球から観察したときにどれだけ明るく見えるか）を本来の明るさ（すぐ近くから観察した場合にどれくらい明るく見えるか）と比較することによって、その距離をはじき出すことができる。

しかし、天体の本来の明るさを確定するというのは、決して一筋縄ではいかない。星が薄暗いのは、遠いところにあるからなのか、それともあまりたくさん光を放っていないからなのか、それが問題だ。そのため、すぐ隣に立たなくても本来の明るさを確実に特定できる、比較的一般的な種類の天体を見つけようと、長年にわたって取り組みが続いてきた。そのようないわゆる標準光源を見つけられれば、距離を判断するための一律の基準になる。一つの標準光源が別の光源よりどの程度暗く見えるかによって、それがどれだけ遠くにあるかを直接知ることができる。

一世紀以上のあいだ、さまざまな標準光源が提案されて用いられ、さまざまな成功を収めた。最近のもっとも有益な手法は、Ｉａ型超新星と呼ばれる一種の恒星爆発を利用している。Ｉａ型超新星は、白色矮星《はくしょくわいせい》が伴星——一般的にはその矮星が周回している近くの赤色巨星——の表面から物質を引き寄せると起こる。恒星構造に関する確立した物理学によって、白色矮星が十分な物質を引き寄せる（そして質量の合計が太陽の約一・四倍に増える）と、自分の重さを支えられなくなることが立証されている。膨らみすぎた矮星は崩壊するが、そのとき起こる爆発があまりにも激しいため、発せられる光は、矮星が属する銀河に一〇〇〇億個ほどある恒星の出力を合わせたものに匹敵する。

このような超新星は理想的な標準光源である。爆発が非常に強いので、途方もなく遠い距離からでも見える。そして決定的なのは、爆発はすべて同じ物理過程——白色矮星の質量が太陽の約一・四倍まで増え、その結果、星が崩壊する——の結果なので、そのあと超新星が放つ光は、どれもほぼ同じ本来の明るさの最大量であることだ。しかしIa型超新星を用いることにも難点がある。典型的な銀河で二〇〇～三〇〇年に一度しか起こらないのだ。どうやってその最中にとらえるのか？　超新星宇宙論プロジェクトもハイZ超新星探査チームも、疫学調査で用いられるのと同様の方法で、この難題に立ち向かった。疫学調査では、比較的まれな症状についても、大規模な集団を調査すれば正確な情報を得ることができる。天文学者たちは同じように、何千という銀河を同時に調べられる視野の広い検出器を備えた望遠鏡を使うことで、何十ものIa型超新星を見つけて、それを従来型の望遠鏡で詳しく観測することができたのだ。それぞれの超新星がどれくらい明るく見えるかをもとに、何十億光年も離れている銀河までの距離を計算することに成功した――そうして、自分たちに課した仕事の第一歩を踏み出したのである。

そもそも、それは何の距離なのか

次のステップに進む前に、すなわち、先ほどの遠い超新星それぞれが生じたときに宇宙がどれくらいのスピードで膨張していたかを特定する前に、こんがらがりやすい部分を手短に解きほぐさせてほしい。そのような途方もなく大きいスケールでの距離について、膨張し続けている宇宙との関連で話すとき、必然的に、天文学者が実際に測定しているのはどの距離なのかという疑問が起こる。私たちがたった今見ている光を銀河が放った大昔に、銀河と私たちそれぞれが占めていた位置のあいだの距離なのか？　私たちがたった今見ている光を銀河が放った大昔に銀河が占めていた位置と、私たちの現在位置のあいだの距離なのか？　それとも、銀河の現在位置と私たちの現在位置のあいだの距離なのか？

この問題だけでなく、同じように紛らわしい宇宙論の問題について考える、もっとも堅実で間違いのないやり方だと私が思う手順をお教えしよう。

ニューヨーク、ロサンジェルス、オースティンの三都市間を、カラスが飛ぶときの距離を知りたいとしよう。あなたはアメリカの地図で距離間隔を測る。すると、ニューヨークはロサンジェルスから三九センチ、ロサンジェルスはオースティンから一九センチ、オースティンはニューヨークから二四センチであることがわかる。次に地図の凡例を見ると換算係数——一センチ＝一〇〇キロ——がわかるので、この測定値を実際の距離に変換して、三都市間の距離はそれぞれおよそ三九〇〇キロ、一九〇〇キロ、二四〇〇キロという結論が得られる。

次に、地球の表面が均一に膨らんで、すべての距離間隔が倍になると想像しよう。確かに極端な変形だが、それでもアメリカの地図は引き続き完璧に有効だ。ただし、一つ重要な変更を加える必要がある。換算係数が「一センチ＝二〇〇キロ」となるように凡例を修正しなくてはならない。そうなると地図上の三九センチ、一九センチ、二四センチはそれぞれ、拡大したアメリカ合衆国上の七八〇〇キロ、三八〇〇キロ、四八〇〇キロに相当する。地球の膨張が続くとしても、瞬間ごとに適切な換算係数——正午には一センチ＝二〇〇キロ、午後二時には一センチ＝三〇〇キロ、午後四時には一センチ＝四〇〇キロ——で凡例を更新し続けて、地表の膨張によって各地点がどれだけ引き離されているかを示してさえいれば、固定された変わらない地図が狂うことはないだろう。

膨張する地球という考えは、とっぴだが役に立つ思いつきである。なぜなら、同様の考え方が膨張する宇宙に当てはまるからだ。銀河は自らの力で動くのではない。正しくは、膨張する地球上の都市のように、自分が埋め込まれている土台——空間そのもの——が膨らんでいるから、どんどん離れていく。ということは、何十億年も前に銀河の位置を地図にした宇宙地図製作者がいたとしたら、その地図は当時と同じように今日も有効である(4)。しかし膨張する地球の地図の凡例のように、宇宙の地図の凡例も更新して、地図上の距離から現実の距離への換算係数が狂わないようにする必要がある。宇宙論における換算係数にあたるものは宇宙のスケール因子と呼ばれ、膨張する宇宙ではスケール因子も時とともに増大する。

膨張する宇宙について考えるときは必ず、宇宙の固定地図を思い描くことをお勧めする。テーブルに広げられた普通の地図のように考え、時とともに地図の凡例を更新することで、宇宙の膨張を計算に入れる。少し練習すれば、このアプローチが難しい概念を大幅に単純化することがわかるだろう。

代表的な例として、遠いノア銀河で起こった超新星爆発からの光について考えよう。超新星の見かけの明るさと本来の明るさを比べるとき、私たちは光が放たれてから（図6・1a）到着するまで（図6・1c）のあいだに、広い範囲（図6・1dに円として描かれている）に拡散するために起こる光強度の低下を測定していることになる。その低下を測定して拡散範囲の大きさ——問題の円の内側の面積——を特定すれば、ちょっとした高校の幾何学を使って、その範囲の半径を求めることができる。この半径は光の全軌跡をたどっているので、その長さは光が進んだ距離に等しい。ここで、この節の冒頭に挙げた質問に立ち戻ろう。この測定値が三つある距離の候

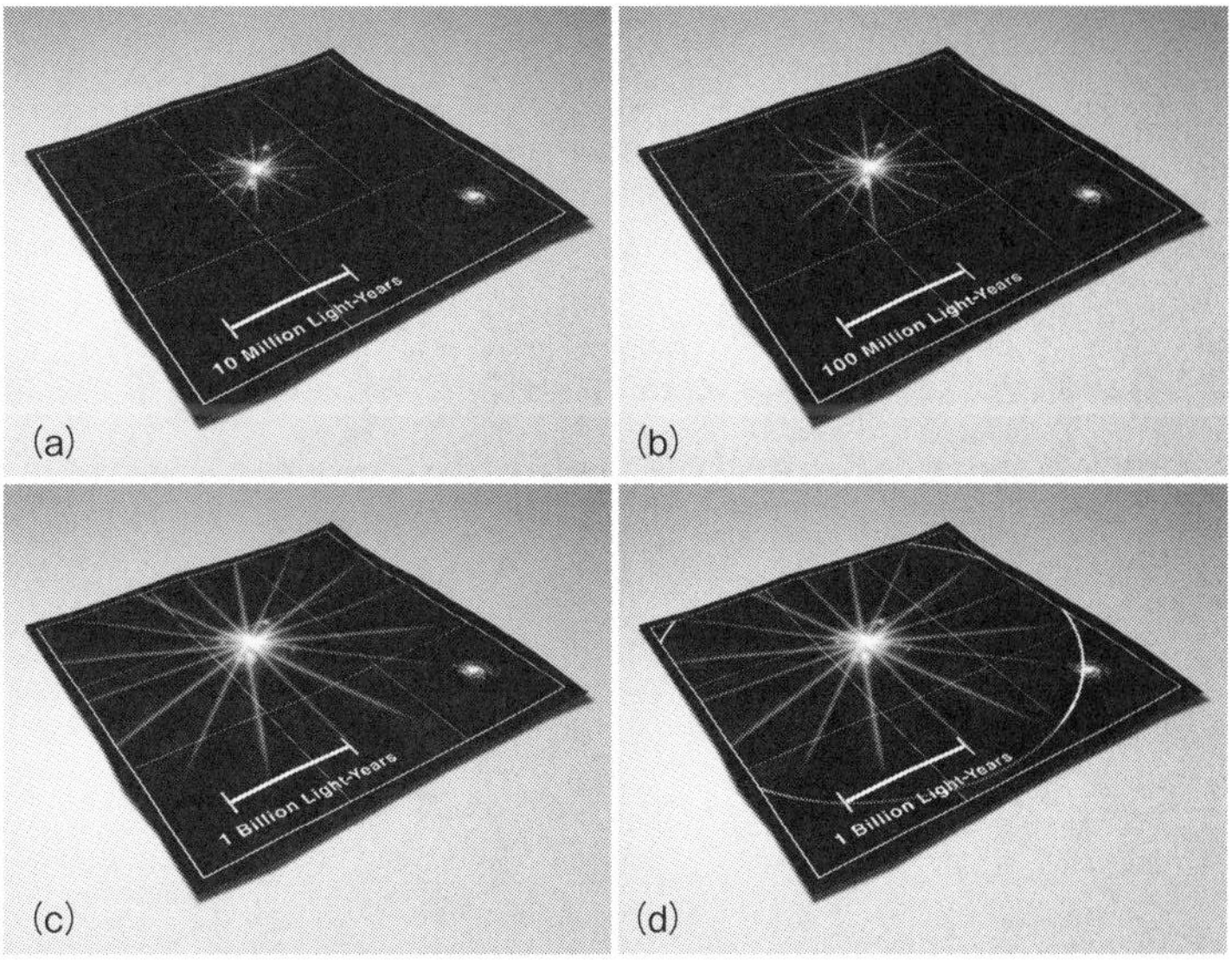

図6・1 **(a)** 遠い超新星からの光は、私たちに向かって進みながら広がる（私たちは地図の右側にある銀河にいる）。**(b)** 光が旅するあいだ、宇宙は膨張していて、それが地図の凡例に反映されている。**(c)** 私たちが光を受け取るとき、その強度は拡散によって低下している。**(d)** 超新星の見かけの明るさと本来の明るさを比べる場合、光が拡散した範囲（円として描かれている）の面積と、ひいてはその半径を測定していることになる。この範囲の半径は光の軌跡をたどっているので、その長さは私たちと超新星がある銀河との今の距離である。したがってそれが観測によって特定される距離である。

補のどれかに該当するのなら、どれなのだろう？

光が旅するあいだ、空間は膨張し続けている。しかしそのために宇宙の固定地図に加えなくてはならない変更は、凡例に記されたスケール因子を定期的に更新することだけだ。そして私たちはたった今超新星の光を受け取ったのだから、つまりその光はたった今旅を終えたのだから、地図上の距離間隔――図6・1dに描かれている超新星から私たちまでの軌跡――を、光が進んできた物理的距離に換算するには、たった今地図の凡例に書いたスケール因子を使わなくてはならない。この手順から、測定結果は私たちとノア銀河の現在位置との今の距離であることがはっきりする。すなわち、先ほど挙げた選択肢の三番めである。

さらに注意してほしいのだが、宇宙が膨張し続けているため、光子が最初のころに旅した領域は、光子が通り過ぎてからもずっと広がり続けている。もし光子が空間内で自分のたどった道に線を引いていたら、その線の長さは空間が膨張するにつれて長くなる。三番めの答えは、光が到着した時点の地図のスケール因子を光の全旅程に当てはめることによって、そのような膨張をすべてそのまま取り入れている。これは正しいアプローチである。なぜなら、光の強度がどれくらい弱まるかは、光が今広がっている範囲の大きさで決まるからだ――そしてこの範囲の半径は、事後に伸びた分もすべて含めた、光がたどった軌跡の今の長さである。(5)

したがって、超新星の本来の明るさを見かけの明るさと比べるとき、私たちは超新星が属して

いる銀河と私たちとの今の距離を特定していることになる。それが、二つの天文学者チームが測定した距離である。(6)

宇宙の色

まばゆいⅠａ型超新星を擁する遠い銀河までの距離の測定については、これくらいにしよう。そのような宇宙の標識が瞬間的に発火した大昔の宇宙の膨張スピードを、どうやって知るのだろうか？　それに関係する物理過程は、ネオンサインが光る仕組みと複雑さはあまり変わらない。

ネオンサインが赤く光るのは、ガスの入ったサインの内部を電流が流れるとき、ネオン原子のなかで軌道を描く電子が瞬間的に高エネルギー状態に押し上げられるからだ。そのあとネオン原子が落ち着くと、この励起《れいき》状態の電子が光子を放出することで余分なエネルギーを捨て、一気に通常の運動状態に下がる。光子の色――その波長――は、光子がもつエネルギーによって決まる。二〇世紀前半の数十年で量子力学によって十分に立証された、一つの重要な発見がある。その発見とは、原子のなかの電子がジャンプするときに生じるエネルギー差は、各元素に固有であることだ。言い換えると、放出される光子の色は元素に固有なのだ。ネオン原子の場合、優勢な色は赤（実際には赤っぽいオレンジ）であり、だからネオンサインは赤く見える。ほかの元素――ヘリウム、酸素、塩素など――も同様の振る舞いを示すが、大きな違いは放出される光子の波長である。赤以外の色の「ネオン」サインは、おそらく（青なら）水銀や（金なら）ヘリウムが詰められているか、原子が違う波長の光を放つ物質――一般的には蛍光体――を塗布したガラス管でできている。

観測天文学の大部分は、まったく同じ考え方に頼っている。天文学者は望遠鏡を使って遠くの天体からの光を集め、見出した色――測定した光に特有の波長――から光源の化学組成を特定できる。初期の実例として、一八六八年の日食中になされたものがある。フランス人天文学者のピエール・ジャンセンと、イギリス人天文学者のジョセフ・ノーマン・ロッキャーがそれぞれ独自に、月の縁からわずかにのぞく太陽の最外殻からの光を分析し、不可解な明るい輝線を発見した。その波長は、実験室で既知の物質を使って再現することができなかった。この発見から、その光はこれまで知られていない新しい元素によって発せられたという、大胆な――そして正しい――主張がなされた。この未知の物質はヘリウムであり、地球上で見つかる前は太陽でしか発見されていなかった特異な元素である。このような研究により、指紋を構成する線のパターンによって人を一意的に識別できるのと同じように、原子が発する（そして吸収する）光の波長パターンによって原子の種類を一意的に識別する仕組みが確立された。

それから数十年間、より遠い宇宙の光源から集めた光の波長を調べた天文学者たちは、妙な特徴に気がついた。集めた波長は、水素やヘリウムのような既知の原子による室内実験でおなじみのものに似ていたが、どれも少し長いのだ。ある遠い光源のものは、波長が三パーセント長い。別の光源からのものは一二パーセント長い。三番めのものは二一パーセント長い。天文学者たちはこの効果を赤方偏移と名づけた。少なくともスペクトルの可視部では、光の波長が長くなると色が赤くなることを意識したネーミングだ。

ネーミングはよい糸口だが、いったいなぜ波長が長くなるのだろう？　周知の答えは、ヴェスト・スライファーとエドウィン・ハッブルの観測からはっきり浮かび上がった。宇宙は膨張しているから、である。先ほど披露した固定地図の枠組みは、直感的にわかる説明をするのにぴったりだ。

ノア銀河から地球に向かって波打つ光をイメージしよう。例の固定地図上に光の進行をプロットすると、光の波列がまっすぐ私たちの望遠鏡に向かってくるあいだ、波高点が次から次へ一様に続いているのがわかる。あなたは波の一様性を見て、光が放たれたときの波長（連続する波高間の距離）は、着いたときと同じだと考えるかもしれない。しかしこの話の素晴らしく面白いところは、地図の凡例を使って地図上の距離を現実の距離に変換すると、はっきり見えるようになる。宇宙が膨張しているために、地図の換算係数は、光が旅を終えたときのほうが旅を始めたときよりも大きい。つまり、地図上で測定される光の波長は変わらなくても、現実の距離に換算すると波長は伸びるのだ。光がついに到着したとき、その波長は出発時よりも長くなっている。光波は伸縮性に優れたスパンデックスの端切れに縫い込まれた糸のようなものだ。スパンデックスを引き伸ばすと縫い目も伸びるように、空間構造が膨張すると光波も伸びる。

　これを量で表わすこともできる。波長が三パーセント伸びたようなら、今の宇宙は光が放たれたときよりも三パーセント大きい。光が二一パーセント長くなっているようなら、宇宙は光が旅を始めてから二一パーセント拡大したのだ。したがって赤方偏移《へんい》の測定結果から、今調べている光が放たれたときの宇宙のサイズは、今日の宇宙のサイズと比べてどうだったかがわかる。*

　そのような赤方偏移を続けて測定することによって、宇宙膨張の経時的変化を特定することが、単純な最後のステップである。

　昔、子ども部屋の壁に鉛筆で付けたマークは、特定の日に子どもの身長がどれだけだったかを記録している。一連の鉛筆マークによって一連の日付の身長がわかる。十分な数のマークがあれば、過去の各時点で子どもがどれだけ速く成長していたかを測定することができる。九歳で急に伸び、一一歳までの期間はゆっくりで、一三歳でまたぐんと成長した、といった具合だ。実は、天文学者がＩａ型超新星の赤方偏移を測るときには、空間の大きさを記録する同じような「鉛筆マーク」を付けているのだ。子どもの身長のマークと同じように、さまざまなＩａ型超新星について一連の赤方偏移測定値があれば、過去の各期間に宇宙がどれだけ速く成長していたかを計算できる。そのデータを用いて、今度は空間膨張の減速のペースを特定することができる。これが研究者チームによって立てられた攻めのプランだった。

プランを実行するために、踏むべきステップがもう一つ残っている――宇宙の鉛筆マークに日付を入れること。研究者チームは、ある超新星からの光がいつ放たれたかを特定する必要があったのだ。これは単純な課題である。超新星の見かけと本来の明るさの差から距離がわかり、光の速度もわかっているので、超新星の光がどのくらい前に放たれたのかはすぐに計算できるはずだ。この推論は正しいが、先に触れたとおり光の軌跡が「事後」に引き伸ばされることに関連して、無視できないデリケートな事情が一つあり、ここで強調しておく価値がある。

膨張している宇宙を光が旅する場合、ある距離を移動する要因として、空間を通過する光の本来の速力もあるが、空間そのものの拡大もある。これは空港の動く歩道で起こることと似ている。動く歩道に乗ると、自分が歩くスピードを速めなくても、動く歩道があなたの動きを増強するの

＊もし空間が無限に大きいなら、今の宇宙のほうが過去の宇宙より大きいというのはどういう意味なのかと疑問に思うかもしれない。答えはこうだ。「より大きい」とは、銀河間の過去の距離と同じ銀河間の今の距離を比べた表現である。宇宙が膨張しているということは、銀河どうしは今のほうが遠く離れているということで、数学的には宇宙のスケール因子が大きくなることに反映されている。無限の宇宙の場合、無限はつねに無限なので、「より大きい」は空間の全体的なサイズを指すのではない。しかし表現をわかりやすくするために、無限の空間の場合も、銀河間の距離の変化を指しているという了解のもとで、宇宙のサイズが変化するという言い方を続ける。

で、乗らないときより遠くまで進む。同様に、空間が膨張していると、遠い超新星からの光は本来のスピードが加速しなくても、膨張する空間が光の動きを増強するので、膨張していないときより遠くまで進む。私たちが今見ている光がいつ放たれたのか正確に判断するには、光が移動した距離に対する両方の寄与を考慮しなくてはならない。数学は少しややこしくなるが（興味がある人は注を参照されたい）、すでにきちんと解明されている。[7]

この点のほかにも理論や観測の細かいところに注意を払って、両チームは特定可能な過去の各時点における宇宙のスケール因子の大きさをはじき出すことに成功した。つまり、宇宙の大きさを記録した日付入りの一連の鉛筆マークを見つけ、それによって、宇宙が誕生して以来、膨張スピードがどう変化してきたかを特定することができたのだ。

宇宙の加速

両チームとも、チェックと再チェックとさらにチェックを重ねたすえに、結論を発表した。長年の予想に反して、この七〇億年のあいだ、空間の膨張は減速していなかった。加速していたのである。

この先駆的研究と、その主張をさらに強く裏づけたその後の観測を、図6・2に要約した。観測でわかったところによると、約七〇億年前までは、スケール因子は確かに予想どおりの振る舞

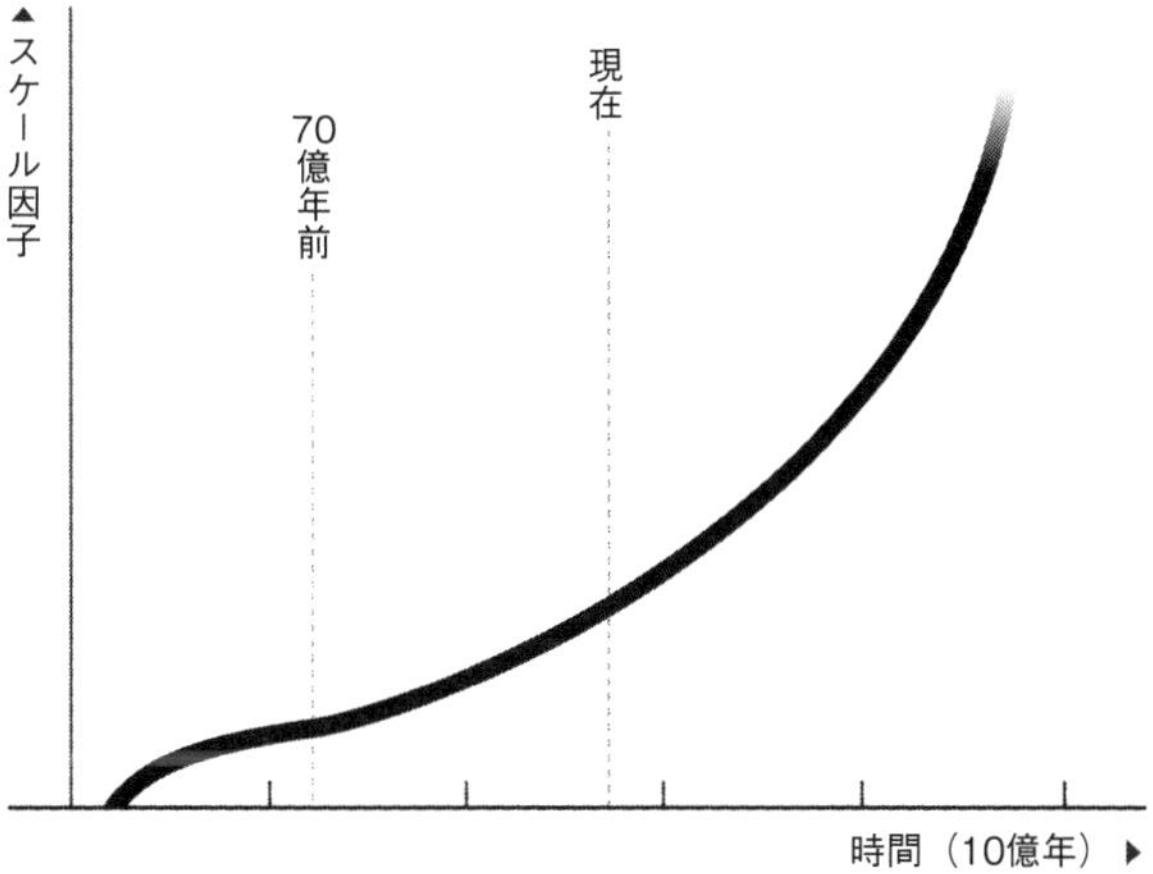

図6・2　宇宙のスケール因子の経時変化。宇宙の膨張は約70億年前まで減速していたが、それから加速を始めたことがわかる。

いだった。つまりだんだんに成長が減速していたのだ。もしそれが続いていたら、グラフは平らなままか、下向きになっていただろう。しかしデータを見ると、約七〇億年前の時点で、何か劇的なことが起こったとわかる。グラフが上を向き始めているが、これはスケール因子の成長速度が増し始めたことを意味する。宇宙がギアをトップに入れ、空間膨張の加速が始まった。

私たちの宇宙の密度はこのグラフの形で決まる。膨張が加速しているので、空間は無限に広がり続け、遠くの銀河はどんどん遠くに、どんどん速く、引き離されていく。一〇〇〇億年後、今は近所にある銀河（「局部銀河群」と呼ばれる、重力で結ばれた一ダースほどの銀河の集団）もすべて、私たちの宇宙の地平線から出ていき、私たちには永遠に見えない領域に入ってしまう。未来の天文学者が前の時代から記録を受け継がなければ、彼らの宇宙理論が究明するのは、暗く静かな海に浮かぶ一つの島宇宙だけになってしまい、そこには過疎地の学校の生徒と同じくらいの数の銀河しかないだろう。私たちは恵まれた時代に生きている。宇宙から得る見識は、加速する膨張に奪われるのだ。

このあとわかることだが、未来の天文学者に見えるものの乏しさは、私たちの世代が加速する膨張を説明しようとするなかで目《ま》の当たりにした、宇宙の広がりの茫洋《ぼうよう》さと比べると、よりいっそう印象的である。

宇宙定数

誰かが投げ上げたボールのスピードが増すのを見たら、あなたは何かがそれを地表から押し上げていると推論するだろう。超新星の研究者たちも同様に、宇宙の「大移動」が予想に反して加速するには、引力的重力に打ち勝つ何かが外に向かって押す必要があると推論した。今や私たちにもよくわかっているとおり、この仕事内容はまさに、宇宙定数とそれが生む斥力的重力にうってつけである。こうして超新星の観測によって、宇宙定数が再び脚光を浴びることになったが、そのきっかけは、アインシュタインが数十年前の手紙のなかでさりげなく触れた「信念による誤った判断」ではなく、データの実力だったのだ。

さらにデータのおかげで、研究者たちは宇宙定数——すなわち空間を満たしている暗黒エネルギーの量——の数値を修正することができた。物理学者の慣例どおり、（$E=mc^2$をあまり見慣れない$m=E/c^2$にして）結果をエネルギーと等価の質量で表現し、超新星のデータが求める宇宙定数は一立方センチメートル当たり10^{-29}グラム以下であることを示した。(8) そんな小さな宇宙定数による外向きの押しが、最初の七〇億年間、普通の物質とエネルギーによる内向きの引きに負けていたことは、観測データが示すとおりである。しかし空間膨張で普通の物質とエネルギーが希薄になっていったため、最終的に、宇宙定数が優位に立つことができた。思い出してほしい。宇宙定数は薄まらない。宇宙定数がもたらす斥力的重力は、空間に固有の属性である——空間一立方メートルはみな同じ外向きの押しを生むのだ。その強さは宇宙定数の値で決まる。したがって、宇宙の膨張によって二つの天体のあいだの空間が増えれば増えるほど、その二つを引き離す力は強くなる。約七〇億年前までに、宇宙定数の斥力的重力が勝利を収めたのだろう。図6・2のデータが立証するとおり、宇宙の膨張はそれ以降加速している。

もっと忠実に慣例に従うなら、宇宙定数の値を、物理学者が一般的に使う単位で表現し直すきである。食料品店で10^{15}ピコグラムのジャガイモをくださいと言ったり（普通は同じ量をもっと常識的な単位にして一キログラムくださいと言うだろう）、待っている友人に10^9ナノ秒で着くと言ったりする（普通ならもっと常識的な単位を用いて、一秒で着くと言うだろう）のと同じで、物理学者にとって、宇宙定数のエネルギーを一立方センチ当たりのグラムで表現するのは妙なのだ。このあと明らかになる理由から、宇宙定数の値をいわゆる立方プランク長さ（一辺が約10^{-33}センチの立方体なので体積は10^{-99}立方センチ）当たりのプランク質量（約10^{-5}グラム）の倍数で表現するほうが自然である。この単位にすると、宇宙定数の測定値は約10^{-123}、本章の冒頭に出てきたきわめて小さい数になる[9]。

この結果はどれだけ確かなのか？　膨張の加速を立証するデータは、最初の測定が行われてから十数年のあいだに、さらに決定的になった。そのうえ補足的な測定（たとえば、マイクロ波背景放射の詳しい特性に焦点を合わせたもの。『宇宙を織りなすもの』第一四章を参照）も、もののみごとに超新星の結果とかみ合っている。疑う余地があるとしたら、加速する膨張の説明として受け入れたもののなかだ。一般相対性理論を重力の数学的記述と考えると、選択肢は宇宙定数の反重力しかない。ほかの説明が浮上するのは、（インフレーション宇宙論の場合のように、一定期間、宇宙定数になりすますことができる）エキゾチックな量子場を追加してこの全体像を修正したり[10]、一般相対性理論の方程式を（天体どうしが離れるとともに、引力的重力の強さがニュートンやアインシュタインの数学が示すより急激に衰えて、宇宙定数がなくても遠い領域がもっと速く離れられるように）変更したりした場合である。しかし今のところ、加速する膨張が観測されたことの説明としてもっともシンプルで説得力があるのは、宇宙定数は消えないので空間は暗黒エネルギーで満たされている、という説である。
多くの研究者にとってゼロでない宇宙定数の発見は、生まれてこのかた遭遇した観測結果のなかで、もっとも意外なものである。

ゼロの説明

ゼロでない宇宙定数を示唆する超新星の観測結果を初めて知ったときの私の反応は、多くの物理学者の典型だった。「そんなことはありえない」。（すべてではないが）ほとんどの理論家は、何十年も前に、宇宙定数の値はゼロだと結論づけていた。この見解はもともと「アインシュタインの最大の失態」伝説から生まれたのだが、時がたつにつれ、それを支持するさまざまな説得力のある主張が出現した。もっとも有力な主張は、量子力学の不確定性原理の考察から生まれたものである。

量子力学の不確定性と、それに付随してあらゆる量子場が経験するゆらぎのおかげで、空っぽの空間でも、微視レベルでは狂ったような活動が起こっている。そして箱のなかであちこち跳ね返る原子や、遊び場じゅうを跳ね回る子どものように、量子ゆらぎはエネルギーを抱いている。しかし原子や子どもと違って、量子ゆらぎはいたるところにあって避けられない。ある空間領域の閉鎖を宣言して、量子ゆらぎを家に帰すことはできない。量子ゆらぎが供給するエネルギーは空間に充満していて、それを取り除くことはできない。宇宙定数は空間を満たすエネルギー以外の何ものでもないので、量子場のゆらぎが、宇宙定数を生成する微視的メカニズムの役割を果たしているのだ。これはきわめて重要な洞察だ。思い出してほしい。アインシュタインが宇宙定数の概念を導入したときには、観念的にそうしたのであって、宇宙定数がどういうもので、どこから来て、どうやって生まれるかを具体的に述べなかった。しかし、量子ゆらぎとのつながりを考えると、アインシュタインが宇宙定数を思いつかなくとも、すぐあとに量子物理学に携《たずさ》わる誰かが思いついたであろうことは必然である。量子力学を考慮に入れたとたん、空間に均一に広がっている場が供給するエネルギー寄与と向き合わざるをえなくなるので、ただちに宇宙定数の概念にたどり着く。

ここで生じる疑問は、細かい数字のことだ。このあまねく存在する量子ゆらぎには、どれくらいのエネルギーが含まれているのか？　理論家たちが答えを計算すると、ほとんど話にならない結果が出た。いかなる体積の空間をとっても、そこには無限大のエネルギーがあるはずだというのだ。どうしてそんなことになるのか、そのわけを理解するために、どんな大きさでもかまわないので、空っぽの箱のなかの場のゆらぎについて考えよう。図6・3は、ゆらぎの形としてありうる例を示している。このようなゆらぎはどれも、場のエネルギー含量に寄与する（実際、波長が短いほどゆらぎが急速になるので、エネルギーは大きくなる）。そして波形は無限にたくさん

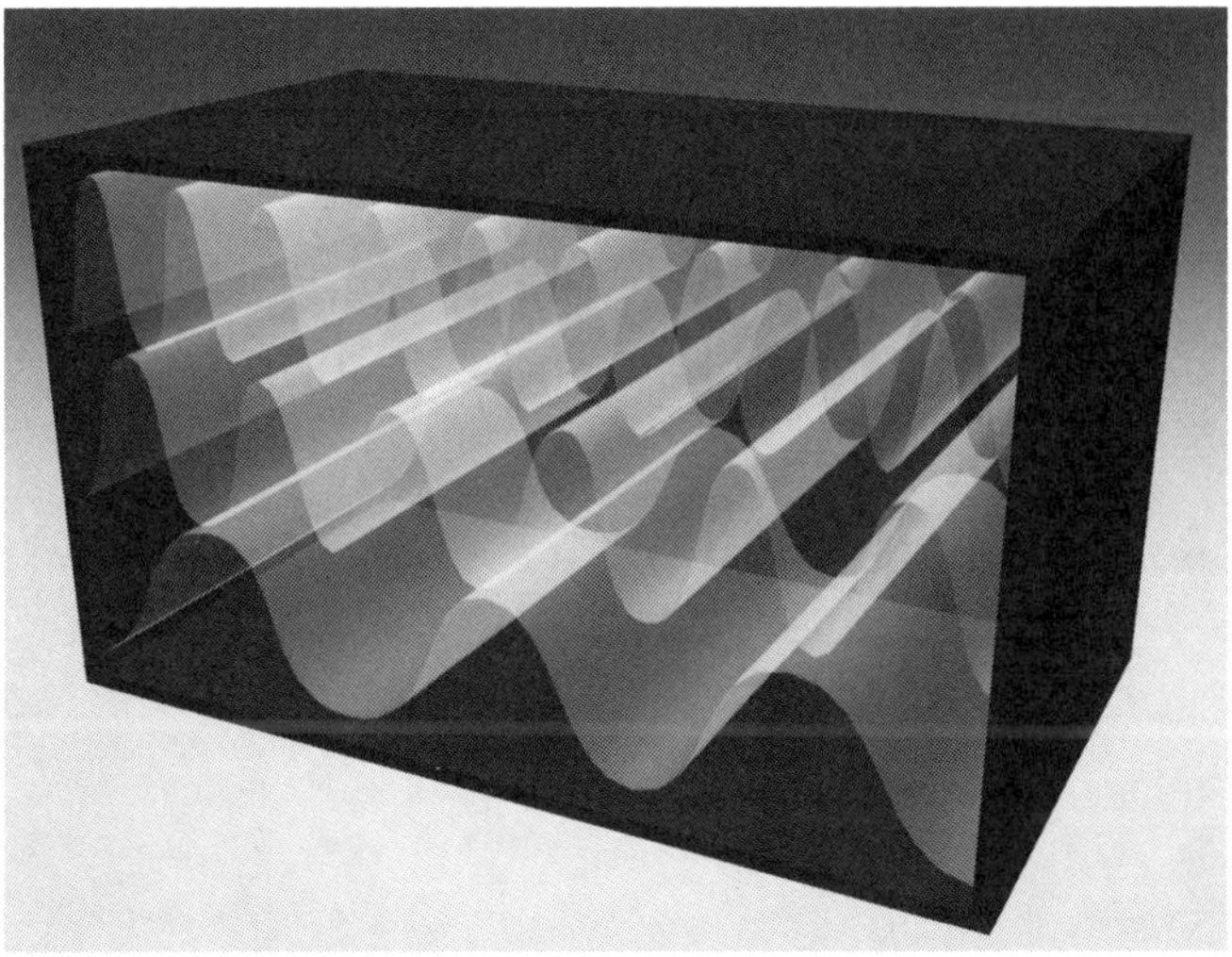

図6・3　どんな体積にも無限にたくさんの波形があるので、無限にたくさんの異なる量子ゆらぎがある。その結果、無限のエネルギー寄与というやっかいな結果が生まれる。

考えられるので、ゆらぎに含まれるエネルギーの総量は無限になる(11)。

こんな結果が受け入れられないのは明らかだったが、研究者たちが卒倒することはなかった。というのも、前に論じたもっと大きな周知の問題、すなわち重力と量子力学の対立の現われと考えたのだ。きわめて短い距離スケールでは、場の量子論が頼りにならないことは誰もが知っていた。プランクスケール、すなわち10^{-33}センチ以下の短い波長のゆらぎは、重力が問題になるくらい大きいエネルギー（と、$m = E/c^2$により等価の質量）をもっている。それを正しく記述するためには、量子力学と一般相対性理論を融合する枠組みが必要である。理論について言えば、これで議論がひも理論に転じるか、あるいは重力も取り込む別の量子理論が提案されることになる。しかし研究者たちはすぐさま、もっと実際的に反応した。単純に、プランク長さより短いスケールのゆらぎを無視して計算するべきだと宣言したのだ。この排除を実行しなければ、場の量子論の計算が明らかに有効範囲を超えたところにまで拡張されてしまう。いつの日か、ひも理論や量子重力が十分に理解され、極小のゆらぎを量子力学的に扱えるようになることを期待したが、当座しのぎとしては、もっとも有害なゆらぎを数学的に締め出したのだ。この指令の意味することは明白だ。プランク長さより短いゆらぎを無視すれば、残りは有限数なので、ゆらぎが空っぽの空間領域に寄与するエネルギーの合計もまた有限である。

これは進歩だ。少なくとも、重責を今後の洞察に転嫁した。その洞察がごく短い波長の量子ゆらぎを収拾してくれることを祈って。しかしそれでも、結果として出てくるエネルギーゆらぎの答えは、有限とは言っても相変わらず巨大で、一立方センチ当たり10^{94}グラムであることを、研究者たちは知った。この密度は、すべての既知の銀河にあるすべての星を指ぬきに押し込めたものよりも、はるかに大きい。極小の立方体、つまり一辺がプランク長さの立方体で考えると、この途方もない密度は一立方プランク長さ当たり10^{-5}グラム、あるいは一プランク体積当たり一プランク質量になる（だからこそこの単位は、ジャガイモのキロや待ち時間の秒と同じように、自然で理にかなった選択なのだ）。宇宙定数がこの大きさだとすると、とてつもなく高速な外向きの爆発を起こすので、銀河から原子まであらゆるものが引き裂かれる。もっと定量的に言うと、そもそも宇宙定数なるものがあるのなら、それがどれだけ大きくなりうるかには、きっちりした限界があることが天体観測によって確認されており、ここで明らかになった理論的な結果は、その限界よりなんと一〇〇桁以上も大きかったのだ。空間を満たすエネルギーの数値が大きくても有限であることは、無限よりはましだが、物理学者たちにしてみれば、なんとしても自分たちの計算結果を劇的に縮小する必要があった。

ここで理論的偏見が前面に出てくる。差し当たり、宇宙定数がただ小さいのではないと仮定しよう。ゼロだと仮定しよう。ゼロは理論家にとって好都合な数である。なぜなら、それが計算で出てくる確実な方法があるからだ――すなわち、対称性である。たとえば、アーチーが社会人教育の講座を受けていて、宿題を出されたとしよう。一から一〇までの整数それぞれの六三乗を合計し（$1^{63}+2^{63}+3^{63}+4^{63}+5^{63}+6^{63}+7^{63}+8^{63}+9^{63}+10^{63}$）、その結果に、マイナス一からマイナス一〇までの整数それぞれの六三乗の合計（$(-1)^{63}+(-2)^{63}+(-3)^{63}+(-4)^{63}+(-5)^{63}+(-6)^{63}+(-7)^{63}+(-8)^{63}+(-9)^{63}+(-10)^{63}$）を足すという問題だ。最終的な計算結果はいくつになる？　彼がいらいらを募らせながら、掛け算をしてから六〇桁以上の数を足すという計算に難儀していると、エディスが横から口を出す［訳注　アーチーとエディス夫妻は一九七〇～八〇年代にアメリカで人気を博したTVドラマ《オール・イン・ザ・ファミリー》の主人公］。「対称性を使いなさいよ、アーチー」

「はあ?」エディスが言いたいのは、最初の式の各項は二番めの式に対称で等しい項をもっている、ということだ。1^{63}と$(-1)^{63}$を足すと(負の数を奇数回累乗すると負の数のままなので)0になり、2^{63}と$(-2)^{63}$を足すと0になる、というふうに続く。式と式の対称性のおかげで、結果としてすべてが消去される。同じ体重の子どもがシーソーの両側に乗ってバランスを取っているようなものだ。エディスはまったく計算する必要もなく、答えが0であることを示す。

多くの物理学者が、量子ゆらぎに含まれるエネルギーの計算においても、物理法則中のまだ確認されていない対称性によって同じようにすべてが消去され、やっかいな問題から救われると考えた——あるいは、そう望んだと言うべきだろう。物理現象が十分に理解されれば、量子ゆらぎの膨大なエネルギーは、何らかのまだ確認されていない同じく膨大な寄与によって消去される、と推測したのだ。概算がはじき出す常軌を逸した結果をねじふせるために、物理学者が考えついた唯一の戦略がこれだった。だからこそ、多くの理論家が宇宙定数はゼロのはずだと結論づけたのである。

これがどういう展開になりえるか、具体的な例を超対称性が示している。第4章で話したこと(表4・1)を思い出してほしい。超対称性によって粒子の種類が対になり、ひいては場の種類が対になる。電子は超対称電子、またはセレクトロンと呼ばれる種類の粒子と対になり、クォークはスクォーク、ニュートリノはスニュートリノと対になる。これらの「超対称粒子」はすべて今のところ仮説上のものだが、今後二、三年の大型ハドロン衝突型加速器による実験で、事態が変わるかもしれない。いずれにしても、理論家が場のペアそれぞれに生じる量子ゆらぎを数学的に吟味したところ、興味深い事実が明るみに出た。一方の場に生じるどのゆらぎにも、対応するゆらぎが相棒の場にあって、アーチーの数学の宿題と同じように、大きさは同じだが正負が逆である。そしてその例と同じように、そのような寄与をすべてペアごとに足し合わせると、消去されて最終的な結果がゼロになる。(12)

しかし問題がある。しかも大きい問題だ。すべてが消去されるのは、ペアの電荷と核電荷が（わかっているとおり）同じであるだけでなく、質量も同じである場合に限られるのだ。ところが実験データはその可能性を認めていない。たとえ自然界が超対称性を利用しているとしても、データによれば、納得のいくかたちでは実現しえないのだ。いまだ確認されていない粒子（セレクトロン、スクォーク、スニュートリノなど）は、既知の相棒よりはるかに重いはずである――そうでなければ、加速器の実験で見つかっていないことの説明がつかない。粒子の質量が違うと考えると、対称性は崩れ、バランスが取れなくなり、消去は完璧にならない。したがって結果は再び膨大になる。

長年にわたって、新たな対称性原理や消去の仕組みをいろいろと用いた、似たような提案があれこれ出されたが、宇宙定数が消えることを理論的に立証するという目標を達成したものはなかった。それでもおおかたの研究者は、これは私たちの物理学に対する理解が不完全であることの証拠にすぎないと考え、宇宙定数が消えるという考えが誤りであることの証拠とは考えなかった。

この正統派の信念に異議を唱えた物理学者が、ノーベル賞を受賞したスティーヴン・ワインバーグである。* 革命的な超新星測定の一〇年以上も前、一九八七年に発表した論文のなかで、ワインバーグは従来の説とは決定的に違う結果を生み出す代替の理論的枠組みを提案した。すなわち、小さいがゼロでない宇宙定数、というものだ。ワインバーグの計算の基礎になったのは、ここ数十年間に物理学界が注目した概念のなかで、もっとも評価が二極に分かれたもの——畏敬する人もいれば、けなす人もいる原理、深遠だと言う人もいれば、愚かだと言う人もいる原理——である。その概念に付けられた、語弊はあるが正式な名称は、人間原理というものだった。

宇宙論における人間

ニコラウス・コペルニクスによる太陽系の太陽中心モデルは、私たち人間が宇宙の中心ではないことを、初めてしっかり科学的に実証したものと認められている。近代になってからのさまざまな発見は、その説をおおいに強化している。人間は特別な地位にあるという長年の前提を覆《くつがえ》す発見が相次ぎ、コペルニクスの成果はその一つにすぎないことを、私たちは実感している。私たちは太陽系の中心にいるのではないし、銀河の中心にいるのでもなく、宇宙の中心にいるのでもなく、宇宙の質量の大半を構成する暗黒物質でできているわけでもない。このような宇宙の主役からエキストラへの降格は、科学者たちが現在コヽペヽルヽニヽクヽスヽ原理と呼んでいるものの好例である。すなわち、物事の全体的な成り立ちを考えると、私たちの知るものすべてが、人間は特別な地位を占めているのではないことを示しているのだ。

コペルニクスの業績からほぼ五〇〇年後、クラクフでの記念すべき会議で、オーストラリア人物理学者のブランドン・カーターによって、コペルニクス原理にとても興味深いひねりを加えるプレゼンテーションが行われた。カーターは、研究者がコペルニクス原理に固執しすぎると、状況によっては進歩の大きなチャンスを逃しかねない、という考えを詳しく述べた。確かに、私たち人間は宇宙の秩序の中心ではない、とカーターは同意している。しかし、アルフレッド・ラッセル・ウォレス、エイブラハム・ゼルマノフ、ロバート・ディッケなどの科学者が同様の洞察をはっきり述べているとおり、私たちが絶対になくてはならない役を演じる舞台がある、とカーターは続けた。それは私たち自身の観測だという。人間がコペルニクスと彼の業績によってどれだけ降格されても、私たちの意見のもとになるデータの収集と解析は誰が行ったかと言えば、それ

＊ケンブリッジの天体物理学者のジョージ・エフスタシューも、ゼロでない宇宙定数を強力に説得力をもって主張した先駆者のひとりだった。

は私たちなのだ。この不可避の立場があるために、私たちは統計学者が選択バイアスと呼ぶものを考慮しなくてはならない。

これは単純で広く応用できる考えだ。もし魚のマスの個体数を調べているのに、サハラ砂漠だけを詳しく調査するなら、調査対象にとってとくに住みにくい環境に焦点を合わせているので、データに偏りが生じる。一般大衆のオペラに対する関心を研究しているのに、《オペラなしでは生きていけぬ》誌が集めたデータベースだけを対象に調査すれば、回答者は全母集団の代表ではないので、正確な結果は出ない。避難所に移動するまでにおそろしく過酷な状況に耐え抜いた難民集団にインタビューしている場合、彼らは地球上でもっとも頑強な民族だという結論に達するかもしれない。しかし、インタビューを受けているのは出発時の人数の一パーセントにも満たないという衝撃的な事実を知ったら、並はずれて強い者だけがその旅を生き延びたのだから、先ほどの推論は偏っていることに気づく。

このようなバイアスへの対処は、有意の結果を得るために、そして典型でないデータにもとづく結論を説明するための無駄な調査を避けるために、欠かすことができない。なぜマスは現存しないのか？　大衆のあいだでオペラが急に人気を博しているのはなぜか？　なぜ特定の民族に驚くほどの回復力があるのか？　偏った観測をすると、もっと視野を広げて典型を見れば意味がなくなる状況を説明するために、無意味な調査をするはめになるおそれがある。

たいていの場合、この種のバイアスは容易に突き止めて正すことができる。しかしもっと微妙な種類のバイアス、あまりにも基本的なので見すごされやすいバイアスがある。私たちが生きることのできる時と場所の制約は、私たちが見ることのできるものに甚大な影響を及ぼす可能性がある、という意味でのバイアスである。そのような本質的な制約が観測に与える影響を正しく考慮しなければ、先ほどの例のように、私たちはとんでもなく誤った結論を引き出すおそれがある。場合によっては、ヒッチコックが自作に好んで登場させたような、とくに意味のない小道具や趣向にすぎないものを説明するという、無駄な研究を強いられるかもしれない。

たとえば、あなたは（偉大な科学者のヨハネス・ケプラーのように）なぜ地球が太陽から一億五〇〇〇万キロのところにあるのかを、どうしても理解したいとしよう。観測にもとづくこの事実を説明する何かを、物理法則の奥深くで見つけたい。何年も必死に奮闘するが、確実な説明をまとめあげることができない。あなたは努力を続けるべきなのだろうか？　さて、もし選択バイアスを考慮に入れて自分の努力を振り返れば、すぐに無駄な骨折りをしていることに気づくだろう。

ニュートンのものでもアインシュタインのものでも、重力の法則によると惑星はどんな距離にあっても恒星を周回できる。もし地球をつかむことができるなら、太陽から任意の距離のところに移動させ、そのあと再び適切な速度（初歩の物理学で容易に算定される速度）で動かしてやると、喜んで軌道に載る。太陽から一億五〇〇〇万キロ離れていることに関して唯一特別なのは、それゆえに地球が私たちの存在できる温度になっている、ということだ。もし地球が太陽からもっと近かったり、もっと遠かったりしたら、温度がはるかに高いか低いかで、私たちの生命体にとって必須の成分、すなわち液体の水がなくなってしまうだろう。これで本質的なバイアスが暴《あば》かれる。この惑星から太陽までの距離を測定するのが私たちであるという事実そのものによって、必然的に、私たちが見出す結果は私たち自身の存在と両立する限られた範囲内にしかないことになる。そうでなければ、私たちがここにいて太陽から地球までの距離を考えていることもないだろう。

もし地球が太陽系内の唯一の惑星であるなら、あるいは、宇宙内の唯一の惑星であるなら、さらに調査しなければならない気がするかもしれない。あなたはこう言うだろう。確かに私自身の存在が太陽から地球までの距離に関係していることはわかるが、それならなおさら、なぜ地球がこのような生命に適した居心地のよい場所にあるのかを説明したいという気持ちが強くなる。それは幸運な偶然にすぎないのか？　もっと深い意味があるのだろうか？

しかし宇宙でも太陽系でも、惑星は地球だけではない。ほかにもたくさんの惑星がある。そしてこの事実によって、先ほどのような疑問のとらえ方が大きく変わってくる。私の言いたいことを理解してもらうために、ある靴店のことを想像してほしい。あなたはその店には一つのサイズしか置いていないと勘違いしている。だから、店員がもってきた靴が自分にぴったりだと知って、とてもうれしい驚きを感じる。「靴にはいろんなサイズがありえるのに、この店で扱っている唯一のサイズが私のサイズだなんて驚きだ。これは幸運な偶然にすぎないのか？　それとももっと深い意味があるのか？」しかし店には実はいろいろなサイズの靴が置いてあることを知ると、疑問は消えてなくなる。宇宙の恒星とそれを周回する惑星との距離についても、同じようなことが言える。店にあるすべての靴のなかに、自分にぴったりのものが一足はあることが大きな驚きではないのと同じように、あらゆる銀河のあらゆる太陽系にあるすべての惑星のなかに、私たちの生命体が存在できる気候を生み出すのにちょうどよい距離を恒星と保っている惑星があっても、それほど驚くにはあたらない。そしてもちろん、私たちが住んでいるのはそういう惑星の一つである。私たちは単純に、他の惑星では進化できないし、生き延びることもできないのだ。

したがって、地球が太陽から一億五〇〇〇万キロ離れていることに根本的な理由はない。主恒星からの惑星の軌道距離は、気まぐれな歴史的偶然の結果だ。具体的には、合体して太陽系になった渦巻きガス雲の多岐にわたる特性で決まる。これは根本的な説明には使えない偶発的な事実である。実際、そのような天体物理過程によって宇宙のあちこちに、それぞれの太陽をさまざまな距離で周回している惑星が誕生したのだ。私たちは、私たちの太陽から一億五〇〇〇万キロにあるそのような惑星の上にいる。なぜなら、それが私たちの生命体が進化できた惑星だからだ。しかしそれはこの選択バイアスを考慮しないと、もっと意味深長な答えを探したくなるだろう。

骨折り損だ。

カーターの論文は、そのようなバイアスに注意することの重要性を強調し、その説明を人間原理と呼んだ(これは残念な名称である。なぜなら、この考えは人間だけでなく、観測を行って解析する知的生命体すべてに同じように当てはまるからだ)。カーターの主張のこの要素に異論を唱える者は誰もいなかった。議論の的になったのは、人間原理が惑星の軌道距離のような宇宙のなかの物事だけでなく、宇宙そのものをも包含するという彼の主張だった。

どういう意味なのだろうか?

たとえば、電子の質量は(陽子の質量との比で表わすと)〇・〇〇〇五四、電磁力の強さは(結合定数で表わすと)〇・〇〇七三、私たちが今いちばん関心のある宇宙定数は(プランク単位で表わすと)1.38×10^{-123}、というような宇宙の基本特性について、あなたは頭を悩ませているとしよう。これらの定数がなぜその特定の値なのかを説明するつもりだ。しかしいろいろ試しても成果がない。するとカーターが言う。一歩下がってごらん。あなたが失敗している理由は、地球と太陽の距離を説明できないのと同じ理由かもしれない。つまり根本的な説明がないのだ。さまざまな距離にさまざまな惑星があって、私たちは必然的に、自分たちが住みやすい環境を生み出す軌道距離の惑星に住んでいるのと同じように、「定数」としてさまざまな値をもつさまざまな宇宙があって、私たちは必然的に、自分たちが存在できる値をもつ宇宙に住んでいるのかもしれない。

この考え方によると、なぜ定数がその特定の値なのかを問うのは、見当違いの質問である。その値を決める法則はないので、値は宇宙によって違う可能性があり、実際に違うのだ。例の本質的な選択バイアスがあるために、私たちは多宇宙のなかで定数がおなじみの値をもつ宇宙にいることがわかる。理由は簡単、値が違う宇宙には存在できないからだ。

注意してほしいのは、もし私たちの宇宙がただ一つの宇宙だったら、この論法は通用しないことだ。なぜなら、「幸運な偶然」か「もっと深い意味がある」かを問うことができるからだ。店にあなたのサイズの靴がある理由を納得できるように説明するには、さまざまなサイズの在庫がなくてはならない。主恒星からの距離が生命に適している惑星がある理由を納得できるように説明するには、恒星からの軌道距離が異なるさまざまな惑星がなくてはならない。同様に、自然界の定数を納得できるように説明するには、その定数としてさまざまな値をもっている種々の宇宙がなくてはならない。この状況――多宇宙、しかもその点が確かな多宇宙――ではじめて、人間原理の論法によって神秘が当たり前のことになりうる。*

もしそうなら、あなたが人間原理というアプローチにどの程度なびくかは、次の三つの基本的前提をどの程度納得しているかによる。（1）私たちの宇宙は多宇宙の一部である。（2）多宇宙では、定数の値は宇宙によってさまざまである。（3）定数が私たちの測定する値とかけ離れている場合はたいてい、私たちの知る生命は根づくことができない。

一九七〇年代、カーターがこの考えを提案したとき、並行宇宙の概念は多くの物理学者に忌み嫌われていた。確かに、いまだに疑うべき理由はたくさんある。しかしこれまでの章で私たちが見てきたところによると、個々の具体的なバージョンの多宇宙が実在するかと問われれば、その裏づけが盤石《ばんじゃく》でないのは確かだが、宇宙の実像《リアリティ》に対するこの新しい見方、すなわち前提1を、真剣に考察する理由はある。現在、実際にそうしている科学者が大勢いる。前提2についても、私たちが見てきたところでは、たとえば〈インフレーション多宇宙〉と〈ブレーン多宇宙〉では、自然界の定数のような物理特性が宇宙によって変わることが実際に予想される。この点について、本章でこのあともっと詳しく検討する予定だ。

しかし前提3について、すなわち生命と定数についてはどうだろう?

生命、銀河、自然に潜む数字

自然界の定数が少しでも変わると、私たちの知る生命の存在が不可能になることが多い。重力定数を強くすると、恒星があっという間に燃え尽きてしまうので、近くの惑星上で生命が進化することはできない。弱くすると銀河がまとまらない。電磁力を強くすると、水素原子が強く反発しあうので、核融合で恒星にエネルギーを供給することができない。(13) しかし宇宙定数についてはどうだろう？　生命の存在はその値に左右されるのだろうか？　これはスティーヴン・ワインバーグが一九八七年の論文で取りあげた問題である。

生命の形成は複雑な過程であり、私たちの理解はまだ初歩の段階なので、物質に命を吹き込むための数えきれないステップに、宇宙定数の何らかの値が直接どう影響するかを特定できる見込みはない、とワインバーグは認めている。しかし彼はあきらめるのでなく、生命の形成にうまい代役を立てた──銀河の形成である。銀河がなければ、恒星と惑星の形成は完全に危うくなり、生命が出現するチャンスに壊滅的な影響を与えるだろう、と彼は推論している。このアプローチはきわめて合理的であるだけでなく、有益でもある。話の焦点は、大小の宇宙定数が銀河の形成に与える影響を特定することに移り、それはワインバーグが解決できる問題だった。

必要なのは初歩的な物理学だ。銀河形成は微に入り細をうがつ研究が盛んに行われている分野だが、大まかなプロセスは一種の宇宙の雪だるま効果を伴う。物質の塊《かたまり》がそこここにでき、周囲より密度が高いおかげで近くの物質より強い引力を発揮するので、さらに大きく成長する。ひとりでに大きくなるサイクルが続いて、最終的に大量の気体と塵が渦を巻き、それが合体して恒

＊第７章で、多宇宙を盛り込んだ理論の検証という難題について、もっと徹底的に、もっと広い範囲で検討する。さらに、検証可能な結果を出すことに人間原理という論法が果たす役割も、もっと詳しく解析する。

星と惑星ができあがる。ワインバーグの認識によると、十分に大きい値の宇宙定数は、この凝集過程を崩壊させるという。宇宙定数による斥力的重力がもし十分に強ければ、最初の——小さくてもろい——塊は、周囲の物質を引き寄せて強くなる間もなく、斥力によってばらばらに散らされ、銀河の形成が妨げられるだろう。

ワインバーグはこの考えを数学的に展開し、現在の宇宙の物質密度（一立方メートル当たり陽子二、三個）の二〇〇〜三〇〇倍より大きい宇宙定数は、銀河の形成を妨げることを発見した（ワインバーグはさらに、負の宇宙定数の影響も考えた。負の値は引力的重力を強め、恒星が発火する間もなく宇宙全体が潰れてしまうので、その場合の制約はさらにきつい）。したがって、私たちが多宇宙の一部であり、宇宙定数の値は宇宙によってさまざまである——惑星と恒星の距離が太陽系によってさまざまであるのと同様——と想定した場合、銀河を擁する可能性のある宇宙、つまり私たちが住める宇宙は、宇宙定数がワインバーグのはじき出した上限より小さい、すなわちプランク単位で約10^{-121}以下の宇宙だけである。

何年も物理学界の試みは失敗続きだったが、これでようやく、観測天文学の推測する上限よりべらぼうに大きくはない宇宙定数が、理論的計算から生まれたのだ。ワインバーグが成果を出した時代に広く信じられていた、宇宙定数は消えるという信念とも矛盾しない。しかしワインバーグはこの明白な進歩をさらに一歩進め、自分が出した結果をもっと積極的に解釈するよう促した。

彼の提案によると、私たちがいる宇宙の宇宙定数は、私たちの存在に必要な程度に小さいが、それより小さくはないと考えるべきだというのだ。定数がもっとずっと小さいとすると、単に私たちの存在に適しているというだけでは説明がつかない、と彼は論じている。つまり、物理学が果敢に探し求めているが、今のところ見つけられていない種類の説明を必要とする。そのためワインバーグは、いずれもっと精度の高い測定によって、宇宙定数は消えず、彼の算出した上限かそれに近い値であることが明らかになるかもしれない、と提案するにいたったのだ。すでに見てきたように、ワインバーグの論文から一〇年もたたないうちに、超新星宇宙プロジェクトとハイZ超新星探査チームの観測が、この提案は先見的であったことを証明した。

しかしこの型破りな説明の枠組みをきちんと評価するには、ワインバーグの論拠をもっと詳細に吟味する必要がある。ワインバーグの想定によると、広大な多宇宙には実に多様な天体があるので、私たちが観測した宇宙定数をもつ宇宙が、少なくとも一つはあるはずだというのだ。しかしどんな種類の多宇宙なら、それが本当であると保証されるのか、あるいは少なくともその可能性が高いのか？

このことをじっくり検討するために、まず、似てはいるがもっと数字が単純な問題を考えよう。あなたは剛腕で知られる映画プロデューサー、ハーヴェイ・ワインスタインならぬハーヴェイ・W・アインシュタインの仕事をしていると想像してほしい。あなたは彼から新しいインディペンデント映画『パルプ・フリクション』の主役を募集してほしいと依頼される。「どれくらいの身長の人がいいですか?」とあなたは尋ねる。「さあな。一メートル以上、二メートル以下。しかし私がどんな身長に決めたとしても、それに合う人が必ずいるようにしないとまずいぞ」。量子力学の不確定性があるため、本当はすべての身長の代表をそろえる必要はないと気づいて、あなたはボスの意見を訂正したいと思うが、それをしようとした不機嫌な小さいしゃべるハエがどうなったかを思い出してやめる。

ここであなたは決めなくてはならない。オーディションには何人の俳優を集めるべきなのか?あなたの考えはこうだ。もしプロデューサーがセンチメートルの精度で身長を測るなら、一メートルと二メートルのあいだには一〇〇通りの可能性がある。そのため、少なくとも一〇〇人の俳優が必要だ。しかし現われる俳優のなかには身長が同じ人が何人かいて、ほかの身長を代表する人がいないことになるかもしれないので、一〇〇人より多く集めたほうがいい。念のため、二、三〇〇人に声をかけるべきかもしれない。かなりの人数だが、ミリメートルの精度で身長を測る場合に必要な人数よりは少ない。その場合、一メートルと二メートルのあいだには一〇〇〇の異なる身長があるので、念のため、二、三〇〇〇人の俳優を集める必要がある。

同じ論法が、異なる宇宙定数をもつ宇宙の場合にも当てはまる。多宇宙内のすべての宇宙が(通常のプランク単位で)ゼロから一までの宇宙定数の値をもっていると仮定しよう。それより小さい値は崩壊する宇宙につながり、それより大きい値は私たちの数学的定式化を無理に適用することになってすべての理解を危うくする。したがって、俳優の身長に一（メートル）の幅があったのと同じように、宇宙定数にも一（プランク単位）の幅がある。プロデューサーがセンチの目盛りかミリの目盛りを使うことに相当するのが、私たちが測定できる宇宙定数の精度である。今現在の精度は約10^{-124}（プランク単位）である。将来的には精度は間違いなく向上するが、これから見ていくように、そのことは私たちの結論にほとんど影響しない。そして、一メートルの範囲には、10^{-2}メートル（一センチ）刻みで違う身長が10^2通り、10^{-3}メートル（一ミリ）刻みで違う身長が10^3通りありえるのと同じように、〇と一のあいだには、10^{-124}刻みで違う宇宙定数の値が10^{124}通りある。

したがって、ありえる宇宙定数すべてが必ず実現するには、宇宙が10^{124}以上ある多宇宙が必要になる。しかし俳優の場合と同じように、同じ宇宙定数の値をもつ宇宙がある重複の可能性を考慮しなくてはならない。したがって、ありえる宇宙定数すべてが実現する可能性を高めるためには、大事をとって10^{124}よりはるかにたくさん宇宙がある多宇宙にしなくてはならない。たとえば一〇〇万倍にして、切りのいい10^{130}に増やすべきである。私がぞんざいになっているのは、これほど大きい数字について話す場合、厳密な値は重要でないからだ。なじみのある例はどれも——ヒトの体細胞の数（10^{13}）も、ビッグバン以降の秒数（10^{18}）も、宇宙の観測可能な部分にある光子の数（10^{88}）も――私たちが今検討している宇宙の数には、はるかに及ばない。肝心なのは、宇宙定数を説明するためのワインバーグのアプローチがうまく行くのは、私たちが膨大な数の異なる宇宙を擁する多宇宙の一部である場合に限られることだ。その宇宙定数は、10^{124}あまりの異なる値を網羅していなくてはならない。それほどたくさんの異なる宇宙があってはじめて、宇宙定数が私たちのものと一致する宇宙がある確率が高くなるのだ。

宇宙定数が異なるそれほど膨大な数の宇宙を、自然に生み出すような理論的枠組みがあるのだろうか？(14)

悪から善へ

ある。私たちは前章でそのような枠組みに出会った。ひも理論の余剰次元としてありえる形の種類は、そこを通る流束も含めると、およそ10^{500}になった。これに比べれば10^{124}などかわいいものだ。10^{124}に数百桁足しても、まだ10^{500}よりはるかに小さい。10^{500}から10^{124}を引いて、次にもう一度引いて、またもう一度引いて、それを一〇億回繰り返しても、ほとんど減っていない。結果はまだほぼ10^{500}なのだ。

決定的なのは、そのような宇宙はそれぞれ宇宙定数が実際に違うことだ。磁束がエネルギーをもっている（物を動かすことができる）ように、カラビ＝ヤウ図形の穴を通る流束もエネルギーをもっていて、図形の細かい部分が少しでも変わるとエネルギー量も変化する。もし異なる二つのカラビ＝ヤウ図形があって、それぞれ異なる穴に異なる束が通っているとすると、二つの図形のもつエネルギーも一般的に異なる。そして大きく広げられた絨毯の下地のあらゆるポイントにパイルの丸いループがくっついているように、カラビ＝ヤウ図形はおなじみの三次元空間のあらゆる点にくっついているので、その図形がもっているエネルギーは三つの大きな次元を一様に満たすだろう。絨毯のパイルの繊維一本一本がびしょぬれになると、絨毯の裏地全体が一様に重くなるのと同じだ。したがって、10^{500}種類のドレスアップしたカラビ＝ヤウ図形のどれかが、求められる余剰次元を構成しているとしたら、そこに含まれるエネルギーは宇宙定数に寄与するだろう。ラファエル・ブッソとジョー・ポルチンスキーが出した結果は、この考え方を定量的に展開したものだ。彼らの主張によると、余剰次元にありえる10^{500}ほどの異なる形が生み出すさまざまな宇宙定数は、広い範囲の値に均一に分布するという。

　これは願ってもないことだ。〇から一の範囲全体に10^{500}の目盛りが分布していれば、過去一〇年間に天文学者が測定した宇宙定数の値にきわめて近いものがたくさんあるのは確実だ。10^{500}ある可能性のなかに、これだという例を見つけるのは難しいかもしれない。というのも、今日最速のコンピューターが余剰次元の形一つを解析するのにたった一秒しかかからないとしても、一〇億年後に検討が終わっているのはわずか10^{30}の例だけである。しかしこの論法は、これだという例が確かにあることを強く示唆している。

ひも理論の研究は唯一の宇宙という概念から離れることになると誰もが思ったが、確かに、余剰次元に考えられる形が10^{500}種類も集まったことは、その想像どおり唯一の宇宙とかけ離れている。そして、ただ一つの――私たちの――宇宙を記述する統一理論を見出すというアインシュタインの夢に固執している人たちにとって、このような展開はひどく不愉快なものだった。しかし宇宙定数の解析によって状況の見え方が変わる。唯一の宇宙が現われそうもないので絶望するよりむしろ、お祝いをしたい気持ちになる。ひも理論のおかげで、ワインバーグによる宇宙定数の説明でいちばんありそうにない部分――10^{124}以上の異なる宇宙を必要とすること――が、突然、もっともらしく思えてくるのだ。

最後のステップを手短に

興味をかき立てる物語の要素がまとまりつつあるように思える。しかしこの論法にはまだ隙間がある。ひも理論が膨大な数の異なる宇宙を認めることと、ひも理論で生まれる可能性のある宇宙すべてが実際にあって、広大な多宇宙にいくつもの並行宇宙が存在することをひも理論が保証することとは別である。そこで、レナード・サスキンドが――シャミト・カチュル、レナタ・カロシュ、アンドレイ・リンデ、サンディップ・トリヴェディの先駆的研究に刺激されて――断固として強調したように、永遠のインフレーションをタペストリーに織り込むと、その隙間を埋めることができる[15]。

これからこの最終段階を説明するつもりだが、もうおなかがいっぱいなので、とにかくさわりを知りたい人のために、ここで手短にまとめておこう。〈インフレーション多宇宙〉――膨張し続けるスイスチーズの宇宙――には膨大な数の泡宇宙があり、しかも増え続けている。インフレーション宇宙論とひも理論が融合すると、永遠のインフレーション過程が、あらゆる泡にひも理論の余剰次元としてありえる10^{500}の形――泡宇宙一つにつき余剰次元の形一つ――をまき散らし、すべての可能性が実現する宇宙論の枠組みができあがる。この論法によると、私たちが住んでいる泡宇宙には、生命体にとって住みやすく、さまざまな性質が観測と合致する宇宙や宇宙定数などを生み出す余剰次元があるのだ。

本章でこのあと詳細を具体的に述べるが、もう次に進みたいと思う人は、章の最後の節まで飛ばしてもかまわない。

ひも理論のランドスケープ

第3章でインフレーション宇宙論を説明するにあたって、私はありふれたメタファーのバリエーションを使った。山の頂上が、空間を満たすインフラトン場に含まれるエネルギーの最大値を表わす。山を転げ落ちて低いところで止まる動きは、インフラトンがエネルギーを発散し、その過程で物質の粒子と放射に変化することを表わしている。

このメタファーの三つの側面をもう一度確認し、第3章以降に得た洞察を加えて更新しよう。第一に、インフラトンはどうやら空間を満たしていそうなエネルギーの源《みなもと》の一つにすぎないことを、私たちは学んだ。ほかの寄与は電磁場や核力の場など、ありとあらゆる場の量子ゆらぎから生まれる。これを踏まえてメタファーを修正すると、山の高度が表わすのは、あらゆる源が寄与して空間を一様に満たしているエネルギーの総量、ということになる。

第二に、もともとのメタファーでは、インフラトンが最終的に止まる山のふもとは「海水面」、すなわち高度ゼロとしてイメージされている。つまりインフラトンはすべてのエネルギー（と圧力）を発散しきったということである。しかし修正版で山のふもとが表わすのは、インフレーションが終わったあとに空間を満たしているあらゆる源からの総エネルギー、ということになる。これは泡宇宙の宇宙定数の別名である。したがって、宇宙定数を説明するときの謎は、山のふもとの高度を説明するときの謎になる——なぜ、海水面に近いのにぴったりゼロにならないのか？

第三に、私たちは当初きわめて単純な山の地形を考えていた。頂上からなだらかにふもとにつながり、そこにインフラトンは最終的に落ち着く（上巻一〇二ページの図3・1を参

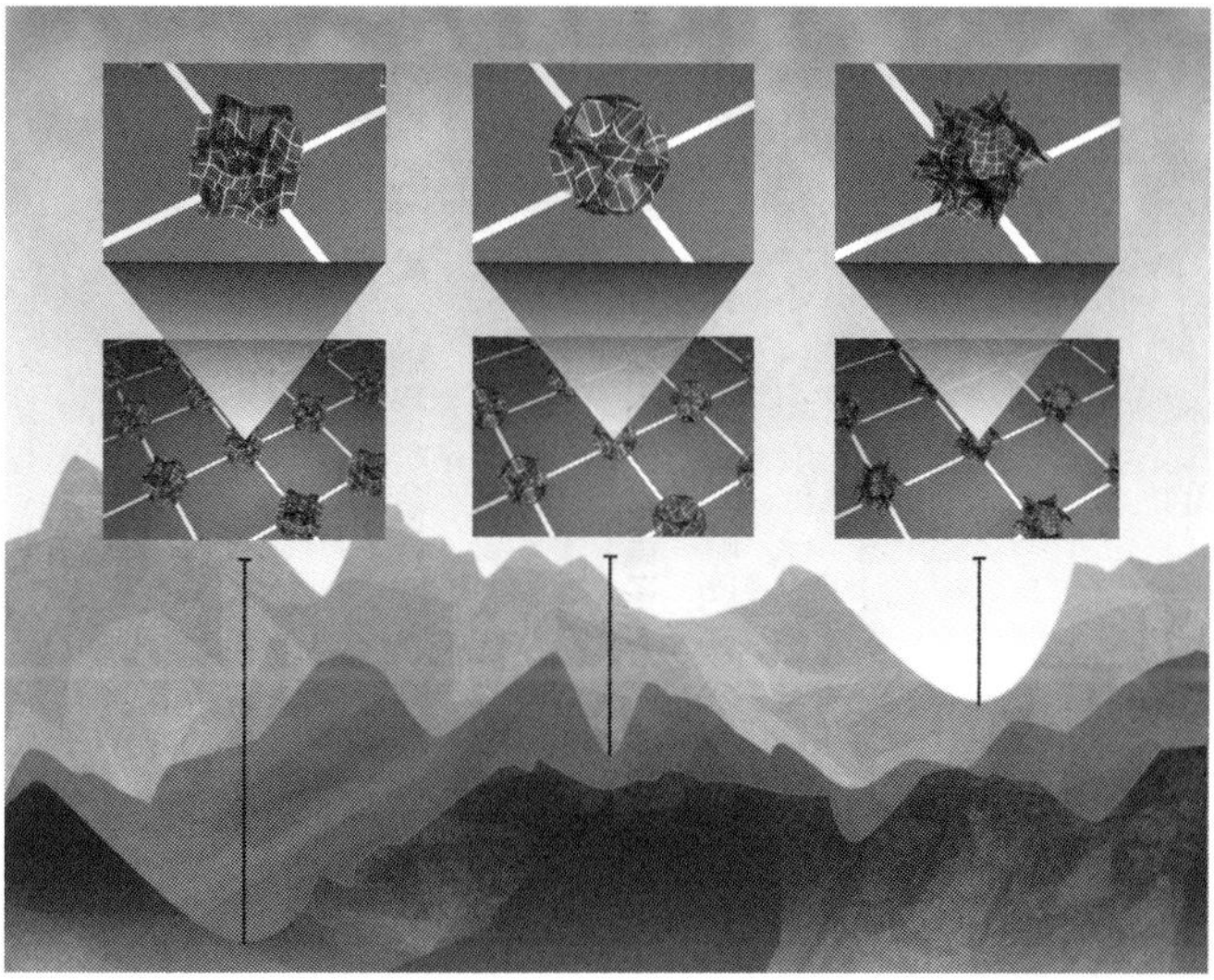

図6・4　ひも理論のランドスケープは山の地形として図式的に視覚化できる。さまざまな谷が余剰次元のさまざまな形を表わし、高度が宇宙定数の値を表わす。

照）。そのあと一歩進んで、ほかの要素（ヒッグス場）を考慮に入れ、その進化と最終的な落ち着き先が泡宇宙内に現われる物理特性に影響することを考えた（上巻二二〇ページの図３・６を参照）。

ひも理論では、ありうる宇宙はさらに多種多様だ。特定の泡宇宙の物理特性は余剰次元の形で決まるので、図３・６bのさまざまな谷、すなわち考えられる「落ち着き先」は、余剰次元がとりうる形を表わす。余剰次元として10^{500}種類の形が考えられるということは、図６・４のように、山の地形はいくつもの谷あり崖あり、岩が露出しているところありと、非常に変化に富んでいる必要がある。そのようなボールが止まる可能性のある地形の特徴はどれも、余剰次元がとりうる形を表わし、その場所の高度は、対応する泡宇宙の宇宙定数を表わしている。図6・4に、いわゆるひも理論のランドスケープ（風景）を示した。

このように山——つまりランドスケープ——のメタファーをより詳しく理解したところで、この状況で量子過程が余剰次元の形にどう影響するかを考えよう。これから見ていくように、量子力学がランドスケープを照らし出すのだ。

ランドスケープにおける量子トンネル現象

図6・4はやむをえず略図になっているが（図3・6の異なる谷にそれぞれ独自の軸があるのと同様に、一つのカラビ＝ヤウ図形を通る可能性のあるおよそ五〇〇種類の場の流束それぞれにも独自の軸があるはずだ——が、五〇〇次元空間にある山をスケッチするのは難題である）、違う形の余剰次元をもつ宇宙がいくつもつながって、一つの地形をなしていることを正しく示している。[16] そして量子力学を考慮に入れ、伝説の物理学者、シドニー・コールマンがフランク・デ・ルチアと協力して、ひも理論とは関係なく発見した結果を用いると、宇宙間のつながりに劇的な変化がもたらされうる。

核となる物理学のよりどころは、量子トンネル現象と呼ばれる過程だ。電子のような粒子が、古典物理学の予測では粒子が突き抜けられない、たとえば厚さ三メートルある鋼鉄の厚板のような、固い障壁にぶつかったとしよう。量子力学の顕著な特徴は、「突き抜けることができない」という古典力学の厳格な考えをしばしば、もっと柔軟な「突き抜ける可能性は小さいがゼロではない」という量子力学的表現に翻訳することである。なぜなら量子ゆらぎのおかげで、本来なら何も通さない障壁の反対側に粒子が突然現れることがあるからだ。そのような量子トンネル現象がいつ起こるかは成り行き任せであり、私たちにはせいぜい、ある一定期間に起こる確率を予想することくらいしかできない。しかし量子力学の数学によると、十分長い時間待てば、どんな障壁にも突き抜けが起こるはずだ。そして確かに起こっている。もし起こらなかったら、太陽は輝かないだろう。水素原子が核融合できるほど近づくためには、陽子の電磁斥力がつくる障壁を突き抜けなくてはならないのだ。

コールマンとデ・ルチア、さらには二人のあとに続いた多くの研究者によって、量子トンネル現象は単一の粒子から宇宙全体まで規模が拡大された。宇宙には現在の配置とは別の配置がありうるが、両者は似たような「突き抜けられない」障壁で隔てられている。彼らの成し遂げた成果がどういうものか、感じをつかむために、二つのありうる宇宙を想像しよう。二つはそっくりだが、ただ一つ、それぞれを一様に満たしている場が違っていて、一方はそ

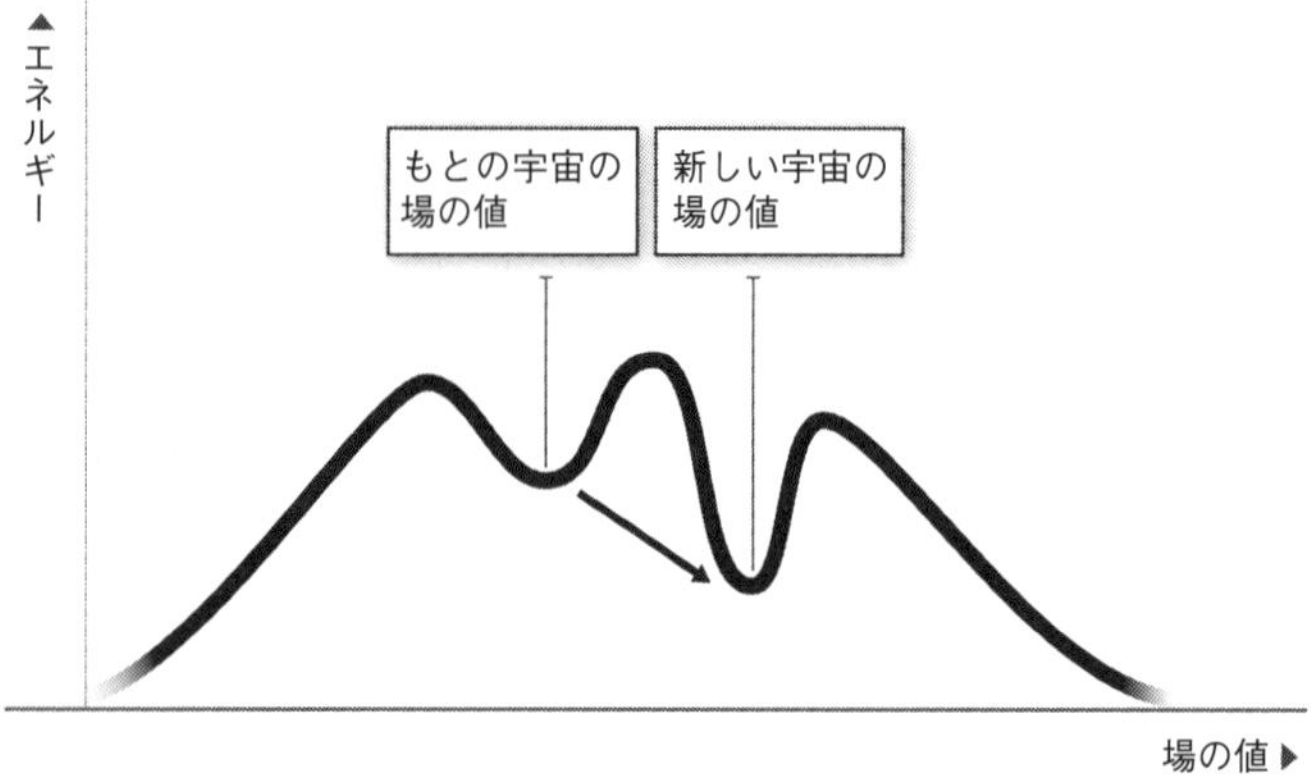

図6・5　２つの値――２つの溝または谷――をもつ場のエネルギー曲線の例。場は自然に落ち着く。高エネルギーの場の値で満たされた宇宙は、低い値へと量子トンネル現象を起こす可能性がある。その過程で、もとの宇宙の任意の場所にある小さな空間領域が低い場の値を獲得し、その領域はそのあと拡大して、もっと広い領域を高エネルギーから低エネルギーへと変える。

のエネルギーが高く、他方は低い。障壁がなければ、高いエネルギーの場の値が低い値へと転がり落ちる。インフレーション宇宙論を論じたときのボールが山を転がり落ちるのと同じだ。しかし図６・５のように、場のエネルギー曲線に現在の値と目指す値とを隔てる「大きなこぶ」があったらどうなるだろう？　コールマンとデ・ルチアは、単一の粒子の場合と同じように、宇宙も古典物理学でできないとされていることを成し遂げられると知った。宇宙はゆらぎによって障壁を通り抜け――量子トンネル現象を起こし――て、低エネルギーの配置へと到達できるのだ。

しかし、私たちが話しているのは単

一の粒子ではなく宇宙のことなので、トンネル現象の過程は複雑だ。コールマンとデ・ルチアによると、空間全体の場の値が同時に障壁を突き抜けるのではないという。正しくは、「種《たね》」のトンネル現象が、比較的小さい場のエネルギーで満たされた小さい泡をランダムな場所につくり出すのだ。そのあと泡が成長し、ヴォネガットのアイス・ナイン［訳注　カート・ヴォネガットの小説『猫のゆりかご』に出てくる架空の物質］よろしく、場が低エネルギーへと突き抜けた領域を広げていく。

これらの考えはひも理論のランドスケープにそのまま当てはまる。宇宙には余剰次元に特定の形があって、それが図6・6a［次ページ］の左の谷に相当するとしよう。この谷は高度が高いので、おなじみの三次元空間には大きい宇宙定数が満ちている、つまり強い斥力的重力が生じているため、急速なインフレーションを起こしている。この膨張する宇宙は、その余剰次元とともに、図6・6b［次ページ］の左側に図示されている。次に、任意の場所で任意の時間に、ほんの小さな空間領域があいだにある山を突き抜けて、図6・6aの右側の谷にたどり着く。ただし小さい空間領域が（どういう意味であれ）動くのではなく、正しくは、この小さい領域にある余剰次元の形（形状、大きさ、流束）が変わるのだ。小さい領域の余剰次元が姿を変え、図6・6aの右の谷にくっついている形を獲得する。この新しい泡宇宙は、図6・6bに示されているとおり、もとの泡宇宙の内部にある。

(a)

(b)

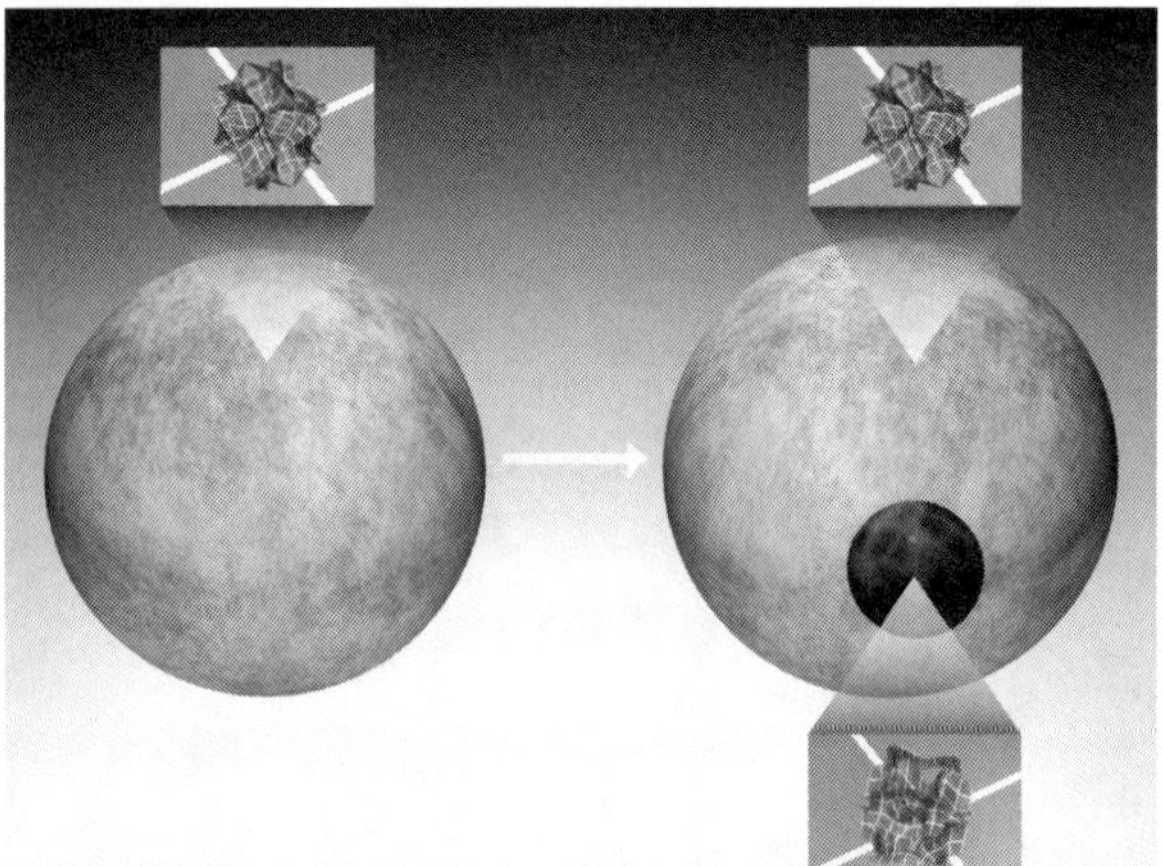

図6・6 (a) ひも理論のランドスケープで起こる量子トンネル現象。**(b)** トンネル現象は小さい空間領域——小さく色の濃い泡——をつくり出し、そのなかで余剰次元の形が変化している。

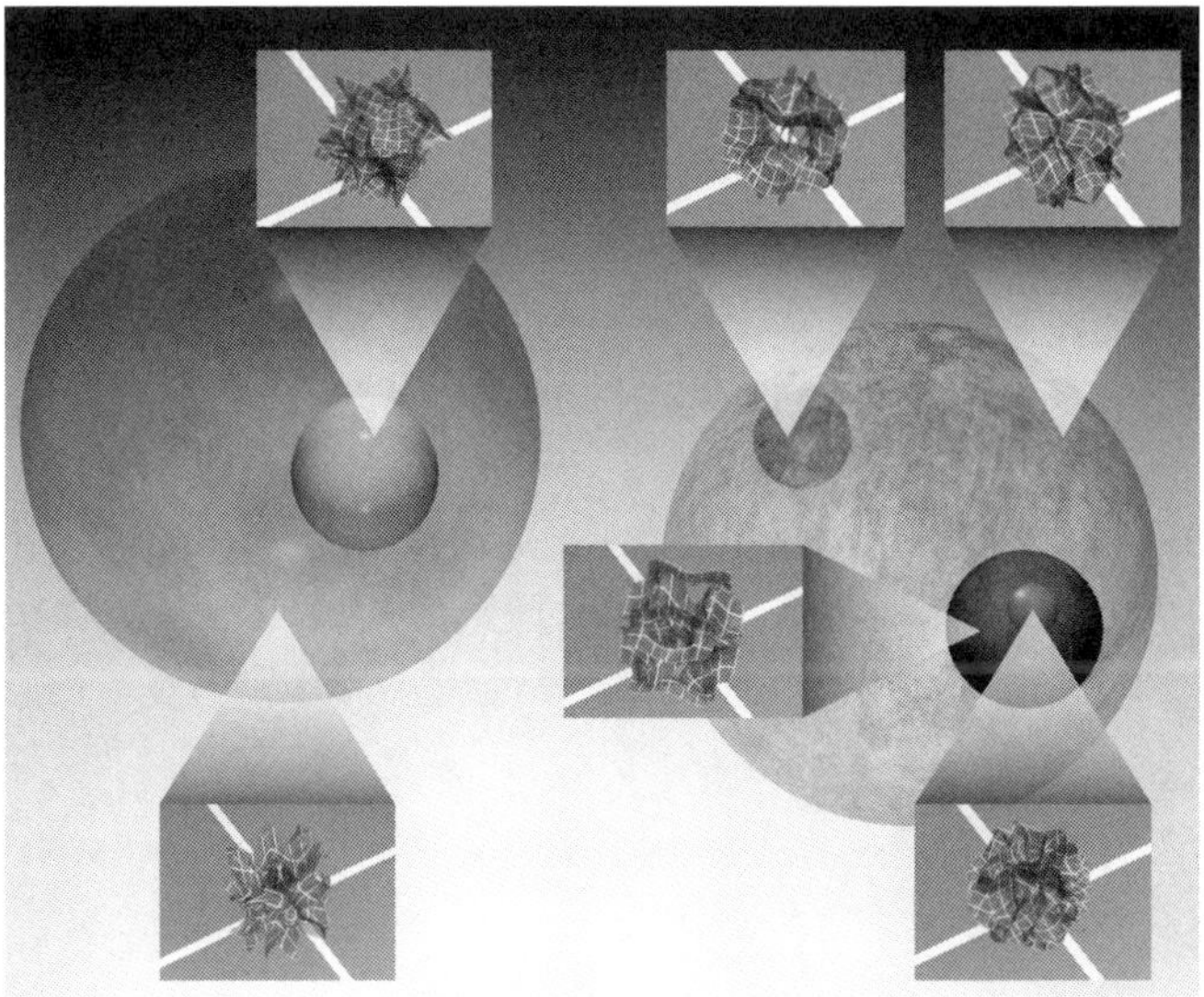

図6・7　トンネル現象の過程は繰り返す可能性があり、入れ子式の巨大な膨張する泡宇宙を生み出す。それぞれの余剰次元は形が異なる。

新しい宇宙は急速に膨張し、広がりながら引き続き余剰次元の形を変える。しかし新しい宇宙の宇宙定数は小さくなった——ランドスケープにおける高度は最初よりも低い——ので、この宇宙が経験する斥力的重力は弱いため、もとの宇宙ほど急速に膨張することはない。したがって、新しい形の余剰次元をもつ膨張する泡宇宙は、余剰次元の形がもとのままで、もっと速く膨張している泡宇宙のなかにある(17)。

このプロセスが繰り返すこともありうる。もとの宇宙内部のほかの場所でも、新しい宇宙の内部でも、さらなるトンネル現象が追加の泡を生み出して、また違う形の余剰次元をつくるのだ（図6・7）。そのうち、広大な空間は泡のなかの泡のなかの泡で穴だらけになる――それぞれがインフレーション膨張を起こし、それぞれに異なる形の余剰次元があり、それぞれは外側の大きい泡宇宙よりも宇宙定数が小さい。

その結果できあがるのは、前に永遠のインフレーションと出会ったときに見つけたスイスチーズの多宇宙を、さらに複雑にしたバージョンである。前のバージョンには二種類の領域があった。すなわちインフレーション膨張を起こしている「チーズ」の部分と、起こしていない「穴」である。これは、ふもとの高度を海抜ゼロと仮定した山が一つだけの、単純化したランドスケープをそのまま反映したものである。もっと変化に富んだひも理論のランドスケープには、さまざまな値の宇宙定数に相当するいくつもの頂《いただき》や谷があって、図6・7のようにさまざまな領域を生み出す。泡のなかに泡、またそのなかに泡という具合に、まるで一体ずつ別の画家が絵を描いたマトリョーシカ人形のようだ。最終的に、山の多いひも理論のランドスケープのあちこちで、量子トンネル現象が絶え間なく続き、余剰次元に考えられるあらゆる形をいずれかの泡宇宙で実現する。これが〈ランドスケープ多宇宙〉である。〈ランドスケープ多宇宙〉こそ、ワインバーグの宇宙定数の説明に必要なものである。すでに論じたことだが、ひも理論のランドスケープは、おおよそ観測値の範囲にある宇宙定数をもった形の余剰次元が、原理的にはありうることを保証する。ひも理論のランドスケープには、超新星の観測で明らかになった極小だがゼロではない宇宙定数と、同じくらいちっぽけな高度の谷がある。ひも理論のランドスケープを永遠のインフレーションと結びつけると、宇宙定数がそれほど小さいものも含めて、余剰次元に考えられる形がすべて生み出される。〈ランドスケープ多宇宙〉を構成する広大な入れ子の泡宇宙のなかのどこかに、宇宙定数が本章の冒頭に出てきた極小の数字、つまり10^{-123}である宇宙がある。そしてこの考え方によれば、私たちが住んでいるのはその泡の一つなのだ。

あとの物理現象は？

宇宙定数は、私たちが住む宇宙の特徴の一つにすぎないが、もっとも難解な特徴と言えるだろう。なぜなら、測定された小さい値は、定説によるもっとも単純な概算で出る数字と、周知のとおり食い違っている。この食い違いのせいで宇宙定数ばかりが注目され、それを説明できる枠組みを、どんなに奇抜でもいいから見つけることが急がれている。先ほど述べた理論の組み合わせを支持する人たちは、ひも理論の多宇宙がまさにその枠組みだと主張する。

しかし、私たちの宇宙のほかの特徴——三種類のニュートリノの存在、電子の特定の質量、弱い核力の強度など——はどうなのだろう？　これらの数字の計算をイメージすることはできるが、実際にそれができた人はまだいない。その値も多宇宙にもとづいて説明できるのかと、あなたは疑問に思うかもしれない。確かに、ひも理論のランドスケープを調べている研究者たちは、これらの数字も宇宙定数と同様、場所によって変わるので――少なくとも現在のひも理論の理解のなかでは――一意的に決定されないことを確認した。このことで、全体像がひも理論研究の初期に優勢だったものと大きく変わる。基本粒子の性質を計算しようとするのは、地球と太陽の距離を説明しようとするのと同様、間違っているのかもしれないと思える。軌道距離と同じように、一部またはすべての性質が、宇宙によって違うのではないだろうか。

ただ、この考え方が信頼できるものであるためには、最低でも二つのことを確信できなくてはならない。妥当な値の宇宙定数をもつ泡宇宙があること、そして、そのような泡宇宙のなかに、エネルギーと粒子が私たちの宇宙で科学者が測定したものと合致する泡宇宙が、少なくとも一つあること。細部まで含めた私たちの宇宙が、ランドスケープのどこかにあると請け合えなくてはならない。これがひもモデル構築と呼ばれる活気に満ちた分野の目標だ。その研究計画は、私たちのものと似た宇宙を探し求めてひも理論ランドスケープを歩き回り、余剰次元として数学的にありうる形を検討するにいたっている。これは骨の折れる難題だ。というのも、ランドスケープはあまりに大きく複雑なので、すべてを系統立てて調べることができないのだ。なにがしかの進展を見るためには、磨きあげられた計算技術だけでなく、どのピース――余剰次元の形、サイズ、その穴を通る場の流束、さまざまなブレーンの存在など――を組み立てるべきかに関する直観も必要だ。この挑戦の先頭に立つ人たちは、精密な科学の粋《すい》と芸術家的な感性の合わせ技を使っている。今のところ、私たちの宇宙の特徴をそっくり再現する例を見つけた人はいない。しかし10^{500}あまりの可能性が調べられるのを待っているのだから、私たちの宇宙の居場所はランドスケープのどこかにあるというのが大多数の意見だ。

これは科学か？

この章で、私たちは追うべき論証の新たな局面に入った。これまでは、基礎物理学と宇宙論研究のさまざまな展開にはっきり示された、実在《リアリティ》の意味合いを検討してきた。地球のコピーが宇宙のはるか彼方に存在する可能性、私たちの宇宙は膨張する宇宙に数ある泡の一つだという可能性、私たちは巨大な宇宙の塊を構成するたくさんのブレーンワールドの一つに住んでいる可能性、そういう可能性に私はわくわくする。間違いなく刺激的で魅惑的な考えだ。

しかし〈ランドスケープ多宇宙〉の場合、私たちは違う用途で並行宇宙をもち出している。つい今しがたたどったアプローチでは、〈ランドスケープ多宇宙〉は「あちら」にありうるものについての視野を広げているだけではない。私たちが今も、これから先もおそらくずっと、行くことも、見ることも、検証することも、支配することもできない一連の並行宇宙を、私たちがここで——この宇宙で——行う観測を洞察するために、直接引っぱり出しているのだ。

そこで本質的な疑問が生じる。これは科学なのだろうか？

（以下下巻）

事項索引

人名索引

原　注

第1章

1. 私たちの宇宙が高次元領域に浮かぶ厚板である可能性は、2人の著名なロシア人物理学者の論文——"Do We Live Inside a Domain Wall?," V. A. Rubakov and M. E. Shaposhnikov, *Physics Letters B* 125 (May 26, 1983)——ですでに述べられているが、そこにひも理論は登場しない。私が5章で取りあげるバージョンは、1990年代半ばにひも理論の進展から出現したものである。

第2章

1. これは《リテラリー・ダイジェスト》誌の1933年3月号からの引用である。この文の正確さについて最近、デンマークの科学史家ヘルゲ・クラフが問題にしたことは注目に値する（彼の*Cosmology and Controversy*, Princeton; University Press, 1999を参照）。クラフの意見によると、これはその年のもっと早い時期の《ニューズウィーク》誌に掲載された記事の再解釈ではないかということで、その記事でアインシュタインは宇宙線の起源について言及している。いずれにせよ、この年までにアインシュタインが宇宙は不変であるという信念を捨てて、自分が打ち立てた一般相対性理論の方程式から生まれた動的宇宙論を受け入れていたことは確かだ。
2. この法則で、2つの物体の質量がそれぞれm_1とm_2、物体間の距離がrであるとき、そのあいだに働く引力の大きさFを求められる。数学的に表わすと、$F=Gm_1m_2/r^2$となる。Gはニュートン定数で、実験による測定で求められた引力の固有強度を示す数値である。
3. 数学好きの読者のために書いておくと、アインシュタインの方程式は$R_{\mu\nu}-\frac{1}{2}g_{\mu\nu}R=8\pi GT_{\mu\nu}$で、$g_{\mu\nu}$は時空計量、$R_{\mu\nu}$はリッチ曲率テンソル、$R$はスカラー曲率、$G$はニュートン定数、$T_{\mu\nu}$はエネルギー・運動量テンソル。
4. この有名な一般相対性理論の実証実験から数十年たって、その結果の信頼性についての疑問が提起されている。遠くの恒星の光が太陽を

かすめて通るところを見るには、皆既日食中に観測しなくてはならない。残念ながら1919年の日食では、悪天候のために鮮明な写真を撮るのが難しかった。エディントンと共同研究者たちが、自分たちの求める結果をあらかじめ知っていたので先入観を抱き、天候のせいで信頼できないと思われる写真を排除することで、アインシュタインの理論に合わないと思われるデータを含むものを、除外しすぎたのではないかと疑問視されている。ダニエル・ケネフィックが最近行った徹底した研究は、1919年の一般相対性理論の実証は本当に信頼できると、納得のいく主張をしている（www.arxiv.org,paper arXiv:0709.0685を参照。とくに、1919年に撮影された写真乾板の最近の再評価も考慮している）。

5. 数学好きの読者のために書いておくと、ここで言うアインシュタインの一般相対性理論の方程式は、$(\frac{da/dt}{a})^2 = \frac{8\pi G\rho}{3} - \frac{k}{a^2}$。変数$a(t)$は宇宙のスケール因子で、その値は名称が示すとおり、物体間の距離スケールで決まる（$a(t)$の値が2つの別々の時間でたとえば2倍違う場合、特定の2つの銀河間の距離も、その2つの時間で2倍違う）。Gはニュートン定数、ρは物質／エネルギーの密度、kはパラメーターで、その値は空間の形が球か、ユークリッド（「平坦」）か、双曲かによって、1か0か－1になる。この方程式の形式は、通常、アレクサンドル・フリードマンの功績とされているので、フリードマン方程式と呼ばれる。

6. 数学好きの読者が注目すべきことが2つある。第1に、一般相対性理論で定義する座標はおおむね、それ自体が空間に含まれる物質に依存している。座標のキャリヤーとして銀河が使われるのだ（各銀河に特定の座標が「描かれている」かのように働く――いわゆる共動座標系）。したがって、具体的な空間領域を特定するためにも、通常、そこを占める物質について言及する。本文の内容をより正確に表現し直すと、時間t_1にN個の銀河群を含む空間領域は、あとの時間t_2には体積が大きくなっている、となる。第2に、空間が膨張または収縮するときに変化する物質とエネルギーの密度についての、本文での直感的に理解しやすい説明は、物質とエネルギーに対する状態方程式に関する１つの前提を暗黙裡に置いたものである。いくつかの状況があるが、このすぐあとに、空間が膨張または収縮しながら、特定のエネルギー寄与の密度――いわゆる宇宙定数のエネルギー密度――は変わらない

ままという状況について検討する。実際、エネルギー密度が増えているのに空間が膨張できる、もっとエキゾチックなシナリオもある。これが起こりうるのは、ある状況下では重力がエネルギー源となりうるからである。本文のこの段落の重要なポイントは、原型の一般相対性理論の方程式が静的な宇宙と両立しないという点だ。

7. すぐあとのくだりにあるとおり、アインシュタインは宇宙が膨張していることを示す天文学のデータを突きつけられて、静的な宇宙という考えを捨て去った。しかし彼がその時以前に、静的な宇宙について疑念を抱いていたことは注目に値する。物理学者のウィレム・ド・ジッターがアインシュタインの静的な宇宙は不安定だと指摘した。ほんの少し広げれば大きくなり、ほんの少し縮めれば小さくなると言ったのだ。物理学者は完璧な条件が保たれなければ持続しない解を敬遠する。

8. ビッグバン・モデルで言う宇宙の外向きの膨張は、放り投げたボールの上向きの運動によくなぞらえられる。引力的重力が上に向かうボールを引っ張るので、ボールの運動速度が落ちる。同様に、引力的重力が外に向かう銀河を引っ張るので、銀河の運動速度が落ちる。どちらの場合も進行中の運動は斥力を必要としていない。それでもこう疑問を発することはできる。ボールを空に向かって放ったのはあなたの腕だが、宇宙を外向きの膨張に「放った」のは何なのか？　この疑問には第3章で戻り、現代の理論では、斥力的重力が宇宙の歴史の最初期に一気に作用したと仮定されていることを検討する。さらに、もっと精緻なデータが裏づけるところによれば、宇宙の膨張速度は時とともに落ちていない、ということも見ていく。このことは、驚くべき——そしてあとの章で明らかにするように——深遠とも言える宇宙定数の復活につながった。

空間の膨張の発見は現代宇宙論の転機だった。その偉業を支えたのは、ハッブルの貢献のほか、ヴェスト・スライファー、ハーロー・シャプレー、ミルトン・フメーソンをはじめ大勢の人たちの研究と洞察である。

9. 2次元のトーラスは通常、中空のドーナツとして描かれる。中空のドーナツというイメージが本文の説明にぴったりであることを、以下2段階のプロセスを踏まえてご説明しよう。説明にあった「画面の右

端を越えると左端に戻る」というのは、右端全体を左端と同一と見なすということだ。画面が曲げられる（たとえば薄いプラスチックでできている）なら、画面を円筒形に丸めて、右端と左端を合わせてテープで留めると、右端と左端を同一と見なすという話がわかりやすくなる。上端を越えると下端に来るという説明は、これもまた両方の端を同一と見なすということである。これをわかりやすくするには、先ほどの円筒を曲げて上端と下端の円を合わせてテープで留めるという、操作の後半を行えばいい。その結果できあがった形は、普通のドーナツ形になる。この操作の誤解を招きやすい点は、ドーナツの表面が曲がって見えることだ。反射塗料を塗れば、そこに映る像はゆがむだろう。これは、トーラスを3次元環境に取り囲まれた物体として表現したことによる、よけいな副産物である。本来2次元の表面であるトーラスは、曲率ゼロの平坦な曲面だ。平らなビデオゲーム画面として表現できることからもはっきりわかるとおり、平らなのである。だからこそ私は本文で、両端が一対と見なされる形として、もっと基本的な説明に重きを置いたのだ。

10. 数学好きの読者なら、「慎重にスライスしたり削り取ったり」という表現は、「単連結な被覆空間にさまざまな離散的等長変換群を作用させて商空間を求める」ことを指しているとおわかりだろう。

11. ここで引き合いに出した量は現代のものである。宇宙の初期には臨界密度はもっと高かった。

12. 宇宙が静止しているのなら、これまで137億光年旅してきて、地球に着いたばかりの光は、本当に137億光年の距離から放たれたのだろう。膨張している宇宙では、その光を放った天体は、その光が移動していた数十億年のあいだ、遠のき続けていたわけだ。地球にその光が届いたとき、天体は137億光年より遠く——はるかに遠く——にある。一般相対性理論を使った単純な計算によって、その天体は（まだ存在していて、引き続き空間の膨張に乗っかっているとして）現在、約410億光年離れたところにあることがわかる。この意味で、観測できる宇宙の直径は約820億光年である。この距離より遠い天体からの光は、まだ時間が足りなくて地球に到着していないので、宇宙の地平線より向こうにある。

13. 大ざっぱに言うと、量子力学の要請により粒子にはつねに「量子ゆ

らぎ」なるものが伴っていると考えられる。それは、「確定した位置と速度（正確には運動量）をもつ粒子」という概念そのものをあいまいにする、量子に不可避のランダムな振動のようなものである。この意味で、量子ゆらぎと同程度の位置や速度の小さな変化は、量子力学の「ノイズ」の範囲内であり、意味のあるものではない。

もっと厳密な言い方をすると、運動量の不正確な測定値に位置の不正確な測定値を掛け合わせると、結果——不確定性——はつねに、量子物理学の先駆者のひとりであるマックス・プランクから名前を取られた、プランク定数という数値よりも大きくなる。具体的には、粒子の位置を高い分解能をもって測定すれば（つまり位置測定値の不正確さを小さくすれば）必然的に、運動量の、ひいてはエネルギーの測定値に大きな不確定性を引き起こす。エネルギーはつねに限られているので、位置測定の分解能もつねに限られたものにならざるをえない。

さらに、これらの概念はつねに有限な空間領域——（次節で示すように）今日の宇宙の地平線サイズの領域一般——に適用されることにも注意してほしい。どんなに大きくても大きさが有限の領域では、位置測定の不確定性に最大限度がある。1つの粒子がある領域に存在すると仮定される場合、その位置の不確定性は、領域の大きさより大きくならないのは確かだ。そのように位置の不確定性が最大であれば、不確定性原理から必然的に、運動量測定の不確定性は最小量になる——これが運動量測定の分解能の限界である。位置測定の分解能の限界と合わせると、粒子の位置と速度の異なる組み合わせの可能性が無限から有限個に減ることがわかる。

あなたはまだ、粒子の位置をより正確に測定できる装置をつくることの障害について考えているかもしれない。それはまたエネルギーの問題でもある。本文に書いたとおり、粒子の位置をより正確に測定したければ、より精緻なプローブを使う必要がある。ハエが部屋にいるかどうかを特定するためには、普通の拡散する天井照明を点ければいい。しかし電子が空洞にあるかどうかを特定するためには、鋭い強力なレーザービームで照らす必要がある。そしてごく正確に電子の位置を特定するには、そのレーザーをさらに強力にする必要がある。しかし強力なレーザーが電子に衝撃を与えると、その速度に大きな影響を及ぼす。そういうわけで結論はこうだ。粒子の位置を正確に特定しよ

うとすると、代わりに粒子の速度が大きく変わってしまう――そしてそのため、粒子のエネルギーも大きく変化してしまう。粒子がもてるエネルギーの量には必ず限界があり、そうであれば、その位置をどれだけ細かく分解できるかにも限界がある。

限定された空間領域の限定されたエネルギーは、位置と速度両方の測定の分解能を有限にするのだ。

14. これを計算するもっとも直接的な方法は、第9章で専門用語を使わずに説明されている結果を引用することだ。すなわち、ブラックホールのエントロピー――区別できる量子状態の数の対数――は、平方プランク単位で測定される表面積に比例する。私たちの宇宙の地平線をふさぐブラックホールがあるとしたら、半径が約10^{28}センチメートル、すなわちおよそ10^{61}プランク長さになるだろう。したがってそのエントロピーは、およそ10^{122}平方プランク単位である。そして区別できる状態の合計数はおよそ10の10^{122}乗、つまり$10^{10^{122}}$になる。

15. なぜ私が場も組み入れないのか、不思議に思う人がいるかもしれない。あとで見るように、粒子と場は相補的な言葉である。海の波は構成要素である水分子で説明できるように、場は構成要素である粒子で説明できる。粒子と場、どちらの言葉を使うかは、おもに便宜上の選択である。

16. 光が一定の時間に進める距離は、空間が膨張するペースに微妙に左右される。あとの章で、空間膨張のペースが上がっていることを示す証拠を見ていく。そうであれば、たとえ長い時間待っても、光が空間をどれだけ遠くまで進めるかには限界がある。空間の遠く離れた領域は、私たちが発する光が届かないほど速いスピードで遠ざかっている。同様に、向こうが発する光はこちらに届かない。ということは、宇宙の地平線――私たちが光の信号をやり取りできる空間――は無限に大きくなっているということだ（数学好きの読者のために、主要な定式化を6章の注7で行っている）。

17. G・エリスとG・バンドリットは古典的な無限宇宙のなかの複製領域を研究した。J・ギャリガとA・ヴィレンキンはそのような領域を量子論の視点で研究した。

第3章

1. 先行研究と一線を画していたのは、一連のサイクル——ビッグバン、膨張、収縮、ビッグクランチ、再びビッグバン——を何度も繰り返す、周期的宇宙の可能性に重点を置いたディッケの視点である。どのサイクルにも空間を満たす残留放射があるだろう、と考えたのだ。
2. ジェットエンジンを搭載していなくても、銀河は一般に空間の膨張で起こるもの以外の動きを見せていることは注目に値する。典型的なのは、大規模な銀河間重力で起こる動きや、銀河のなかの恒星を形成する渦巻き状のガス雲の固有運動である。そのような運動に由来するものは特異速度成分と呼ばれ、一般に、宇宙論の問題においては無視してかまわないほど小さい。
3. 地平線問題は微妙であり、インフレーション宇宙論による解についての私の記述は少し標準から外れているので、関心のある読者のために、ここで少し詳しく説明させてほしい。まず、問題をもう一度。情報のやり取りができないほど遠く離れている夜空の2つの領域を考えよう。具体的に考えるために、どちらの領域にも、自分の領域の温度を設定するサーモスタットを制御する観測者がいるとしよう。観測者は2つの領域を同じ温度にしたいのだが、観測者どうしでコミュニケーションがとれないため、それぞれのサーモスタットをどう設定すればよいかわからない。何十億年前には観測者どうしがもっとずっと近かったので、大昔の当時なら、2人がコミュニケーションをとって、2つの領域が確実に等しい温度になるようにするのも簡単だっただろう、と考えるのは自然だ。けれども本文で述べたように、標準的なビッグバン理論ではこの論法は通じない。その理由についてもっと詳しく述べよう。標準的なビッグバン理論では、宇宙は膨張しているが、引力的重力のせいで膨張のペースは時とともに遅くなる。ボールを空中に投げ上げたときに起こることと同じだ。ボールが上昇するとき、最初は素早くあなたの手から離れていくが、地球の重力が引っ張るせいで、着実にゆっくりになっていく。この、空間膨張の減速が及ぼす影響は実に多大なものだ。考えの核心を説明するために、投げ上げられたボールのたとえを使おう。たとえば、6秒間上昇するボールを想像してほしい。最初（手を離れていくとき）はスピードが速いので、行程の半分をわずか2秒で進むことができるが、後半はスピードが落ちるので、もう4秒かかる。時間の中間点、つまり3秒たったとき、ボールは

距離の中間点を過ぎている。同様に、時とともに減速する空間膨張では、宇宙の歴史の中間点では、2人の観測者間の距離は今の距離の半分よりも長かった。これが何を意味するか考えてみよう。2人の観測者は今より近くにいたが、コミュニケーションをとるのは今より——容易ではなく——難しいと思うだろう。一方の観測者が送る信号が相手に着くための時間は今の半分だが、信号が伝わらなくてはならない距離は、今の距離の半分より長いのだ。今の距離の半分より長い距離間でコミュニケーションをとるのに、半分の時間しかなければ、コミュニケーションはいっそう難しくなるだけである。

このように、物体どうしが影響を及ぼしあえるかどうかを分析するとき、物体間の距離は考慮すべき事柄の1つにすぎない。もう1つの考慮すべき重要な事柄は、ビッグバンから経過した時間の量である。なぜなら、及ぶとされるあらゆる影響がどれだけ遠くまで進めたかは、経過した時間に制限されるからだ。標準的なビッグバン理論では、過去に遡るとすべてが今より近づくが、宇宙の膨張が今より速かったので、比で考えると影響が及ぶための時間は今より少ない。

インフレーション宇宙論が提示する解決法は、宇宙誕生直後に、空間の膨張速度が投げ上げられたボールの速度のようには落ちない段階を挿入することだ。空間膨張はゆっくり始まり、そのあと継続的に速度を増していく。つまり膨張が加速するのだ。先ほどと同じ論法でいくと、そのようなインフレーション期の中間時点では、2人の観測者間の距離は、インフレーション期が終わるときの距離の半分より短い。そして半分より短い距離間のコミュニケーションに、半分の時間が割り当てられるということは、中間時点のほうがコミュニケーションをとるのが容易ということになる。もっと一般的に言うと、膨張が加速するということは、比で考えると、過去に遡るほど影響が及ぶための時間は——少ないのではなく——多いということになる。そうだとすれば、今日遠く離れている領域も、初期の宇宙では容易にコミュニケーションがとれたわけで、現在温度が同じであることの説明がつく。

膨張が加速すると、結果として空間膨張の総量は標準的なビッグバン理論よりもはるかに大きくなるので、2つの領域はインフレーションの開始時に、標準的なビッグバン理論における同等の瞬間と比べて、はるかに近くにあったのだろう。このようなごく初期の宇宙のサイズ

違いからも、標準的なビッグバンでは不可能だとされた領域間のコミュニケーションが、なぜインフレーション理論だと容易に達成できるのかを理解できる。開始後のある瞬間に2つの領域間の距離が短ければ、信号のやり取りも容易だ。

膨張の方程式を任意の初期段階に当てはめる（そして明確にするために空間は球状の形になっていると想定する）と、最初のうち2つの領域が離れるスピードは、インフレーション・モデルよりも標準的なビッグバンのほうが速かったであろうこともわかる。そのためにインフレーション理論より標準的なビッグバンのほうが、2つの領域間の隔たりがはるかに広くなったのだ。そういう意味では、インフレーションの枠組みには、領域が離れるスピードが通常のビッグバンの枠組みよりも遅い時期があるということだ。

インフレーション宇宙論の説明で着目されるのはたいてい、膨張スピードが従来の枠組みよりとんでもなく速くなることだけで、スピードが遅くなることは重視されない。説明におけるこの差は、2つの枠組みのどの物理特性を比べるかによって生じる。ごく初期の宇宙で所定の距離にある2つの領域の軌跡を比べるなら、インフレーション理論のほうが標準的なビッグバン理論よりもはるかに速く、2つの領域は離れていく。今日までに開いた距離は、インフレーション理論のほうが従来のビッグバンよりもはるかに長い。しかし（私たちが注目してきた夜空の反対側にある2つの領域のように）今日一定の距離にある2つの領域について考えるなら、私の説明は適切である。すなわち、ごく初期の宇宙ではその2つの領域が、インフレーション膨張をもち出す理論のほうがそうしない理論に比べて、はるかに近くにあって、はるかにゆっくり離れていた瞬間があったのだ。インフレーション膨張の役割は、開始時のスローペースを補うために、そのあと加速度的に2つの領域を引き離し、それぞれが標準的なビッグバン理論の場合と同じ天空の位置に確実に到達するようにすることである。

地平線問題にもっときちんと取り組むには、インフレーション膨張が生じる状況だけでなく、宇宙マイクロ波背景放射が生まれる過程など、そのあとのプロセスも詳細に述べることになる。しかしここでの議論は、膨張の加速と減速のあいだの本質的な違いをクローズアップしている。

4. 注意してほしいのだが、ここでは袋をねじることでエネルギーを注入している。質量とエネルギーは両方とも結果として重力の歪曲を生じさせるので、重さが増える原因の一部はエネルギーの増加にもある。だが重要なのは、圧力の増加そのものも重さの増加の一因になっていることだ（もう1つ注意してほしいのだが、厳密には、袋の周囲の空気による浮力を考えずにすむように、この「実験」を真空の部屋で行っていると想定するべきである）。日常的な事例では増加はわずかだ。しかし天体物理学的な場面では、増加がかなり大きくなる可能性がある。実際、特定の状況下では星が必ず潰れてブラックホールを形成する理由を理解するのに、この現象が一役買う。恒星は一般に、その中心で起こる核過程によって生じる外向きに押す圧力と、その星の質量によって生まれる内向きに引く圧力のバランスによって、平衡を保っている。星が核燃料を使い果たすと、正の圧力が減少するので星は収縮する。そうなると、その構成物質すべてが密集するので、引力的重力が強まる。さらなる収縮を避けるためには、追加の外向きの圧力（本文の次の段落にあるように、正の圧力と呼ばれる）が必要である。しかし追加の正の圧力そのものが追加の引力的重力を生むので、追加の正の圧力の必要性がなおさら差し迫ったものになる。特定の状況下では、これが安定喪失のスパイラルを生み、重力による内向きの引きに対抗するために星がいつもは頼っているもの――正の圧力――が、逆に内向きへの引きを強くしてしまうがゆえに、重力による完全な崩壊が避けられなくなる。そして星は内破し、ブラックホールを形成する。

5. 私が説明したインフレーション理論へのアプローチのなかには、インフラトン場の値がなぜポテンシャル・エネルギー曲線の高いところで始まったのか、ポテンシャル・エネルギー曲線はなぜ特定の形をもっているのか、根本的な説明がない。これらは理論がつくった仮定である。アンドレイ・リンデによるカオス的インフレーションと呼ばれるものを筆頭に、その後展開されたインフレーションのさまざまなバージョンが、もっと「普通の」ポテンシャル・エネルギー曲線（もっとも単純なポテンシャル・エネルギーの方程式から浮かび上がる、平坦な部分のない放物線状の形）も、インフレーション膨張を生じさせる可能性があることを見出している。インフレーション膨張を始める

ためには、インフラトン場の値はこのポテンシャル・エネルギー曲線でも高いところになくてはならないが、初期の宇宙に推測される灼熱の状態では、それが自然に起こるだろう。

6. 熱心な読者のために、もう1つ細かいことを付け加えさせてほしい。インフレーション宇宙論における急速な空間膨張は、著しい冷却を引き起こす（空間だけでなくほぼあらゆるものの急速な圧縮が、温度の急上昇を引き起こすのと同じだ)。しかしインフレーションが終わりに近づくにつれ、インフラトン場はポテンシャル・エネルギー曲線の最小値のあたりをふらつき、エネルギーを粒子のシチューに変える。そのプロセスは「再加熱」と呼ばれる。なぜなら、そのようにして生まれた粒子は運動エネルギーをもつので、温度によって特徴づけることができるからだ。その後、空間がもっと普通の（インフレーションでない）ビッグバン膨張を続けるにつれて、粒子のシチューの温度は着実に下がる。しかし重要なポイントは、インフレーションによって設定された一様性が、これらのプロセスに一様な条件を与えるので、結果が一様になることである。

7. アラン・グースはインフレーションの永遠性に気づいた。ポール・スタインハートは特定の状況でそれが数学的に実現することについて書いた。そしてアレキサンダー・ヴィレンキンがもっとも一般的な観点で明らかにした。

8. インフラトン場の値は、場が空間に満たすエネルギーと負の圧力の量を決定する。エネルギーが大きければ大きいほど、空間の膨張スピードは速くなる。その急速な空間膨張が今度は、インフラトン場そのものに逆反応を起こす。空間膨張が速ければ速いほど、インフラトン場の値は激しく乱れるのだ。

9. ここであなたの頭に浮かんだかもしれない疑問について話をさせてほしい——これには第10章で再度触れるが。空間がインフレーション膨張を起こすとき、全体のエネルギーは増える。なぜなら、インフラトン場で満たされた空間の量が多ければ多いほど、エネルギーの総量も多いからだ（もし空間が無限に大きいなら、エネルギーもまた無限である——その場合は空間の限られた領域が大きくなるにつれ、そこに含まれるエネルギーがどうなるかについて論ずるべきである)。このことから自然に疑問がわく。このエネルギーの源は何だろう？　シ

ャンパンボトルのたとえでは、ボトル内に加わったエネルギーの源はあなたの筋肉が発揮した力だった。膨張する宇宙であなたの筋肉の役割を果たすのは何か？　答えは重力だ。筋肉が（コルクを引き抜くことで）ボトル内の利用できる空間を広げたように、重力が宇宙内の利用できる空間を広げる。ここで認識すべきポイントは、重力場のエネルギーは任意に負になりうることだ。引力的重力によって互いに向かって落ちていく粒子を考えてみよう。重力のおかげで粒子が近づく速度がどんどん速くなり、そうなると運動エネルギーがどんどん正になる。重力場が粒子にそのような正のエネルギーを与えられるのは、重力が自身のエネルギーの蓄えを引き出せるからであり、蓄えはその過程で任意に負になる。粒子が互いに近づけば近づくほど、重力のエネルギーは負になるのだ（同様に、重力に打ち勝って粒子を再び分離させるためには、正のエネルギーを注ぎ込む必要がある）。このように重力は、融資限度がないので無限にお金を貸せる銀行のようなものだ。重力場は自分のエネルギーをいくらでも負にできるので、無限にエネルギーを供給できる。そしてそれこそが、インフレーション膨張が利用するエネルギー源なのだ。

10. 私は「泡宇宙」という言葉を使うが、インフラトンが満ちた環境のなかにぽっかり口を開けている「ポケット宇宙」のイメージも悪くない（この言葉はアラン・グースの造語）。

11. 数学好きの読者のために、図3・5の横軸に関して詳しく説明しよう。宇宙マイクロ波背景光子が自由に流れ始めたときの空間内の点で構成される2次元球面を考える。どんな2次元球面でもそうだが、この場合便利なのは、球面極座標系から角度成分を取り出した角座標だ。その場合、宇宙マイクロ波背景放射の温度はこの角座標の関数と見ることができ、基底として標準的な球面調和関数$Y_l^m(\theta,\Phi)$を使って、フーリエ級数に分解できる。図3・5の縦軸は、この展開の各モードの係数の大きさと相関している——横軸は右に近いほど角距離が小さい。専門的な詳細については、スコット・ドーデルソンの名著*Modern Cosmology* (San Diego, Calif.: Academic Press, 2003)などを参照。

12. もう少し厳密に言うと、時間をゆっくりにするのは重力場そのものの強さではなく、重力ポテンシャルの強さである。たとえば、あなたが巨大な星の中心にある球状の空洞内部にいるとしたら、重力はまっ

たく感じないだろうが、重力ポテンシャルの井戸の深いところにいるので、あなたにとっての時間は、星のはるか外側にいる人にとっての時間よりゆっくり進むのだ。

13. この結果（および深く関連した考え）は、さまざまな文脈で多くの研究者によって発見されている。なかでもアレキサンダー・ヴィレンキン、およびシドニー・コールマンとフランク・デ・ルチアによって、とくに明確に述べられている。

14. 思い出してほしい。〈パッチワークキルト多宇宙〉の議論では、粒子配列がパッチによってランダムに変わることを前提とした。〈パッチワークキルト多宇宙〉と〈インフレーション多宇宙〉がつながっても、その前提を維持できる。ある領域のインフラトン場の値が落ちると、なかに泡宇宙ができ、そのときインフラトンがもつエネルギーが粒子に変換される。粒子の正確な配列はどんな瞬間でも、変換過程中の正確なインフラトン値で決まる。しかしインフラトン場は量子ゆらぎの影響を受けるので、その値が落ちる際にはランダムな変化が起きる——図3・4に少し熱いスポットや少し冷たいスポットの模様をつくるのと同じランダムな変化である。泡宇宙内のパッチ全体について考えると、このようなゆらぎがあるということは、インフラトン値がランダムな量子変化を示すということになる。そしてこのランダム性は、結果として生まれる粒子分布をランダムなものにする。ゆえに、私たちが今現在目にしているすべてをつくり出しているものをはじめ、粒子配列はどれも、ほかのどの配列とも同じ頻度でコピーされると予想される。

第4章

1. この話をはじめ、アインシュタインに関係するさまざまな史実の問題について、個人的に情報のやり取りをしてくれたウォルター・アイザックソンに感謝する。

2. もう少し詳しく述べると、グラショウとサラムとワインバーグの洞察によって、電磁力と弱い核力は一体となった電弱力の2つの側面であることが示されている。この理論は1970年代末から1980年代初頭にかけて加速器による実験で確認された。グラショウとジョージアイはさらに1歩進んで、電弱力と強い核力はさらにもっと基本的な力の側

面であるという、大統一理論と呼ばれるアプローチを示した。しかし大統一理論のもっとも単純なバージョンは、その予測のうちの1つ——陽子がときどき崩壊するはずであること——を科学的観測で裏づけることができなかったために認められなかった。けれども、たとえ大統一理論がデータによって実証されなくても、重力以外の3つの力が、場の量子論という同じ数学的言語で記述できることは、すでに疑う余地がない。

3. 超ひも理論の発見によって、ほかにも密接な関係のある理論的アプローチが生まれ、自然界の力を統一する理論が探求された。とくに、超対称的場の量子論とそれを重力に拡張した超重力は、1970年代半ば以降、精力的に追究された。超対称的場の量子論と超重力の土台は、超ひも理論のなかに発見された超対称性という新しい原理だが、このアプローチは超対称性を従来の点状粒子理論に組み込んでいる。超対称性については本章の後半で簡単に論じるが、数学好きの読者のためにここで、超対称性は基本粒子のトリビアルでない理論に利用できる最後の対称性であることを特筆しよう（ほかには回転対称性、並進対称性、ローレンツ対称性、さらにもっと一般的なポアンカレ対称性がある）。超対称性は、さまざまな量子力学的スピンをする粒子を説明し、力を伝える粒子と物質をつくる粒子のあいだにある深遠な数学的関係を立証する。超重力は重力を含む超対称性の延長である。ひも理論研究の初期、研究者たちは、超対称性と超重力の枠組みがひも理論の低エネルギー解析から浮かび上がることに気づいた。低エネルギーでは、一般にひもが伸びる性質は認められないので、ひもは点状粒子に見える。それと同じように、本章で論じているとおり、ひも理論の数学を低エネルギー過程に当てはめると、場の量子論の数学に変わる。超対称性も重力もその変化を乗り越えるので、低エネルギーのひも理論が超対称的場の量子論と超重力を生み出すことを、研究者たちは発見したのだ。第9章で論じるように、最近になって、超対称性の場の理論とひも理論の結びつきは、さらに深遠なものになっている。

4. 予備知識のある読者は、あらゆる場が粒子と関係しているという私の主張に、異論を唱えるかもしれない。そのためもっと正確に言っておくと、ポテンシャルの極小値くらいの小さい場のゆらぎは、一般に粒子の励起と解釈できる。ここでの議論に必要なことはそれだけだ。

加えて、予備知識のある読者は、ある地点に粒子を特定するには——不確定性原理から——無量大の運動量とエネルギーが必要なので、それ自体が理想化だと気づく。ここでも重要なのは、場の量子論には原理上、最終的に粒子の位置を特定する方法についての制限がないことだ。

5. 歴史的な話をすると、小さいスケールの激しい（高エネルギーの）量子場ゆらぎを定量的に扱うときの問題に対処するために、繰り込みと呼ばれる数学的手法が考案された。繰り込みを重力以外の3つの力に関する場の量子論に応用すると、さまざまな計算に出現していた無限大の量が修正され、物理学者たちは素晴らしく正確な予測を立てることができた。しかし繰り込みを重力場の量子ゆらぎに当てはめても無効であることがわかった。重力がかかわる量子計算から生まれる無限大を修正することは、この手法にもできなかったのだ。

もっと最近のことに目を向けると、この無限大に対する見方はかなり違っている。物理学者たちは自然の法則をさらに深く理解しようとする過程で、どんな提案も暫定的であり——そもそも適切であっても——特定の長さスケール（または特定のエネルギースケール）までしか物理学を記述できそうもないとするのが、とるべき良識ある態度であると認識するにいたった。それ以上のことは、その提案の範疇を超えた現象なのだ。この見方を採用すると、理論を適用範囲より短い距離（あるいは適用範囲を超えたエネルギー）に拡大適用するのは無謀と考えられる。そしてそのように本質的な切り捨て《カットオフ》を行えば（本文で述べているように）、無限大は決して現われない。その代わり、計算は適用可能範囲が最初から定められている理論のなかで行われる。ということは、予測する能力はその理論の制限内にある現象に限られるということだ——非常に短い距離（あるいは非常に高いエネルギー）に関して、その理論からは何の洞察も得られない。量子重力の完璧な理論が最終的に目指すのは、この組み込まれた制限を解除して、定量的な予測能力を任意のスケールに解放することだろう。

6. これらの細かい数字がどこから来るのか、感じをつかむために注目してほしいのは、（第8章で論じる）量子力学では粒子に波が関連していて、粒子が重いほど波長（連続する波高点間の距離）が短いことである。アインシュタインの一般相対性理論も、あらゆる天体にひと

つの長さを関連づけている——天体がブラックホールになるには、そのサイズまで押しつぶされる必要があるという、そんなサイズを。天体が重ければ重いほど、そのサイズは大きい。では、まず量子力学で表現される粒子を想像し、それがゆっくり質量を増やしていくところを思い描こう。そうすると、粒子の量子波の波長は短くなるが、その「ブラックホールのサイズ」は大きくなる。ある質量で、量子波長とブラックホールのサイズが等しくなる——量子力学と一般相対性理論を両方とも考慮することが重要になる質量とサイズの基準が確定する。この思考実験を定量化すると、質量とサイズは本文で引用されているもの——プランク質量とプランク長さ——になることがわかる。あとの展開を予告しておくと、私は第9章でホログラフィック原理について論じるつもりだ。この原理は一般相対性理論とブラックホールの物理を用いて、いかなる量の空間にも存在しうる物理的自由度の数字を非常に細かく制限する（一定量の空間内の異なる粒子配列の数に関する第2章の議論を、もっと正確にしたバージョンであり、第2章の注14でも言及されている）。この原理が正しいなら、一般相対性理論と量子力学の対立は、距離が短く湾曲が大きくなる前に起こりうる。低密度の粒子ガスを含む大きな体積は、場の量子論によると、（一般相対性理論に依存する）ホログラフィック原理で許容されるよりもはるかに大きい自由度をもつと予測される。

7. 量子力学のスピンは微妙な概念である。とくに粒子が点と見なされる場の量子論では、「スピンする」という表現が意味することを特定するのさえ難しい。現実に何が起きているかと言うと、粒子は不変の角運動量とでもいうべき振る舞いを示す固有の性質をもちうることを、実験が示しているのだ。そのうえ、粒子がもつのは一般にある基本量（プランク定数の2分の1）の整数倍の角運動量だけであることを、量子論が示して実験が裏づけている。古典物理で扱うスピンする物体は固有の角運動量（ただし不変ではなく、物体の回転速度が変わると変化する）をもつので、理論家たちは「スピン」という言葉を借りて、よく似たこの量子状態に適用した。かくして「スピン角運動量」なる名称ができあがった。「こまのように回転する」という表現を見て、いかにももっともなイメージを抱くかもしれないが、粒子を特徴づけるのは質量と電荷と核電荷だけでなく、もっている固有で不変のスピ

ン角運動量にもよっているとイメージするほうがより正確だ。私たちは電荷を粒子の基本的な決定的特徴の1つとして受け入れているが、スピン角運動量も同様のものであることを実験が示している。

8. 思い出してほしい。一般相対性理論と量子力学のあいだの矛盾は、従来の数学的手法が処理できないほど激しく時空を震わす、重力場の強力な量子ゆらぎから生じる。量子論の不確定性原理によれば、このようなゆらぎは時空を非常に短いスケールで調べるときに、非常に強くなるという（だからこそ、日常生活ではこのゆらぎがわからないのだ）。具体的に言うと、数学の手に負えなくなるのは、プランクスケールより短い距離で起こる激しいエネルギーのゆらぎであることが、計算によって示されている（距離が短ければ短いほど、ゆらぎのエネルギーは大きくなる）。場の量子論は粒子を、空間的広がりのない点として記述するので、これらの粒子が探る距離はどこまでも短くなる可能性があり、そのため、その粒子が感じる量子ゆらぎはどこまでもエネルギッシュになる可能性がある。ひも理論は違う。ひもは点ではない――空間的な広がりがある。ということは、ひもは自身のサイズより小さい距離を探れないので、距離がどれだけ短くなりうるかには、原理上も制約があることになる。この制約で手に負えない数学を手なずけるには十分であることが判明しており、ひも理論は量子力学と一般相対性理論を融合させることができるのだ。

9. 物体が本当に1次元なら、光子が反射する表面もなければ、原子遷移によって自ら光子を生み出すこともできないので、私たちは直接見ることができないだろう。したがって、私が本文で「見る」と言う場合、それは、物体の空間的広がりの証拠を探すために使える観測や実験の手段のことである。そう考えると問題は、実験手段の解析力より小さい空間的広がりは、あなたの実験では認識されないことだ。

10. 1985年放送のドキュメンタリー番組*What Einstein Never Knew*（アインシュタインが知らなかったこと）より。

11. より厳密に言うなら、私たちの存在にとくに関係の深い宇宙の成分が、まったく違うものになるだろう。その成分が構成するおなじみの粒子や物体――恒星、惑星、人間など――は宇宙の質量の5パーセントに満たないので、そのような核過程の中断は、少なくとも質量という観点から見た宇宙の大部分には影響しないと思われる。しかし私た

ちが知っている生命に与える影響を考えると、変化は大きい。

12. 場の量子論が内部パラメーターに設定する緩い制限はある。ある種の許容できない物理的振る舞い（決定的な保存則を破ること、特定の対称変換を破ることなど）を避けるために、この理論の粒子がもつ電荷（および核電荷）にも制約がありうる。それに加えて、すべての物理過程で確率が足して1になるように、粒子の質量にも制約がありうる。しかしそのような制約があっても、粒子の性質に許容される値には広い幅がある。

13. たとえ量子場もひも理論に関する現在の知識も粒子の性質を説明できないとしても、問題はひも理論のほうが深刻だと指摘する研究者もいる。核心は少し込み入っているが、専門的なことに関心がある人のために、概要を示しておこう。場の量子論では、粒子の性質——明確にするために、たとえば質量——は、理論の方程式に挿入される数によって決まる。この、「場の量子論の方程式では粒子の質量が変数である」というのは、場の量子論は粒子の質量を決定せずそれを入力データと見なす、ということを数学的な表現で言い表わしたのにほかならない。ひも理論でも、粒子の質量の柔軟性は同じように数学に端を発している——方程式のなかに特定の自由に変わる数があるということだ——が、この柔軟性の現われがもっと重大な意味をもつ。自由に変わる数——すなわち、エネルギー「コスト」なしに変化しうる数字——は、質量をもたない粒子の存在に相当するのだ（第3章で紹介したポテンシャル・エネルギー曲線の表現を使うと、完全に平坦な水平線であるポテンシャル・エネルギー曲線が想像される。完全に平坦な土地を歩いてもポテンシャル・エネルギーに何の影響もないのと同じように、そのような場の値を変えてもエネルギーコストはいささかも生じない。粒子の質量は量子場のポテンシャル・エネルギー曲線の最小値周辺での湾曲に相当するので、そのような場の量子は質量がない)。質量ゼロの粒子の数が過剰であることは、どんな理論案にとってもとくに始末に困る特徴である。なぜなら、そのような粒子には加速器のデータと宇宙観測の両方から厳しい制約が加えられるからだ。ひも理論を潰さないためには、これらの粒子が質量を獲得することが必須である。近年、さまざまな発見によって、そうなりうる状況が明らかになっているが、それらは余剰次元のカラビ＝ヤウ図形にあいて

いる穴を通り抜けることができる流束と関係している。この展開のさまざまな側面については第5章で論じる。

14. ひも理論を強く退ける証拠を実験で示すことは不可能ではない。ひも理論の構造から、あらゆる物理現象によって順守されるべき基本原理があることは確実である。たとえば、ユニタリ性（任意の実験で出る可能性のあるすべての結果の確率の総計は1でなくてはならない）や局所ローレンツ不変性（十分小さな領域では特殊相対性理論の法則が有効である）のほか、もっと専門的な解析性や交差対称性（粒子の衝突の結果は、特定の数学的基準に適合するかたちで粒子の運動量に左右されるはずである）などが挙げられる。これらの原理が破られている証拠が——たぶん大型ハドロン衝突型加速器で——見つかれば、そのデータをひも理論と調和させるのは難しいだろう（そのデータを素粒子物理学の標準モデルと調和させるのも難しいだろう。標準モデルにもこれらの原理は組み込まれているが、基本的前提として、標準モデルは理論として重力を組み込んでいないので、非常に高いエネルギーのスケールでは、何らかの新しい物理学に道を譲らなくてはならない。列挙された原理のいずれかとデータが矛盾するのであれば、その新しい物理学はひも理論ではないということになる）。

15. ブラックホールの中心は空間内の1つの場所であるかのように言いがちである。しかしそうではない。それは時間内の1つの瞬間なのだ。ブラックホールの事象の地平面を越えると、時間と（動径方向の）空間は役割を交換する。たとえば、もしあなたがブラックホールに落ちたら、あなたの動径方向の動きは時間のなかを進むことに相当する。したがって次の瞬間に引き込まれるのと同じように、ブラックホールの中心に向かって引きずられ、戻ることはできないのだ。そういう意味で、ブラックホールの中心は最後の瞬間と言っていい。

16. さまざまな理由から、エントロピーは物理学に欠かせない概念である。この論点では、エントロピーを診断ツールにして、ひも理論がブラックホールの記述で何らかの基本物理を無視していないかどうかを判断している。もし無視しているのであれば、ひも理論の数学を用いて計算されているブラックホールの無秩序は間違いで、そんなものは存在しないことになる。この結果が、ベケンスタインとホーキングがまったく別の考え方を用いて発見したこととぴったり合致するという

のは、ひも理論がうまく基礎物理学の記述をとらえているということだ。この結果は非常に明るい材料である。さらに詳しいことは、『エレガントな宇宙』の第13章を参照されたい。

17. カラビ＝ヤウ図形がペアになることを最初にほのめかしたのは、ランス・ディクソンの研究のほかに、それとは別のウォルフガング・レルヒェ、ニコラス・ワーナー、カムラン・ヴァーファの独自の研究である。ローネン・プレッサーと私の研究は、初めてそのようなペアの具体例をつくり出す方法を見出し、私たちはそのペアを鏡映パートナー、その関係を鏡映対称性と名づけた。プレッサーと私はさらに、図形のなかに詰め込むことができる球の数のような、鏡映パートナーの片方では解けそうもない細かくて難しい計算を、鏡映図形でははるかに扱いやすい計算に変えられることも明らかにした。この結果は、フィリップ・カンデラス、ジーニア・デラ・オッサ、ポール・グリーン、リンダ・パークスに取りあげられ、行動に移された――彼らはプレッサーと私が「難しい」公式と「やさしい」公式のあいだに立証した同一性を、明白に評価する手法を開発したのだ。次に彼らはやさしい公式を使って、本文にあるような球の詰め込みと関連する数を含め、難しいほうの公式についての情報を引き出した。それからの年月で、鏡映対称性は独自の研究分野となり、いくつもの重要な結果が立証されている。詳細な歴史についてはShing-Tung Yau and Steve Nadis, *The Shape of Inner Space* (New York: Basic Books, 2010)を参照されたい。

18. ひも理論が量子力学と一般相対性理論をうまく融合させたという主張は、さまざまな裏づけとなる計算にもとづいているが、第9章で取りあげる結果によってさらに説得力をもつ。

第5章

1. 古典力学は$\vec{F}=m\vec{a}$。電磁気学は$d^*F={}^*J$と$dF=0$。量子力学は$H\psi=i\hbar\frac{d\psi}{dt}$。一般相対性理論は$R_{\mu\nu}-\frac{1}{2}g_{\mu\nu}R=\frac{8\pi G}{c^4}T_{\mu\nu}$。
2. 私がここで言及しているのは微細構造定数、$\alpha=e^2/\hbar c$で、その数値は1/137、約0.073である（電磁過程の典型的エネルギーによる）。
3. ウィッテンは、Ⅰ型のひも結合定数を大きくすると、結合定数が小さく調整されたヘテロO理論に姿を変え、逆もまたしかりであると主張した。結合定数の大きいⅡB型は、同じⅡBだが結合定数の小さい

理論に変身する。ヘテロEとⅡA理論の場合は、もう少しデリケートだが（詳細は『エレガントな宇宙』第12章を参照）、全体像としては、5つの理論すべてが相互関係のネットワークに加わっている。

4. 数学好きの読者のために話すと、1次元の構成要素であるひもの特別なところは、その運動を記述する物理学が無限次元の対称群を考慮することだ。つまり、ひもは運動すると2次元平面を掃くので、その運動方程式を与える作用汎関数は2次元場の量子論である。古典的には、そのような2次元作用は共形不変（2次元表面の角度保持スケール変換〔共形変換〕のもとで不変）であり、そのような対称性はさまざまな制約（たとえば、ひもが動く時空の次元——すなわち時空次元——の数）を課すことによって、量子力学的に保存可能である。対称変換の共形群は無限次元であり、このことは、運動するひもの摂動的量子力学解析が数学的に無矛盾であると保証するために不可欠であることが判明している。たとえば、運動する1つのひもの無限個の励起状態は、無限次元の対称群を使うと体系的に「回転させる」ことができるが、そうしないと負のノルム（時空計量の時間成分の負の符号から生まれる）をもつことになる。詳細はM. Green, J. Schwarz, and E. Witten, *Superstring Theory,* vol. 1 (Cambridge: Cambridge University Press, 1988) を参照されたい。

5. 主要な発見の多くがそうであるように、その重要性を立証する研究をした人だけでなく、基礎となる見識を築いた人も、称賛を受けるに値する。ひも理論のブレーンの発見においてそのような役割を果たした人として、マイケル・ダフ、ポール・ハウ、稲見武夫、ケリー・ステル、エリック・バークショフ、エルギン・セギン、ポール・タウンゼント、クリス・ハル、クリス・ポープ、ジョン・シュワーツ、アショク・セン、アンドリュー・ストロミンジャー、カーチス・カラン、ジョー・ポルチンスキー、ペトル・ホジャヴァ、J・ダイ、ロバート・リー、ヘルマン・ニコライ、バーナード・デウィットらが挙げられる。

6. 熱心な読者は、〈インフレーション多宇宙〉も根本的に時間と絡んでいると主張するかもしれない。私たちの泡の境界は、突き詰めると、私たちの宇宙の時間の始まりを示しているからだ。したがって私たちの泡の外は私たちの時間の外である。確かにそうだが、ここで私が言

いたいのは、もっと一般的なことである。今まで論じられた多宇宙はすべて、基本的に空間のなかで生じているプロセスに焦点を合わせた解析から出現している。これから論じる多宇宙では、最初から時間が中心にある。

7. Alexander Friedmann, *The World as Space and Time*, 1923, published in Russian. H・クラフが "Continual Fascination: The Oscillating Universe in Modem Cosmology," *Science in Context* 22, no. 4 (2009): 587-612で参照。
8. 興味深い詳細ポイントとして、ブレーンワールドのサイクリックモデルの創案者は、暗黒エネルギーをことのほか実用的に応用している（暗黒エネルギーについては第6章で詳しく論じる）。各サイクルの最終段階で、ブレーンワールドの暗黒エネルギーの存在が、今日観測されている加速する膨張との整合性を確実にしている。この加速する膨張が、ひいてはエントロピーの密度を薄めて、次の宇宙サイクルの舞台を用意するのだ。
9. 大きい流束の値は、余剰次元のカラビ＝ヤウ図形を不安定にする傾向もある。つまり、流束がカラビ＝ヤウ図形を無理に大きくする傾向があり、余剰次元は見えないという基準とすぐ矛盾することになる。

第6章

1. George Gamow, *My World Line* (New York: Viking Adult, 1970)（『わが時間線』鎮目恭夫訳〔G・ガモフ コレクション3『宇宙＝1，2，3… 無限大』に所収〕）; J. C. Pecker, Letter to the Editor, *Physics Today*, May 1990, p. 117.
2. Albert Einstein, *The Meaning of Relativity* (Princeton: Princeton University Press,2004)（『相対論の意味』矢野健太郎訳、岩波書店）, p. 127. アインシュタインは私たちが現在「宇宙定数」と呼んでいるものに「宇宙数」という言葉を当てているが、わかりやすいように、私が本文の引用部分でこのように置き換えた。
3. *The Collected Papers of Albert Einstein*, edited by Robert Schulmann et al. (Princeton: Princeton University Press, 1998), p. 316.
4. もちろん、変化するものもある。第3章のいくつかの注で指摘したように、銀河は一般に空間膨張のほかに小さな速度をもっている。宇

宙のタイムスケールでは、そのような追加の動きが位置関係を変える場合があるし、銀河の衝突や融合など、さまざまな興味深い天体物理事象を生む可能性もある。しかし宇宙の距離を説明する目的のためには、このような込み入った話は無視して差し支えない。

5. 私が説明した基本的な考えには影響しないが、述べられている科学的解析を始めるときに重要になるやっかいな問題が1つある。ある超新星から光子が私たちに向かって進んでくるとき、その数の密度は私が説明したように薄まっていく。しかし、その光子の別の要素も減少するのだ。次の節で説明するが、空間の膨張が光子の波長を引き伸ばし、それに応じてエネルギーを減少させる——あとで見るように赤方偏移と呼ばれる効果だ。そこで説明されているように、天文学者たちは赤方偏移のデータを使って、光子が放たれたときの宇宙のサイズを調べる。これは空間膨張の経時変化を測定するための重要なステップである。しかし光子の波長が引き伸ばされる——そのエネルギーが減少する——ことには別の効果もある。遠くの光源の減光を強めるのだ。したがって、超新星の見かけと本来の明るさを比較することで距離を正しく測定するには、天文学者は（本文で述べているような）光子の数密度の希釈だけでなく、赤方偏移によるさらなるエネルギーの減少も考慮しなくてはならない（さらに正確には、この追加の希釈係数は2回適用する必要がある。2度めの赤方偏移係数は、宇宙の膨張によって同じようにどれくらい光子の到着が引き延ばされるかを計上する）。

6. 厳密には、測定距離の意味についての2番めの解答案も正しいと解釈できる。地球の膨張する地表の例で、ニューヨークとオースティンとロサンジェルスはすべて互いにどんどん離れていくが、地球上の位置はずっと同じである。都市が離れるのは地表が膨らむからであり、誰かが掘り出してトラックの荷台に載せ、新しい場所へ運んでいくからではない。同様に、銀河が離れるのは宇宙の膨張のせいなので、空間のなかの位置はずっと同じである。銀河は空間という織物に縫い込まれていると考えられる。織物が引き伸ばされると、銀河は離れるが、それまでずっとあったのと同じ地点にくっついたままである。したがって、2番めと3番めの答えは違うように思えるかもしれない——前者は私たちが今見ている光を超新星が放った大昔に遠くの銀河があった場所と私たちとのあいだの距離に焦点を当てているが、後者は銀河の

現在位置と私たちのあいだの距離に焦点を当てている——が、実は違いはない。遠くの銀河は今も、何十億年前も、空間内の同一の位置にあるのだ。膨張する空間の波に乗るのではなく、空間を通って動く場合にのみ、その位置は変わる。この意味で、2番めと3番めの答えは実は同じである。

7. 数学好きの読者のために、光が放出された時点（t_{emitted}）から今（t_{now}）までに旅してきた距離の計算方法を示す。時空の空間部分は平坦なものとして考えるので、空間計量は$ds^2=c^2dt^2-a^2(t)dx^2$と表わすことができる。ここで$a(t)$は時刻tにおける宇宙のスケール因子、cは光の速度。ここで使っている座標は共動座標と呼ばれる。本章で用いてきた表現を用いて言えば、そのような座標は宇宙の固定地図上の標識ポイントと考えられ、スケール因子は地図の凡例に書かれた情報を提供する。

　光がたどる軌跡の特性は、どこまでも$ds^2=0$（光速がつねに不変のcであるのと同値）であり、$|dx|=\frac{cdt}{a(t)}$を意味する。あるいは、t_{emitted}とt_{now}のあいだのような有限の時間間隔では$\int|dx|=\int_{t_{\mathrm{emitted}}}^{t_{\mathrm{now}}}\frac{cdt}{a(t)}$。この方程式の左辺は、光が放たれてから今にいたる固定地図上の移動距離を表わしている。これを現実の空間における距離にするには、今日のスケール因子によって式のスケールを直さなくてはならない。したがって、光の移動総距離は$a(t_{\mathrm{now}})\int_{t_{\mathrm{emitted}}}^{t_{\mathrm{now}}}\frac{cdt}{a(t)}$に等しい。もし空間が広がっていなかったら、移動総距離は予測されるとおり$\int_{t_{\mathrm{emitted}}}^{t_{\mathrm{now}}}cdt=c(t_{\mathrm{now}}-t_{\mathrm{emitted}})$になるだろう。膨張している宇宙内の移動距離を計算すると、光の軌跡をなす各線分に係数$\frac{a(t_{\mathrm{now}})}{a(t)}$を乗じなければならないことがわかる。この係数は、光がそこを通過してから今日まで、その線分が伸びた量である。

8. より厳密には、1立方センチメートル当たり7.12×10^{-30}グラム。

9. 換算は、7.12×10^{-30}グラム／立方センチ＝(7.12×10^{-30}グラム／立方センチ)×(4.6×10^{4}プランク質量／グラム)×(1.62×10^{-33}センチ／プランク長)^3＝1.38×10^{-123}プランク質量／立方プランク体積。

10. インフレーションの場合、私たちが考えた斥力的重力は強くて短いものだった。このことは、インフラトン場が供給する膨大なエネルギーと負の圧力で説明がつく。しかし、量子場のポテンシャル・エネル

ギー曲線を修正することによって、供給されるエネルギーと負の圧力の量を減らすことができるので、穏やかな膨張加速が生まれる。それに加えて、ポテンシャル・エネルギー曲線を適切に調整すると、この加速膨張期間を延ばすことができる。穏やかで長い加速膨張期間は、超新星データを説明するために必要なものである。とは言うものの、加速する膨張が初めて観測されてから10年以上たっても相変わらず、小さくてゼロでない宇宙定数の値が、説明としてはもっとも説得力がある。

11. 数学好きの読者なら気づくはずだが、そのようなゆらぎはおのおのの波長に反比例するエネルギーを寄与するので、ありうる波長すべての合計は確実に無限大のエネルギーを生み出すことになる。

12. 数学好きの読者のために言うと、こうした消去が起こるのは、超対称性がボース粒子（整数値のスピンをもつ粒子）とフェルミ粒子（半［奇数］整数値のスピンをもつ粒子）を対にするからである。その結果、ボース粒子は可換な変数によって記述され、フェルミ粒子は反可換な変数によって記述されるので、それが量子ゆらぎのなかに足したらゼロになるマイナス記号をもたらす。

13. 私たちの宇宙の物理特性が変化すると、私たちが知る生命は棲みにくくなるという主張は科学界で広く受け入れられているが、生命と両立する特性の範囲はかつて考えられていたよりも広い可能性があると提唱する者もいる。この問題に関する文献は幅広い。たとえば、John Barrow and Frank Tipler, *The Anthropic Cosmological Principle* (New York: Oxford University Press, 1986)、John Barrow, *The Constants of Nature* (New York: Pantheon Books, 2003)（『宇宙の定数』松浦俊輔訳、青土社）、Paul Davies, *The Cosmic Jackpot* (New York: Houghton Mifflin Harcourt, 2007)、Victor Stenger, *Has Science Found God?* (Amherst, N.Y.: Prometheus Books, 2003)と、それぞれの参考文献を参照されたい。

14. これまでの章で論じられたデータをもとに、あなたはすぐに答えははっきり「ある」だと考えるかもしれない。〈パッチワークキルト多宇宙〉の無限の空間的広がりには限りなくたくさんの宇宙があることを考えろ、とあなたは言うだろう。しかし注意しなくてはならない。限りなくたくさんの宇宙があっても、異なる宇宙定数のリストは長く

ないかもしれない。たとえば、基本的法則がさまざまな宇宙定数の値を認めない場合、宇宙の数に関係なく、少ない数の宇宙定数しか実現しないだろう。したがって、私たちが問題にしているのは、(a) 多宇宙を生み出す物理法則の候補はあるのか、(b) そのようにして生まれた多宇宙は10^{124}種類よりはるかにたくさんの宇宙を擁しているか、(c) 宇宙定数が宇宙によって異なる値になることを法則が保証するか、である。

15. この4人の著者は、カラビ＝ヤウ図形とその穴を通る流束を上手に選ぶことによって、観測されたような小さい正の宇宙定数をもつひもモデルを実現できることを、初めてきちんと示した。このグループはその後、フアン・マルダセナとリアム・マカリスターとともに、インフレーション宇宙論とひも理論を結びつける方法に関するきわめて有力な論文を著している。

16. より正確には、この山の地形はおよそ500次元の空間に存在していて、その空間の各々独立した方向——軸——は異なる場の流束に対応している。図6・4は大ざっぱな絵だが、余剰次元のさまざまな形のあいだの関係がどんな感じかを示している。さらに、物理学者がひも理論のランドスケープについて語るとき、一般に、山の地形が余剰次元にありうるサイズと形（さまざまなトポロジーと幾何学）をすべて包含していることを想定している。ひも理論のランドスケープの谷は、現実の山の地形でボールが谷底に収まるように、泡宇宙が自然に落ち着く場所（余剰次元とそこを通る流束に固有の形）である。数学的に記述すると、谷は余剰次元と関係するポテンシャル・エネルギーの（局所的な）最小値である。古典力学的には、泡宇宙が谷に対応する余剰次元の形を獲得すると、その性質は決して変化しないと考えられる。しかしこのあと見ていくように、量子力学的には、トンネル現象によって余剰次元の形が変わることもありうる。

17. 高いほうの頂への量子トンネル現象もありえるが、量子計算によると可能性はかなり低い。

隠《かく》れていた宇宙《うちゅう》〔上〕
2011年7月20日　初版印刷
2011年7月25日　初版発行
*
著　者　ブライアン・グリーン
監修者　竹《たけ》内《うち》　薫《かおる》
訳　者　大《おお》田《た》直《なお》子《こ》
発行者　早川　浩
*
印刷所　中央精版印刷株式会社
製本所　中央精版印刷株式会社
*
発行所　株式会社　早川書房
東京都千代田区神田多町2−2
電話　03-3252-3111（大代表）
振替　00160-3-47799
http://www.hayakawa-online.co.jp
定価はカバーに表示してあります
ISBN978-4-15-209225-0　C0042
Printed and bound in Japan